U0280105

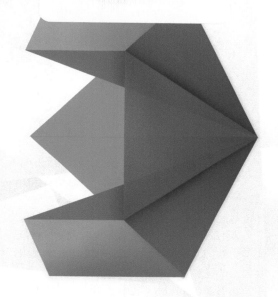

新编

中文版 **3ds Max 2016**
# 入门与提高

时代印象 编著

人民邮电出版社

北京

**图书在版编目（ＣＩＰ）数据**

新编中文版3ds Max 2016入门与提高 / 时代印象编
著. -- 北京：人民邮电出版社，2020.1（2022.2重印）
ISBN 978-7-115-50692-4

Ⅰ. ①新… Ⅱ. ①时… Ⅲ. ①三维动画软件 Ⅳ.
①TP391.414

中国版本图书馆CIP数据核字(2019)第033177号

## 内 容 提 要

这是一本讲解 3ds Max 2016 的常用功能和运用的书。

全书共 14 课，细致地讲解了 3ds Max 2016 的常用功能。通过学习本书内容，读者
能够轻松掌握 3ds Max 2016 的基本操作、建模、摄影机技术、灯光技术、材质与贴图、
环境与效果、渲染、基础动画、粒子系统和动力学等方面的知识。

本书附带一套学习资源，内容包括操作练习、综合练习和课后习题的场景文件、
实例文件，以及教学 PPT 课件和在线教学视频。读者可以通过在线方式获取这些资源，
具体方法请参看本书前言。

本书适合 3ds Max 初学者阅读，同时也可以作为相关教育培训机构的教材。

◆ 编　著　时代印象
责任编辑　张丹丹
责任印制　马振武

◆ 人民邮电出版社出版发行　　北京市丰台区成寿寺路 11 号
邮编　100164　电子邮件　315@ptpress.com.cn
网址　http://www.ptpress.com.cn
北京虎彩文化传播有限公司印刷

◆ 开本：700×1000　1/16
印张：18　　　　　　　　　　2020 年 1 月第 1 版
字数：448 千字　　　　　　　2022 年 2 月北京第 9 次印刷

定价：69.90 元
读者服务热线：(010)81055410　印装质量热线：(010)81055316
反盗版热线：(010)81055315
广告经营许可证：京东市监广登字 20170147 号

3ds Max是一款非常优秀的三维制作软件，它功能强大，应用广泛。无论是在常见的室内设计、建筑设计、电视包装、游戏制作等领域，还是在高端的虚拟现实、电影CG等领域，3ds Max都发挥着巨大的作用。

为了满足越来越多的人对3ds Max技能的学习需求，我们特别编写了本书。作为一本简洁、实用的3ds Max入门与提高教程，本书立足于3ds Max常用的软件功能，力求为读者提供一套门槛低、易上手、能提升的3ds Max学习方案，同时也能够满足教学、培训等方面的需求。

下面就本书的一些具体情况做详细介绍。

## 》 内容特色

本书的内容特色有以下4个方面。

入门轻松：本书从3ds Max的基础知识入手，将三维制作中的常用工具逐一讲解，力求使零基础的读者能轻松入门。

由浅入深：根据读者学习新技能的基本习惯，将软件工具按照由浅入深的模式进行讲解，合理地安排学习计划，并配合操作练习，让读者学习起来更加轻松。

主次分明：即使专业的从业人员也很难对3ds Max掌握得面面俱到，大家关注的焦点都是工作中常用的工具和命令。本书针对软件的各种常用功能进行讲解，让读者深入掌握这些工具的使用方法。

随学随练：每一个重要知识点的后面会添加相应的操作练习，通过实战练习，读者可以掌握工具的具体使用方法。第1~13课结束后安排了综合练习，读者可以对该节内容做一个综合性练习，并配有课后习题，方便读者在学完本课内容后继续强化所学内容，加深对本课知识的理解和掌握。

## 》 内容简介

本书总计14课内容，分别介绍如下。

第1课介绍3ds Max的工作界面，以及软件、视图和场景对象的基本操作方法等知识。

第2课介绍3ds Max的基础建模技术，如标准基本体、扩展基本体、布尔运算、样条线等。

第3课介绍3ds Max的修改器的使用方法。

第4课介绍3ds Max的多边形建模技术，这是建模技术的核心部分。多边形建模是目前主流的建模方法，是必须掌握的技能。

第5课介绍3ds Max的毛发技术，这是一项比较特殊的技术，主要用于制作毛发类效果。

第6课介绍3ds Max的摄影机技术，包括目标摄影机、物理摄影机和VRay物理摄影机等。另外，本课还讲解了构图的方法。

第7课介绍3ds Max的灯光技术，其中目标灯光和VRay灯光是重点，本课还重点练习了各类场景的布光方法。

第8课介绍3ds Max的材质与贴图，这是三维制作的核心知识，包括标准材质、VRayMtl材质等，以及常用的贴图，其中VRayMtl材质是重中之重。

第9课介绍3ds Max的环境与效果，该功能可以为场景添加模拟现实的环境以及一些诸如火、雾、体积光等特效。

第10课介绍3ds Max的渲染技术，主要介绍VRay渲染器的使用方法以及常用的渲染参数。

第11课介绍3ds Max的动画技术，包括动画的基础知识和常用动画工具等。

第12课介绍3ds Max的粒子系统与空间扭曲，包括粒子流源、喷射、雪、超级喷射和空间扭曲等。

第13课介绍3ds Max的动力学技术，重点介绍动力学MassFX技术和Cloth（布料）修改器。

第14课是商业综合实训，包括家装客厅、工装酒吧和CG场景的表现方法。

## » 版面结构

场景位置：操作练习、综合练习和课后习题的初始文件位置，这些文件可供读者练习和操作。

实例位置：操作练习、综合练习和课后习题的最终完成文件位置，这些文件可供读者查询相关参数和对比结果。

技术掌握：需要读者掌握的技术和功能。

课后习题：温故而知新，巩固重点知识，帮助读者学以致用。

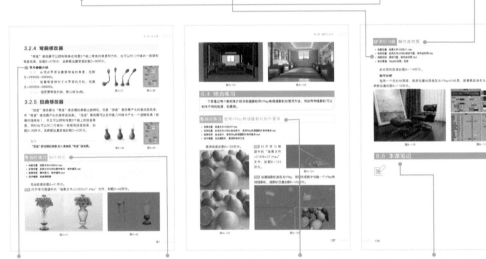

常用参数介绍：3ds Max 2016的常用参数和功能。

操作练习：针对性的功能操作练习，便于读者快速掌握相关软件功能。

综合练习：典型的综合性技法练习，便于读者对所学内容进行系统性的练习。

本课笔记：供读者收集、记录和整理重要知识点的地方。

## » 其他说明

本书附带一套学习资源，内容包括书中操作练习、综合练习和课后习题的场景文件、实例文件，以及教学PPT课件和在线教学视频。扫描"资源获取"二维码，关注"数艺社"的微信公众号，即可得到资源文件获取方式。如需资源获取技术支持，请致函szys@ptpress.com.cn。在学习的过程中，如果遇到问题，欢迎您与我们交流，客服邮箱：press@iread360.com。

资源获取

编者
2019年7月

# 目 录

# 目录

# 目录

# 目录

# 资源与支持

本书由数艺社出品，"数艺社"社区平台（www.shuyishe.com）为您提供后续服务。

## » 配套资源

操作练习、综合练习和课后习题的场景文件、实例文件

教学PPT课件

在线教学视频

资源获取请扫码

**"数艺社"社区平台，为艺术设计从业者提供专业的教育产品。**

## » 与我们联系

我们的联系邮箱是 szys@ptpress.com.cn。如果您对本书有任何疑问或建议，请您发邮件给我们，并请在邮件标题中注明本书书名及ISBN，以便我们更高效地做出反馈。

如果您有兴趣出版图书、录制教学课程，或者参与技术审校等工作，可以发邮件给我们；有意出版图书的作者也可以到"数艺社"社区平台在线投稿（直接访问 www.shuyishe.com 即可）。如果学校、培训机构或企业想批量购买本书或数艺社出版的其他图书，也可以发邮件联系我们。

如果您在网上发现针对数艺社出品图书的各种形式的盗版行为，包括对图书全部或部分内容的非授权传播，请您将怀疑有侵权行为的链接通过邮件发给我们。您的这一举动是对作者权益的保护，也是我们持续为您提供有价值的内容的动力之源。

## » 关于数艺社

人民邮电出版社有限公司旗下品牌"数艺社"，专注于专业艺术设计类图书出版，为艺术设计从业者提供专业的图书、U书、课程等教育产品。出版领域涉及平面、三维、影视、摄影与后期等数字艺术门类，字体设计、品牌设计、色彩设计等设计理论与应用门类，UI设计、电商设计、新媒体设计、游戏设计、交互设计、原型设计等互联网设计门类，环艺设计手绘、插画设计手绘、工业设计手绘等设计手绘门类。更多服务请访问"数艺社"社区平台www.shuyishe.com。我们将提供及时、准确、专业的学习服务。

第 1 课

01

# 初识3ds Max 2016

本课将带领读者进入3ds Max 2016的神秘世界。3ds Max是一款综合性很强的三维制作软件。在学习制作相关3D作品前，将先介绍3ds Max 2016的工作界面和基本操作方法等基础知识，为以后的学习打下扎实的基础。

## 学习要点

» 掌握3ds Max 2016的工作界面
» 掌握3ds Max 2016的软件操作
» 掌握3ds Max 2016的视图操作
» 掌握3ds Max 2016的场景对象操作

# 1.1 3ds Max简介

3ds Max在模型塑造、场景渲染、动画及特效等方面都能制作出高品质的对象，这使其在插画、影视动画、游戏、产品造型和效果图等领域中占据重要地位，成为非常受欢迎的三维制作软件之一，如图1-1~图1-3所示。

图1-1

图1-2

图1-3

# 1.2 3ds Max 2016的工作界面

安装好3ds Max 2016后，可以通过以下两种方法来启动3ds Max 2016。

第1种：双击桌面上的快捷图标 。目前，3ds Max是多语言版的，计算机桌面默认的快捷方式是英文版。

第2种：执行"开始>所有程序> Autodesk 3ds Max 2016> 3ds Max 2016- Simplified Chinese"命令，如图1-4所示。

图1-4

在启动3ds Max 2016的过程中，可以看到3ds Max 2016的启动画面，如图1-5所示，启动完成后可以看到其工作界面，如图1-6所示。3ds Max 2016的视图显示是四视图显示，如果要切换到单一的视图显示，可以单击界面右下角的"最大化视口切换"按钮 或按快捷键Alt+W，如图1-7所示。

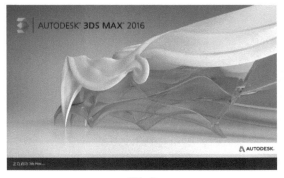

图1-5

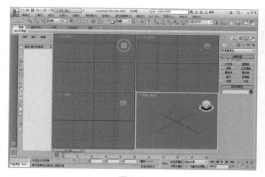
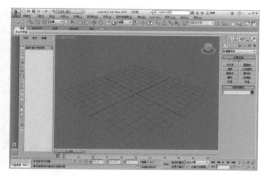

图1-6　　　　　　　　　　　　　　　　图1-7

　　在初次启动3ds Max 2016时，系统会自动弹出欢迎屏幕，其中包括"学习""开始"和"扩展"3个选项卡，如图1-8所示。在"学习"选项卡中，提供了"1分钟启动影片"列表和"更多学习资源"，如图1-9所示；在"开始"选项卡中，不仅可以在"最近使用的文件"中打开最近使用过的文件，还可以在"启动模板"中选择对应的场景类型，并新建场景，如图1-10所示；在"扩展"选项卡中，提供了扩展3ds Max功能的途径，可以搜寻Autodesk Exchange商店提供的精选应用和Autodesk资源的列表，包括Autodesk 360和The Area，并且还可以通过单击"Autodesk动画商店"链接和"下载植物"链接将资源添加到场景中，如图1-11所示。

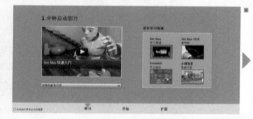

图1-8　　　　　　　　　　　　　　　　图1-9

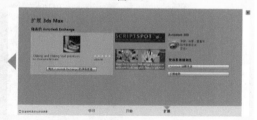

图1-10　　　　　　　　　　　　　　　图1-11

　　若想在启动3ds Max 2016时不弹出欢迎屏幕，只需要在欢迎屏幕的左下角取消勾选"在启动时显示此欢迎屏幕"，如图1-12所示；若要恢复显示欢迎屏幕，可以执行"帮助>欢迎屏幕"菜单命令，如图1-13所示。

图1-12　　　　　　　　　　　　　　　图1-13

3ds Max 2016的工作界面分为标题栏、菜单栏、主工具栏、视图区域、场景资源管理器、Ribbon工具栏、命令面板、时间尺、状态栏、时间控制按钮和视图导航控制按钮11部分，如图1-14所示。

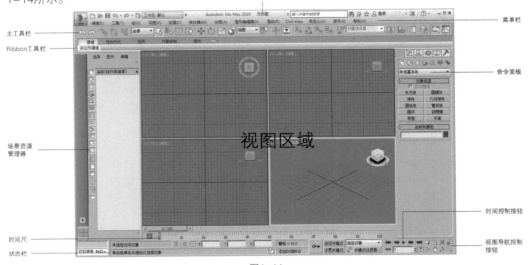

图1-14

提示

默认状态下的主工具栏、命令面板和视图布局选项卡分别停靠在界面的上方、右侧和左侧，可以通过拖曳的方式将其移动到视图的其他位置。这时它们将以浮动的面板形态呈现在视图中，如图1-15所示。

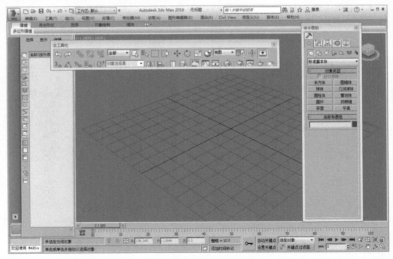

图1-15

**常用界面介绍**

标题栏：3ds Max 2016的"标题栏"位于界面的顶部。"标题栏"上包含当前编辑的文件名称、软件版本信息，同时还有软件图标（这个图标也称为"应用程序"图标）、快速访问工具栏和信息中心3个非常人性化的工具栏，如图1-16所示。

图1-16

菜单栏："菜单栏"位于工作界面的顶端，包含"编辑""工具""组""视图""创建""修改器""动画""图形编辑器""渲染""Civil View""自定义""脚本"和"帮助"13个主菜单，如图1-17所示。

图1-17

主工具栏："主工具栏"中集合了一些比较常用的编辑工具，图1-18所示为默认状态下的"主工具栏"。某些工具的右下角有一个三角形图标，单击该图标并按住鼠标左键不放就会弹出下拉工具列表。以"捕捉开关"为例，单击"捕捉开关"按钮并按住鼠标左键不放，就会弹出捕捉工具列表，如图1-19所示。

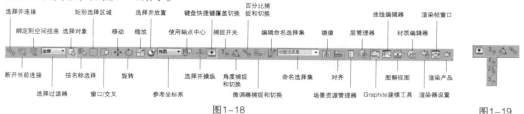

图1-18          图1-19

视图区域："视图区域"是操作界面中最大的一个区域，也是3ds Max中用于实际工作的区域，默认状态下为四视图显示，包括顶视图、左视图、前视图和透视图4个视图，在这些视图中可以从不同的角度对场景中的对象进行观察和编辑。每个视图的左上角都会显示视图的名称以及模型的显示方式，右上角有一个导航器（不同视图显示的状态也不同），如图1-20所示。

命令面板："命令面板"非常重要，场景对象的操作都可以在"命令"面板中完成。"命令面板"由6个面板组成，默认状态下显示的是"创建"面板，其他面板分别是"修改"面板、"层次"面板、"运动"面板、"显示"面板和"实用程序"面板，如图1-21所示。

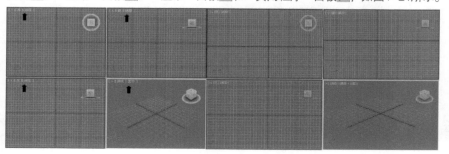

图1-20          图1-21

## 1.3 软件的基本操作

本节主要介绍管理场景文件的方法，包括新建空白场景、打开场景文件、保存场景文件、归档场景对象、撤销/重做场景操作、自定义快捷键、设置显示单位与系统单位、导入外部场景等。

### 1.3.1 新建空白场景

单击"应用程序"图标 会弹出一个用于管理场景文件的下拉菜单，然后执行"新建>新建全部"

菜单命令，即可新建一个空白场景，如图1-22
所示。另外，按快捷键Ctrl+N也可以打开"新
建场景"对话框，在该对话框中可以选择新建
方式，如图1-23所示。

图1-22　　　　　　　图1-23

### 1.3.2 打开场景对象

若要打开文件夹中的场景文件，可以单击"应用程序"图标 ，然后在下拉菜单中执行"打开>
打开"命令，如图1-24所示，或按快捷键Ctrl+O，接着在弹出的"打开文件"对话框中选择相应的
场景文件，最后单击"打开"按钮，如图1-25所示。

 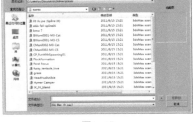

图1-24　　　　　　　　　图1-25

---
提示

在文件夹中选择要打开的场景文件，然后将其拖曳到3ds Max的视
图区域，即可快速打开文件，如图1-26所示。

图1-26

### 1.3.3 保存场景对象

保存场景有"保存" 和"另存为" 两种方式。

"保存" 可以保存当前场景。如果先前没有保存场景，则执行该命令会打开"文件另存为"
对话框，在该对话框中可以设置文件的保存位置、文件名以及保存的类型，如图1-27所示。

"另存为" 可以将当前场景文件另存一份，如图1-28所示。单击"另存为" 可以打开"文件
另存为"对话框，在该对话框中可以设置文件的保存位置、文件名以及保存类型，如图1-29所示。

图1-27

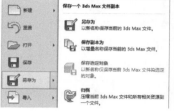
图1-28

图1-29

— 提示 ————

　　如果事先已经保存了场景文件，那么执行"保存"命令可以直接覆盖这个文件；如果计算机硬盘中没有场景文件，那么执行"保存"命令会打开"文件另存为"对话框，设置好文件的保存位置、文件名和保存类型后才能保存文件，这种情况与"另存为"命令的工作原理是一样的。

　　对于"另存为"命令，如果硬盘中已经存在场景文件，执行该命令同样会打开"文件另存为"对话框，可以选择另存为一个文件，也可以选择覆盖原来的文件；如果硬盘中没有场景文件，执行该命令还是会打开"文件另存为"对话框。

## 1.3.4　归档场景对象

　　归档场景对象是一个比较实用的功能。使用这个功能可以将创建好的场景、场景位图以及贴图路径保存为一个ZIP格式的压缩包。对于复杂的场景，该功能是一种很重要的保存方法，这样操作不会丢失任何文件。执行"另存为>归档"命令，可将当前场景文件进行归档，如图1-30所示。

图1-30

🖑 操作练习　用归档功能保存场景

» 　场景位置　场景文件>CH01>01.max
» 　实例位置　实例文件>CH01>操作练习：用归档功能保存场景.zip
» 　视频名称　操作练习：用归档功能保存场景.mp4
» 　技术掌握　归档场景文件

　　3ds Max文件在不同的计算机上运行，可能会出现贴图路径错误的情况，这时就需要重置贴图路径。经过归档处理的文件，在另一台计算机中解压后，就不会出现路径错误的问题。

**01** 按快捷键Ctrl+O打开"打开文件"对话框，然后打开学习资源中的"场景文件>CH01>01.max"文件，接着单击"打开"按钮 打开(O) ，如图1-31所示，打开的场景效果如图1-32所示。

图1-31

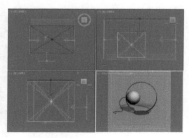
图1-32

**02** 单击界面左上角的"应用程序"图标，然后在弹出的菜单中执行"另存为>归档"菜单命令，如图1-33所示，接着在弹出的"文件归档"对话框中设置保存位置和文件名，最后单击"保存"按钮，如图1-34所示。

提示

归档场景以后，在保存位置会出现一个ZIP格式的压缩包，如图1-35所示，这个压缩包中会包含这个场景的所有文件以及一个归档信息文本，如图1-36所示。

图1-35

图1-33

图1-34

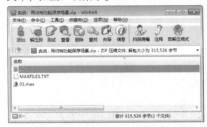

图1-36

## 1.3.5 撤销/重做场景操作

在场景操作的过程中，难免会有错误操作，这时可以单击标题栏上的"撤销场景操作"按钮，返回到之前的操作，连续单击该按钮可撤销多步操作。如果撤销操作过多导致撤销了正确的场景操作，可以单击"重做场景操作"按钮，重做场景操作。

提示

撤销场景操作可用快捷键Ctrl+Z完成，重做的快捷键为Ctrl+Y。

## 1.3.6 自定义快捷键

使用快捷键代替烦琐的操作，可以提高工作效率。3ds Max 2016内置的快捷键非常多，并且用户可以自行设置快捷键来调用常用的工具或命令。

第1步：执行"自定义>自定义用户界面"菜单命令，打开"自定义用户界面"对话框，然后选择"键盘"选项卡，如图1-37所示。

第2步：3ds Max默认的"文件>导入文件"菜单命令没有快捷键，这里就来给它设置一个快捷键Ctrl+I。在"类别"列表中选择File（文件）菜单，然后在"操作"列表下选择"导入文件"命令，接着在"热键"框中按键盘上的Ctrl+I组合键，再单击"指定"按钮，最后单击"保存"按钮，如图1-38所示。

图1-37

图1-38

第3步：单击"保存"按钮 保存... 后会弹出"保存快捷键文件为"对话框，在该对话框中为文件进行命名，然后继续单击"保存"按钮 保存(S)，如图1-39所示。

第4步：在"自定义用户界面"对话框中单击"加载"按钮 加载...，然后在弹出的"加载快捷键文件"对话框中选择前面保存好的文件，接着单击"打开"按钮 打开(O)，如图1-40所示。

图1-39

图1-40

第5步：关闭"自定义用户界面"对话框，然后按快捷键Ctrl+I即可打开"选择要导入的文件"对话框，如图1-41所示。

图1-41

— 提示 —

关于快捷键，用户应该根据自己的键盘使用习惯来进行设置，目的是提高自身的操作效率。

## 1.3.7 设置显示单位与系统单位

通常情况下，在制作模型之前都要对3ds Max的单位进行设置，这样才能制作出精确的模型。下面介绍单位设置的具体方法。

第1步：首先在菜单栏中执行"自定义>单位设置"菜单命令，如图1-42所示。

第2步：在弹出的"单位设置"对话框中选择"公制"，然后选择"毫米"，最后单击"系统单位设置"按钮，如图1-43所示。

第3步：在弹出的"系统单位设置"对话框中设置单位为"毫米"，然后单击"确定"按钮，如图1-44所示。设置完成后，系统会返回图1-43所示的界面，单击"确定"按钮完成设置。

图1-42

图1-43

图1-44

— 提示 —

在制作室外场景时一般采用m（米）作为单位，在制作室内场景时一般采用cm（厘米）或mm（毫米）作为单位。

## 1.3.8 导入外部场景

在场景制作过程中，有时需要导入外部场景文件。在菜单栏中单击"应用程序"图标 ，然后在弹出的下拉菜单中选择"导入"命令，如图1-45所示，选择需要的导入方式可以打开"导入文件"对话框，常用的有3种导入方式。

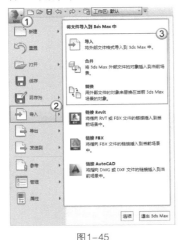

图1-45

**常用命令介绍**

导入 ：执行该命令可以打开"选择要导入的文件"对话框，在该对话框中可以选择要导入的文件，如图1-46所示。

合并 ：执行该命令可以打开"合并文件"对话框，在该对话框中可以将保存的场景文件中的对象加载到当前场景中，如图1-47所示。

图1-46

图1-47

替换 ：执行该命令可以替换场景中的一个或多个几何体对象。

## 1.4 视图的基本操作

在3ds Max 2016中可以调整视图的划分和显示，用户可以根据观察对象的需求来改变视图的大小或视图的显示方式。

## 1.4.1 更改用户界面方案

在默认情况下，3ds Max 2016的界面颜色为黑色，如果用户的视力不好，那么很可能看不清界面上的文字，如图1-48所示。这时就可以利用"加载自定义用户界面方案"命令来更改界面颜色，下面介绍具体方法。

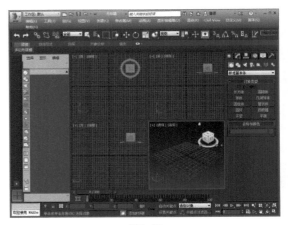

图1-48

第1步：在菜单栏中执行"自定义>加载自定义用户界面方案"菜单命令，如图1-49所示。

第2步：在弹出的"加载自定义用户界面方案"对话框中选择相应的界面方案，然后单击"打开"按钮即可，通常情况下会使用ame-light.ui这种方案，如图1-50所示。设置好后，3ds Max的界面颜色变为灰色，如图1-51所示。

图1-49

图1-50

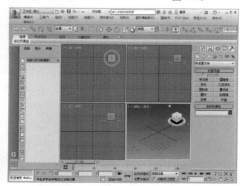

图1-51

## 1.4.2 视图切换

在操作场景对象时，可以对视图进行相关操作，使对象操作更加简单、快捷、精确。视图区域的操作很多，包括旋转、平移、缩放和视图切换等，例如，在视图区域选择任意一个视图，然后按快捷键Alt+W，可以将该视图最大化，如图1-52所示。注意，视图的操作通常会使用快捷键来完成，视图操作产生的大小、位置等变化，不会影响到场景对象的大小和位置。

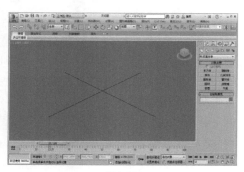

图1-52

— 提示

当使用快捷键Alt+W时，发现不能最大化显示视图，这种情况可能是由两种原因造成的。

第1种：3ds Max出现程序错误。遇到这种情况可重启3ds Max。

第2种：可能是某个程序占用了3ds Max的快捷键Alt+W，如腾讯QQ的"语音输入"快捷键就是Alt+W，如图1-53所示。这时可以将这个快捷键修改为其他快捷键，或直接不用这个快捷键，如图1-54所示。

图1-53

图1-54

**常用视图操作**

最大化视图：将选中视图最大化，方便可视化操作，快捷键为Alt+W，再次操作可退出最大化视图。

切换视图：在最大化视图情况下，将视图切换至其他视图，切换至顶视图按快捷键T，前视图为F，左视图为L，透视图为P。图1-55和图1-56所示是将透视图切换至左视图的效果。

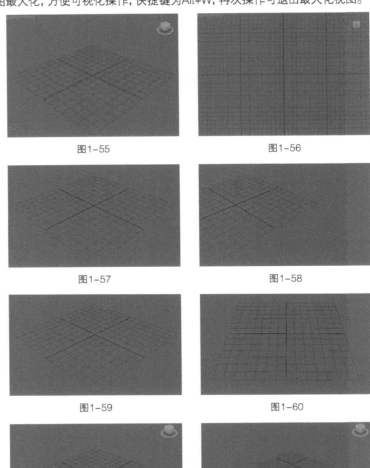

图1-55

图1-56

平移视图：将视图进行平移，方便观察不同位置的场景对象，按住鼠标中键移动鼠标即可。图1-57和图1-58是将透视图向左进行了平移的效果。

图1-57

图1-58

旋转视图：将视图进行旋转，与平移作用相同。按住Alt键，然后按住鼠标中键移动鼠标即可旋转视图，如图1-59和图1-60所示。

图1-59

图1-60

缩放视图：对视图进行缩放，便于观察对象的具体细节，滚动鼠标中键即可进行放大或缩小，如图1-61和图1-62所示。

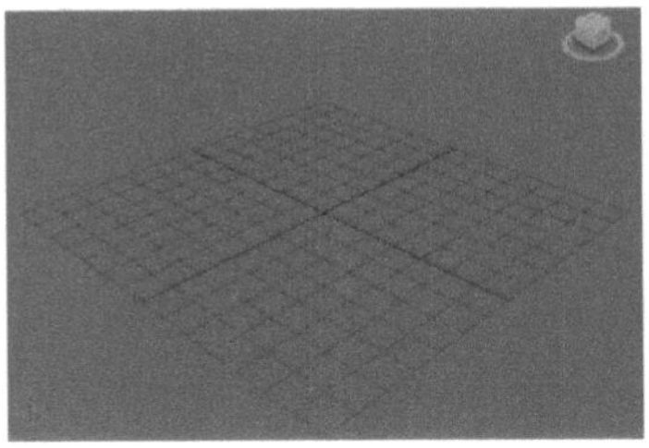

图1-61

图1-62

最大化显示：将视图还原到中心，且最大化显示在当前的视图区域中，快捷键为Z键，如图1-63和图1-64所示。

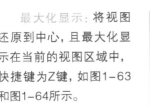

图1-63

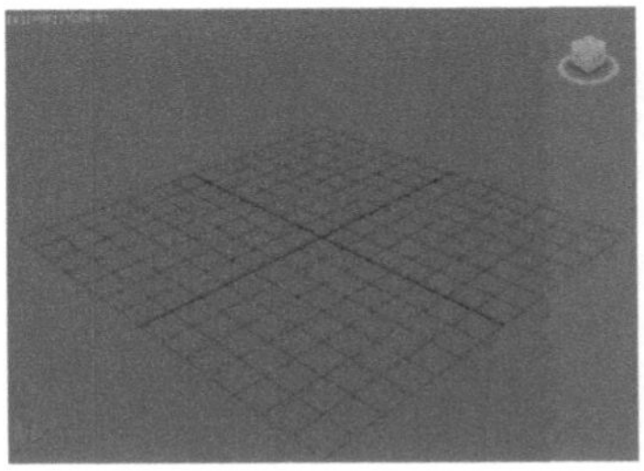

图1-64

## 1.4.3 切换视图背景色

在默认情况下，3ds Max 2016的透视图的背景颜色为灰色渐变色，如图1-65所示。如果用户不习惯渐变背景色，可以执行"视图>视口背景>纯色"菜单命令，将其切换为纯色显示，如图1-66所示。

图1-65　　　　　　　　　图1-66

## 1.4.4 切换栅格的显示

栅格是多条直线交叉而形成的网格，严格来说是一种辅助计量单位，可以基于栅格捕捉绘制物体。默认情况下，每个视图中均有栅格，如图1-67所示，如果嫌栅格有碍操作，可以按G键取消栅格的显示（再次按G键可以恢复栅格的显示），如图1-68所示。

图1-67　　　　　　　　　图1-68

## 1.4.5 常用的视图显示模式

视图区域是一个使用频率非常高的工作区域，可以说，3ds Max的大部分工作都是在视图区域中完成的。因此，合理地使用视图区域能更好地完成相关工作。

下面以图1-69所示的客厅场景为例来介绍一下常用的视图显示方式和适用范围。该场景包含了灯光、摄影机和材质，且目前正处于摄影机视图，当前的显示模式为"真实"，在该显示状态下，系统会模拟真实的场景效果，主要体现在光照强度和阴影方向上。该模式常用于确定打光方向和评估灯光强度。

将显示模式改为"明暗处理"，如图1-70所示。这种显示模式的特点是视图所有内容都得到可视化，即这种模式下的显示区域不再受到人为打光的影响，也不会有阴影产生。该模式主要用于观察空间场景情况。

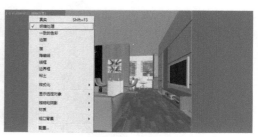

图1-69　　　　　　　　　图1-70

在前面两种模式下，按F4键可以为当前显示模式附加上"边面"模式（再次按F4键即可退出），这样就可以显示场景中模型的边线结构，如图1-71所示。该模式主要用于观察场景模型的精度情况，以及通过单击模型的边线来快速选取特定模型，当选择到了相关模型，模型的边线会显示为高亮状态，如图1-72所示，用户可以以此确定是否选择成功。

图1-71 图1-72

在处理封闭空间时，为了处理室内对象，我们可以按F3键进入线框模式，如图1-73所示。另外，如果场景和模型特别复杂，一直用显卡无法正常驾驭，也可以使用该模式来减轻显卡的负荷。

除此之外，3ds Max 2016在更新时，增加了一种"轮廓"模式，即当光标移动到对象上（或选中对象）时，会出现一个很粗的轮廓线框，如图1-74所示。如果不习惯这种显示模式，可以执行"自定义>首选项"菜单命令，打开"首选项设置"对话框，然后在"视口"选项卡中取消勾选"叠加"和"轮廓"，如图1-75所示。

图1-73

图1-74 图1-75

再次选择沙发，效果如图1-76所示，沙发周围有一个白色的立方框，这个框可以帮助用户确认是否选择上了对象，如果用户不想保留，可以按J键取消显示（再次按J键可激活），如图1-77所示。

图1-76 图1-77

— 提示 ————————————————————————

以上就是3ds Max中常用的显示模式，用户可以使用书中附赠的其他练习的相关场景来进行练习。

## 操作练习 视图操作

» 场景位置　场景文件>CH01>02.max
» 实例位置　无
» 视频名称　操作练习：视图操作.mp4
» 技术掌握　视图的平移、视图的旋转、最大化视图

本案例主要练习视图的基本操作，通过对视图进行基本操作，可以熟悉视图操作的各个快捷键，掌握3ds Max 2016的常规操作。

**01** 按快捷键Ctrl+O打开"打开文件"对话框，然后选择学习资源中的"场景文件>CH01>02.max"文件，接着单击"打开"按钮，打开的场景效果如图1-78所示。

**02** 选中四视图中的透视视图，然后按快捷键Alt+W将透视图最大化，如图1-79所示。

**03** 按住鼠标中键，然后将视图向左平移，观察视图可发现，几何体相对于栅格并未发生位置变化，所以这里仅是视图移动了，如图1-80所示。

**04** 按住Alt键，然后按住鼠标中键，移动鼠标光标，旋转视图，如图1-81所示。

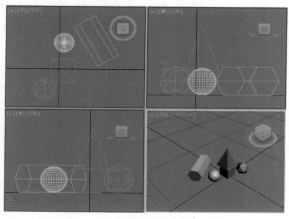

图1-78

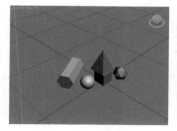

图1-79

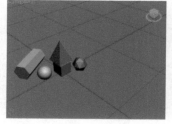

图1-80

图1-81

**05** 按G键，取消显示视图中的栅格，使视图更加简洁，方便观察视图中的对象，如图1-82所示。

**06** 按Z键，将当前视图对象最大化显示，如图1-83所示，这样可以从整体上观察对象。

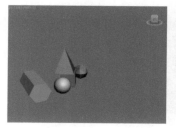

图1-82

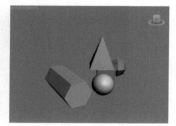

图1-83

# 1.5 场景对象的基本操作

场景对象的基本操作包括选择对象，以及选择后对对象进行移动、旋转、缩放、复制和放置等。

## 1.5.1 选择对象

"选择对象"工具是非常重要的工具，主要用来选择对象。如果想选择对象但又不想移动对象，这个工具是很好的选择。单击"选择对象"工具，然后将光标移动到对象上，此时对象

会出现黄色边框，同时会显示对象的名称，如图1-84所示，接着单击对象，黄色边框变为青色，表示对象已被选中，如图1-85所示。

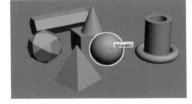

图1-84

图1-85

上面介绍使用"选择对象"工具单击对象即可将其选择，这只是选择对象的一种方法。下面介绍框选、加选、减选、反选、孤立选择对象的方法。

### 1.框选对象

这是选择多个对象的常用方法之一，适合选择一个区域的对象。例如，使用"选择对象"工具在视图中拉出一个选框，那么处于该选框内的所有对象都将被选中（这里以在"过滤器"列表中选择"全部"类型为例），如图1-86所示。另外，在使用"选择对象"工具框选对象时，按Q键可以切换选框的类型。例如，当前使用的是"矩形选择区域"模式，按一次Q键可切换为"圆形选择区域"模式，如图1-87所示，继续按Q键又会切换到"围栏选择区域"模式、"套索选择区域"模式、"绘制选择区域"模式，并一直按此顺序循环下去。

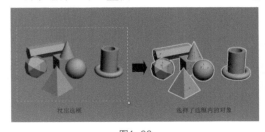

图1-86

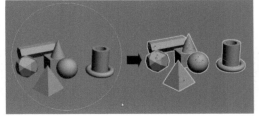

图1-87

另外，当3ds Max中有大量模型的时候，由于位置重叠不便于选择，这个时候可以通过"按名称选择"工具（快捷键为H）来进行选择，读者只需要在弹出的"从场景选择"对话框中选择模型名称即可，如图1-88所示。

图1-88

## 2.加选对象

如果当前选择了一个对象，还想加选其他对象，可以按住Ctrl键单击其他对象，这样即可同时选择多个对象，如图1-89所示。

图1-89

## 3.减选对象

如果当前选择了多个对象，想减去某个不想选择的对象，可以按住Alt键单击想要减去的对象，这样即可减去当前单击的对象，如图1-90所示。

图1-90

## 4.反选对象

如果当前选择了某些对象，想要反选其他的对象，可以按快捷键Ctrl+I来完成，如图1-91所示。

图1-91

## 5.孤立选择对象

这是一种特殊选择对象的方法，可以将选择的对象单独显示出来，以方便对其进行编辑，如图1-92所示。

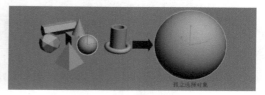

图1-92

切换孤立选择对象的方法主要有以下两种。

第1种：执行"工具>孤立当前选择"菜单命令或直接按快捷键Alt+Q，如图1-93所示。

第2种：在视图中单击鼠标右键，然后在弹出的菜单中选择"孤立当前选择"命令，如图1-94所示。

图1-93

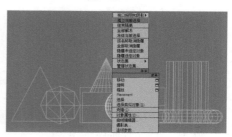

图1-94

# 1.5.2 过滤器

"过滤器" 全部 主要用来过滤不需要选择的对象类型，这对批量选择同一种类型的对象非常有用，如图1-95所示。例如，在下拉列表中选择"L-灯光"选项，那么在场景中选择对象时，只能选择灯光，而几何体、图形、摄影机等对象不会被选中，如图1-96所示。

图1-95

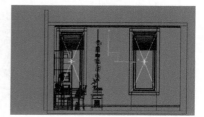

图1-96

### 1.5.3 选择并移动

"选择并移动"工具✛也是非常重要的工具（快捷键为W键），主要用来选择并移动对象，其选择对象的方法与"选择对象"工具▣相同。使用"选择并移动"工具✛可以将选中的对象移动到任意位置。当使用该工具选择对象时，在视图中会显示出坐标移动控制器，在默认的四视图中只有透视图显示的是x、y、z这3个轴向，而其他3个视图中只显示其中的某两个轴向，如图1-97所示。若想要在多个轴向上移动对象，可以将光标放在轴向的中间，然后拖曳鼠标即可，如图1-98所示；如果想在单个轴向上移动对象，可以将光标放在这个轴向上，然后拖曳鼠标即可，如图1-99所示。

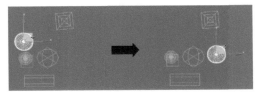

图1-98

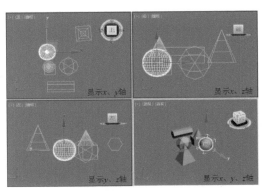

图1-97

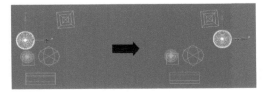

图1-99

———— 提示 ————

若想将对象精确移动一定的距离，可以在"选择并移动"工具✛上单击鼠标右键，然后在弹出的"移动变换输入"对话框中输入"绝对:世界"或"偏移:屏幕"的数值即可，如图1-100所示。

"绝对"坐标是指对象目前所在的世界坐标位置，"偏移"坐标是指对象以屏幕为参考对象所偏移的距离。

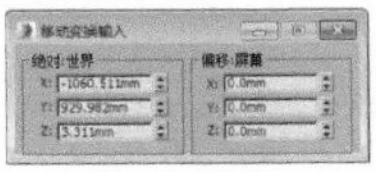

图1-100

### 1.5.4 复制/删除对象

在使用3ds Max工作时，为了提高制作效率，可以通过复制对象的方法创建出相同的模型。对于多余的模型，也可将其直接删除。

#### 1.复制对象

复制对象即克隆，在视图中选中对象，然后单击鼠标右键，在弹出的菜单中选择"克隆"，如图1-101所示，接着在弹出的"克隆选项"对话框中选择对象模式，如图1-102所示。"复制"表示新对象与源对象相互独立；"实例"表示新对象与源对象有关联，对两者中的任一对象进行修改时，另一对象都会发生相应变化。克隆完成后，新对象与源对象是重合的，将其平移出来即可。

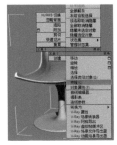

图1-101

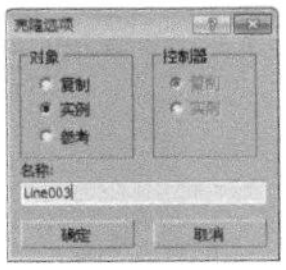

图1-102

上述复制对象的方法虽然是常规的操作方法，但是过于烦琐，在实际制作中，按住Shift键，使用"选择并移动"工具、"选择并旋转"工具或"选择并缩放"工具对对象进行相关操作，即可复制对象。

## 2.删除对象

对于视图中多余无用的对象，最好的办法就是将其删除。选择对象，按Delete键即可删除对象，如图1-103和图1-104所示。

对于不确定以后是否会用到的对象，可以将其隐藏。选中需要隐藏的对象，然后单击鼠标右键，在弹出的菜单中选择"隐藏选定对象"即可，如图1-105所示。以后需要使用对象时，使用相同的方法取消隐藏即可。

图1-103

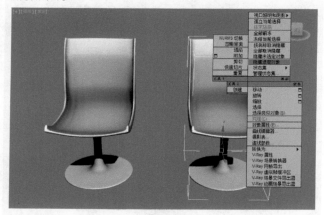

图1-105

图1-104

---

### 操作练习　制作酒杯塔

» 场景位置　场景文件>CH01>03.max
» 实例位置　实例文件>CH01>操作练习：制作酒杯塔.max
» 视频名称　操作练习：制作酒杯塔
» 技术掌握　选择并移动工具、复制功能

酒杯塔模型的渲染效果如图1-106所示。

01 打开学习资源中的"场景文件>CH01>03.max"文件，如图1-107所示。

图1-106

图1-107

**02** 在"主工具栏"中单击"选择并移动"按钮✛，然后按住Shift键在前视图中将高脚杯沿$y$轴向下移动复制，接着在弹出的"克隆选项"对话框中设置"对象"为"复制"，最后单击"确定"按钮 确定 完成操作，如图1-108所示。

**03** 在顶视图中将下层的高脚杯沿$x$、$y$轴向外拖曳到如图1-109所示的位置。

**04** 保持对下层高脚杯的选择，按住Shift键，沿$x$轴向左侧移动复制，接着在弹出的"克隆选项"对话框中单击"确定"按钮 确定 ，如图1-110所示。

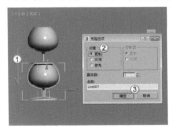
图1-108

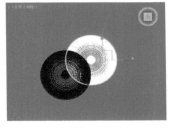
图1-109

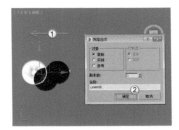
图1-110

**05** 采用相同的方法在下层继续复制一个高脚杯，然后调整好每个高脚杯的位置，完成后的效果如图1-111所示。

**06** 将下层的高脚杯向下进行移动复制，然后向外复制一些高脚杯，得到最下层的高脚杯，最终效果如图1-112所示。

图1-111

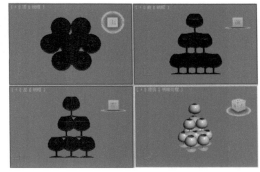
图1-112

## 1.5.5 选择并旋转

"选择并旋转"工具◯是非常重要的工具（快捷键为E键），主要用来选择并旋转对象，其使用方法与"选择并移动"工具✛相似。当该工具处于激活状态（选择状态）时，被选中的对象可以在$x$、$y$、$z$这3个轴上进行旋转。

如果要将对象精确旋转一定的角度，可以在"选择并旋转"按钮◯上单击鼠标右键，然后在弹出的"旋转变换输入"对话框中输入旋转角度即可，如图1-113所示。

图1-113

## 1.5.6 选择并缩放

选择并缩放工具也是非常重要的工具（快捷键为R键），主要用来选择并缩放对象。选择并缩放工具包含3种，如图1-114所示。用"选择并均匀缩放"工具可沿3个轴以相同量缩放对象，同时保持对象的原始比例，如图1-115所示；用"选择并非均匀缩放"工具可根据活动轴约束以非均匀方式缩放对象，如图1-116所示；用"选择并挤压"工具可创建"挤压和拉伸"效果，如图1-117所示。

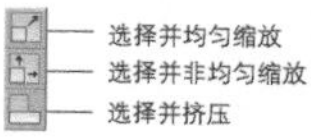

图1-114

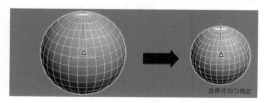

图1-115

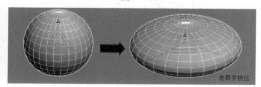

图1-116

图1-117

---
提示
---

选择并缩放工具也可以设定一个精确的缩放比例因子，具体操作方法就是在相应的工具上单击鼠标右键，然后在弹出的"缩放变换输入"对话框中输入相应的缩放比例数值即可，如图1-118所示。

图1-118

## 1.5.7 选择并放置/旋转

"选择并放置"工具是3ds Max 2016的新增工具，使用该工具可将对象准确地定位在另一个对象的曲面上。当该工具处于活动状态时，单击对象将其选中，然后拖曳鼠标将对象移动到另一对象上，即可将其放置到另一对象上。而使用"选择并旋转"工具可将对象围绕放置曲面的法线进行旋转。

在默认情况下，基础曲面的接触点是对象的轴心，如果要使用对象的底座作为接触点，可在"选择并放置"工具上单击鼠标右键，然后在弹出的"放置设置"对话框中单击"使用基础对象作为轴"按钮，如图1-119所示。

图1-119

## 1.5.8 捕捉开关

捕捉开关工具（快捷键为S键）包括"2D捕捉"工具、"2.5D捕捉"工具和"3D捕捉"工具3种，如图1-120所示。

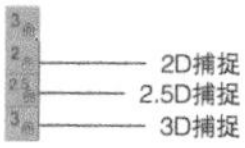

**捕捉开关介绍**

图1-120

2D捕捉：主要用于捕捉活动的栅格。

2.5D捕捉：主要用于捕捉结构或捕捉根据网格得到的几何体。

3D捕捉：可捕捉3D空间中的任何位置。

在"捕捉开关"上单击鼠标右键，可打开"栅格和捕捉设置"对话框，在该对话框中可设置捕捉类型和捕捉的相关选项，如图1-121所示。

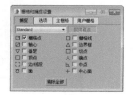

图1-121

## 1.5.9 角度捕捉切换

"角度捕捉切换"工具 🔼 可以用来指定捕捉的角度（快捷键为A键）。激活该工具后，角度捕捉将影响所有的旋转变换，在默认状态下以5°为增量进行旋转。

若要更改旋转增量，可以在"角度捕捉切换"工具 🔼 上单击鼠标右键，然后在弹出的"栅格和捕捉设置"对话框中单击"选项"选项卡，接着在"角度"选项后面输入相应的旋转增量角度即可，如图1-122所示。

图1-122

## 1.5.10 百分比捕捉切换

使用"百分比捕捉切换"工具 🔳 可将对象缩放捕捉到自定的百分比（快捷键为Shift+Ctrl+ P），在缩放状态下，默认每次的缩放百分比为10%。

若要更改缩放百分比，可以在"百分比捕捉切换"工具 🔳 上单击鼠标右键，然后在弹出的"栅格和捕捉设置"对话框中单击"选项"选项卡，接着在"百分比"选项后面输入相应的百分比数值即可，如图1-123所示。

图1-123

## 1.5.11 镜像

使用"镜像"工具 🔳 可以围绕一个轴心镜像出一个或多个副本对象。选中要镜像的对象后，单击"镜像"工具 🔳，可以打开"镜像:屏幕坐标"对话框，在该对话框中可对"镜像轴""克隆当前选择"和"镜像IK限制"进行设置，如图1-124所示。

图1-124

## 1.6 综合练习

本综合练习安排了两个案例供读者学习，这两个案例的难度不大，均是3ds Max的基本操作，请读者掌握这些操作，以便为后期的学习打下坚实的基础。

### 👆 综合练习 制作创意搁物架

» 场景位置　场景文件>CH01>06.max
» 实例位置　实例文件>CH01>综合练习：制作创意搁物架.max
» 视频名称　综合练习：制作创意搁物架
» 技术掌握　选择并移动工具、复制功能、镜像、孤立当前选择

创意搁物架的模型的渲染效果如图1-125所示。

**01** 打开学习资源中的"场景文件>CH01>06.max"文件，视图中有一个隔板模型和一个锁扣模型，如图1-126所示。

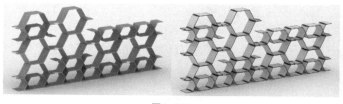
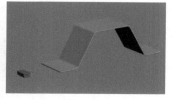

图1-125                                               图1-126

— 提示 —

本练习的搁物架由锁扣和隔板构成，因此，我们可以先完成隔板层的创建，再补齐锁扣的创建。

**02** 为了避免锁扣模型的位置影响隔板层的创建，我们可以孤立显示隔板模型。选择隔板模型，然后按快捷键Alt+Q键，使视图中只显示当前选择的隔板模型，如图1-127所示。

**03** 按F键切换到前视图，然后选择隔板模型，接着按住Shift键，将其沿x轴正方向（向右）移动一定距离，再在弹出的"克隆选项"对话框中设置"对象"为"复制"，"副本数"为1，最后单击"确定"按钮 确定 完成操作，如图1-128所示。

— 提示 —

不受锁扣模型影响的读者，可以跳过此步骤。

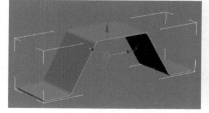
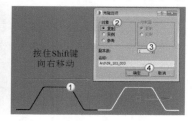

图1-127                                               图1-128

**04** 选择两个隔板模型，然后单击主工具栏中的"镜像"按钮，在弹出的"镜像:屏幕坐标"对话框中设置"镜像轴"为y，"克隆当前选择"为"复制"，接着设置"偏移"为−26.5cm，最后单击"确定"按钮 确定 ，如图1-129所示。

— 提示 —

这里设置的"偏移"值是用于控制镜像对象的位置的，读者也可不设置，然后使用"选择并移动"工具来调整对象的位置。

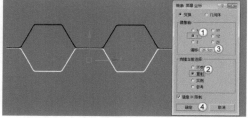

图1-129

**05** 在前视图中选择所有隔板模型，然后按住Shift键将其沿y轴负方向（向下）移动一定距离，再在弹出的"克隆选项"对话框中设置"对象"为"复制"，"副本数"为2，最后单击"确定"按钮 确定 ，如图1-130所示，完成后的效果如图1-131所示。

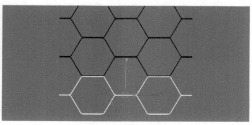

图1-130                                               图1-131

**06** 选择如图1-132所示的隔板层，然后用上一步的方法将其向x轴的正方向（向右）复制一组，完成后的效果如图1-133所示。

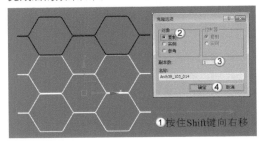
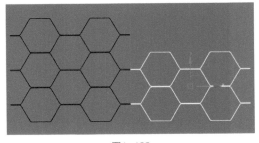

图1-132

图1-133

**07** 现在主体结构已经创建完，下面来处理细节部分。框选如图1-134所示的隔板模型，然后用前面的方法将其沿y轴的负方向（向下）复制一组，如图1-135所示。

—— 提示 ——

为了精确地移动位置，可以使用"对齐"工具▣，其具体操作方法在本练习的教学视频中进行了详细介绍。

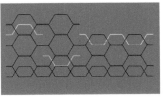
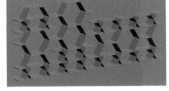

图1-134

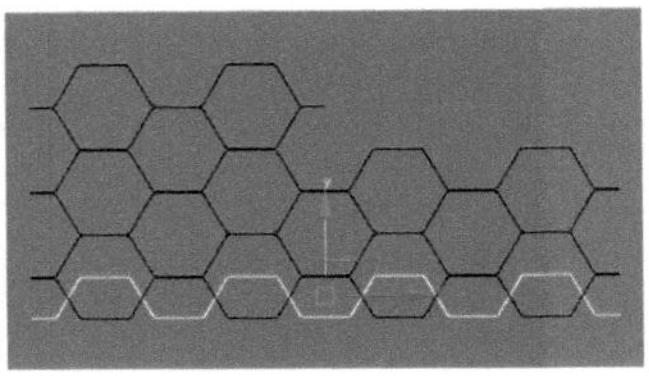

图1-135

**08** 继续复制单个隔板层模型到如图1-136所示的位置，完善搁物架的细节部分，按P键切换到透视图，完成后的效果如图1-137所示。此时，隔板层的创建就完成了。

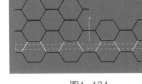

图1-136

图1-137

**09** 下面我们要为搁物架补上锁扣模型。在视图中单击鼠标右键，然后选择"结束隔离"，如图1-138所示，取消孤立显示状态，将锁扣显示出来，如图1-139所示。

**10** 使用创建隔板层的方法将锁扣复制出来，然后使用旋转和移动的方法将它们放置在合适的位置，最终的搁物架模型如图1-140所示。

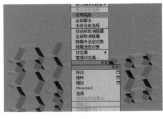
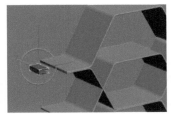
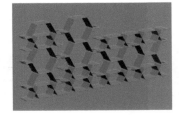

图1-138

图1-139

图1-140

—— 提示 ——

锁扣的位置是在4个隔板模型的拼接处和最外侧两个隔板的拼接处。读者也可以通过观看本练习的教学视频来进行学习。

### 综合练习 制作挂钟刻度

» 场景位置 场景文件>CH01>07.max
» 实例位置 实例文件>CH01>综合练习：制作挂钟刻度.max
» 视频名称 综合练习：制作挂钟刻度.mp4
» 技术掌握 选择并移动工具、选择并缩放工具、选择并旋转工具、复制功能

挂钟刻度的模型的渲染效果如图1-141所示。

**01** 打开学习资源中的"场景文件>CH01>07.max"文件，如图1-142所示。

图1-141 图1-142

— 提示 —

从图1-142中可以看到挂钟没有指针刻度。在3ds Max中，制作这种具有相同角度且有一定规律的对象一般都使用"角度捕捉切换"工具。

**02** 在"创建"面板中单击"球体"按钮 球体，然后在场景中创建一个大小合适的球体，如图1-143所示。
**03** 选择"选择并均匀缩放"工具 ，然后在左视图中沿x轴负方向进行缩放，如图1-144所示，接着使用"选择并移动"工具 将球体移动到表盘的"12点钟"的位置，如图1-145所示。

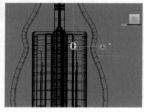

图1-143 图1-144 图1-145

**04** 在"命令面板"中单击"层次"按钮 ，进入"层次"面板，然后单击"仅影响轴"按钮 仅影响轴 （此时球体上会增加一个较粗的坐标轴，这个坐标轴主要用来调整球体的轴心点位置），接着使用"选择并移动"工具 将球体的轴心点拖曳到表盘的中心位置，如图1-146所示。
**05** 单击"仅影响轴"按钮 仅影响轴 退出"仅影响轴"模式，然后在"角度捕捉切换"工具 上单击鼠标右键（注意，要使该工具处于激活状态），接着在"栅格和捕捉设置"对话框中设置"角度"为30°，如图1-147所示。

图1-146 图1-147

**06** 选择"选择并旋转"工具 ○，然后在前视图中按住Shift 键顺时针旋转–30°，接着在弹 出的"克隆选项"对话框中设置 "对象"为"实例"，"副本数" 为11，最后单击"确定"按钮 确定，如图1–148所示。最 终效果如图1–149所示。

图1–148

图1–149

## 1.7 课后习题：缩放圆凳

- » 场景位置　场景文件>CH01>08.max
- » 实例位置　实例文件>CH01>课后习题：缩放圆凳.max
- » 视频名称　课后习题：缩放圆凳.mp4
- » 技术掌握　选择并移动、选择并缩放

　　将圆凳进行移动缩放后的 效果如图1–150所示。

图1–150

## 1.8 本课笔记

# 基础建模

本课将介绍3ds Max 2016的基础建模技术。使用3ds Max制作作品时，一般都遵循"建模→材质→灯光→渲染"这个基本流程。在制作模型前，首先要明白建模的重要性、建模的思路以及建模常用的方法等。建模是一幅作品的基础，没有模型，材质和灯光就无从谈起。

## 学习要点

» 掌握建模的基本思路和方法
» 掌握常用标准基本体的使用方法
» 掌握常用扩展基本体的使用方法
» 掌握布尔运算、样条线的使用方法

## 2.1 建模思路解析

在开始学习建模之前，首先需要掌握建模的思路。在3ds Max中，建模的过程就相当于现实生活中的"雕刻"过程。下面以一个壁灯为例来讲解建模的思路，图2-1所示是壁灯的效果图，图2-2所示是壁灯的线框图。

图2-1　　　　　　　　　　　图2-2

创建这个壁灯模型时，可以将其分解为9个独立的部分来进行创建，如图2-3所示。

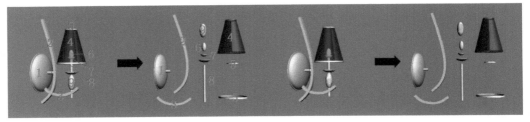

图2-3

在图2-3中，第2、3、5、6、9部分的创建非常简单，可以通过修改标准基本体（圆柱体、球体）和样条线来得到；而第1、4、7、8部分可以使用多边形建模方法来进行制作。

下面以第1部分的灯座为例，介绍一下它的制作思路。灯座形状比较接近于半个扁的球体，因此可以采用以下5个步骤来完成，如图2-4所示。

第1步：创建一个球体。
第2步：删除球体的一半。
第3步：将半个球体"压扁"。
第4步：制作出灯座的边缘。
第5步：制作灯座前面的凸起部分。

创建球体　　删除一个半球　　压扁半球　　创建边缘　　创建凸起部分

图2-4

## 2.2 标准基本体

标准基本体是3ds Max中自带的一些模型，用户可以直接创建出这些模型。在"创建"面板中单击"几何体"按钮，然后在下拉列表中选择几何体类型为"标准基本体"。标准基本体包含10种对象类型，分别是长方体、圆锥体、球体、几何球体、圆柱体、管状体、圆环、四棱锥、茶壶和平面，如图2-5所示。

图2-5

## 2.2.1 长方体

长方体是建模中常用的几何体，现实中与长方体接近的物体很多。可以直接使用长方体创建出很多模型，如方桌、墙体等，同时还可以将长方体用作多边形建模的基础物体，其参数设置面板如图2-6所示。

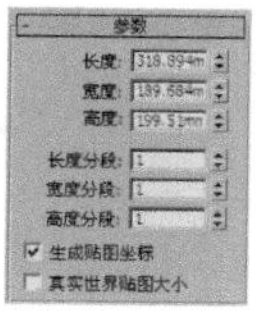

**常用参数介绍**

长度/宽度/高度：这3个参数决定了长方体的外形，用来设置长方体的长度、宽度和高度。

长度分段/宽度分段/高度分段：这3个参数用来设置沿着对象每个轴的分段数量。

图2-6

---

👆 **操作练习** | 制作电视柜

» 场景位置　无
» 实例位置　实例文件>CH02>操作练习：制作电视柜.max
» 视频名称　操作练习：制作电视柜.mp4
» 技术掌握　长方体工具、平移复制功能

电视柜效果如图2-7所示。

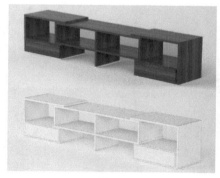

图2-7

**01** 在"创建"面板中单击"几何体"按钮 🔘，然后设置几何体类型为"标准基本体"，接着单击"长方体"按钮 长方体，如图2-8所示，最后在视图中拖曳鼠标创建一个长方体，如图2-9所示。

图2-8

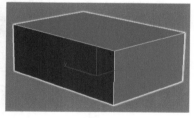

图2-9

**02** 在"命令面板"中单击"修改"按钮 🖊，进入"修改"面板，然后在"参数"卷展栏下设置"长度"为500mm，"宽度"为350mm，"高度"为150mm，具体参数设置如图2-10所示。

**03** 切换到左视图，用"选择并移动"工具 ✛ 选择长方体，然后按住Shift键在前视图中向右移动复制一个长方体，如图2-11所示。

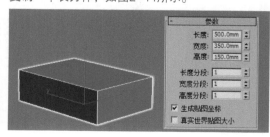

图2-10

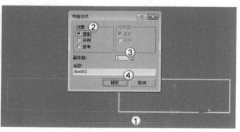

图2-11

**04** 选择复制出的长方体，然后在"修改"面板中修改"长度"为20mm，"高度"为400mm，保持

"宽度"不变，
如图2-12所示，
接着调整好长方
体的位置，如图
2-13所示。

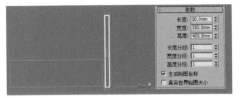

图2-12　　　　　　　　　　　　　　图2-13

**05** 在左视图中将最先创建的长方体沿$y$轴向上复制一个，如图2-14所示，然后在"修改"面板中

修改"长度"为
550mm，"高度"
为20mm，保持
"宽度"不变，最
后调整长方体的
位置，如图2-15
所示。

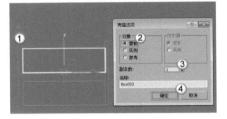
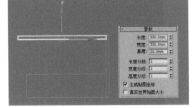

图2-14　　　　　　　　　　　　　　图2-15

**06** 继续将第1个长方体沿$y$轴向下复制一个，如图2-16所示，然后在"修改"面板中修改"长度"

为520mm，"高
度"为10mm，保
持"宽度"不变，
最后调整好长方
体的位置，如图
2-17所示。

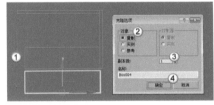

图2-16　　　　　　　　　　　　　　图2-17

**07** 使用"长方体"工具 [长方体] 创建一个长方体，然后在"参数"卷展栏下设置"长度"为480mm，"宽度"为10mm，"高度"为130mm，模型位置如图2-18所示。

**08** 在透视图中选择所有长方体，然后单击"镜像"工具按钮 [镜像]，打开"镜像:世界坐标"对话框，接着设置"镜像轴"为$y$轴，"偏移"为1500mm，"克隆当前选择"为"复制"，如图2-19所示，镜像后的效果如图2-20所示。

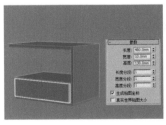
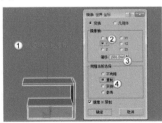
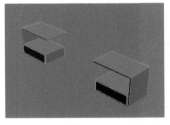

图2-18　　　　　　　　　　图2-19　　　　　　　　　　图2-20

**09** 继续使用"长方体"工具 [长方体] 创建一个长方体，然后在"参数"卷展栏下设置"长度"为1100mm，"宽度"为350mm，"高度"为20mm，如图2-21所示，长方体在左视图中的位置如图2-22所示。

**10** 选择上一步创建的长方体，然后在左视图中沿y轴向下复制一个长方体，如图2-23所示。

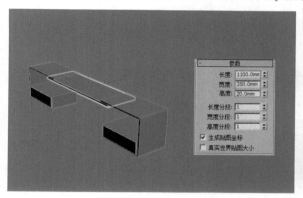

图2-22

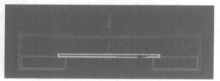

图2-21

图2-23

**11** 使用"长方体"工具 长方体 创建一个长方体，然后在"参数"卷展栏下设置"长度"为20mm，"宽度"为350mm，"高度"为190mm，如图2-24所示，长方体在左视图的位置如图2-25所示。

**12** 切换到左视图，将上一步创建的长方体沿x轴向左复制两个，长方体的位置如图2-26所示。

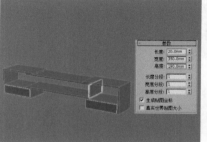

图2-25

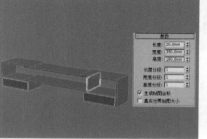

图2-24

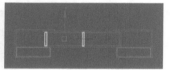

图2-26

**13** 选择图2-27中的长方体，然后将其沿y轴向下复制一个，接着保持"长度"和"宽度"不变，修改"高度"为150mm，长方体的具体位置如图2-28所示。

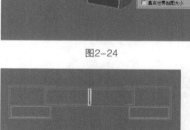

图2-27

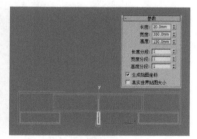

图2-28

**14** 将上一步中新复制的长方体沿y轴向下继续复制一个，然后保持"长度"和"宽度"不变，修改"高度"为10mm，长方体的具体位置如图2-29所示，最终效果如图2-30所示。

图2-29

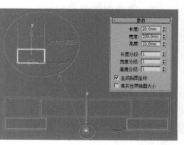

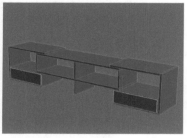

图2-30

## 2.2.2 球体

球体也是现实生活中非常常见的物体。在3ds Max中，可以创建完整的球体，也可以创建半球体或球体的其他部分，其参数设置面板如图2-31所示。

**常用参数介绍**

半径：指定球体的半径。

分段：设置球体多边形分段的数目。分段越多，球体越圆滑，反之则越粗糙，图2-32是"分段"值分别为8和32时的球体对比。

图2-31

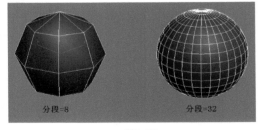

图2-32

平滑：混合球体的面，从而在渲染视图中创建平滑的外观。

半球：该值过大将从底部"切断"球体，以创建部分球体，取值范围为0~1。值为0可以生成完整的球体；值为0.5可以生成半球，如图2-33所示；值为1会使球体消失。

切除：在半球断开时通过将球体中的顶点数和面数"切除"来减少它们的数量。

挤压：保持原始球体中的顶点数和面数，将几何体向着球体的顶部挤压为越来越小的体积。

轴心在底部：在默认情况下，轴点位于球体中心的构造平面上，如图2-34所示。如果勾选"轴心在底部"选项，则会将球体沿着其局部z轴向上移动，使轴点位于其底部，如图2-35所示。

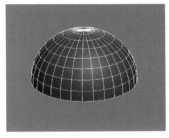

图2-33

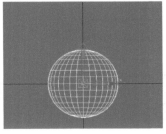

图2-34

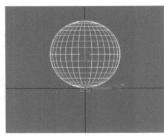

图2-35

## 2.2.3 圆柱体

圆柱体在现实中很常见，如玻璃杯和桌腿等，制作由圆柱体构成的物体时，可以先将圆柱体转换成可编辑多边形，然后对细节进行调整，其参数设置面板如图2-36所示。

**常用参数介绍**

半径：设置圆柱体的半径。

高度：设置沿着中心轴的维度。负值将在构造平面下面创建圆柱体。

高度分段：设置沿着圆柱体主轴的分段数量。

端面分段：设置围绕圆柱体顶部和底部的中心的同心分段数量。

边数：设置圆柱体周围的边。

图2-36

## 2.2.4 平面

平面在建模过程中使用的频率非常高，如墙面和地面等，其参数设置面板如图2-37所示。

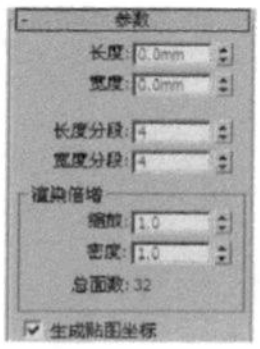

**常用参数介绍**

长度/宽度：设置平面对象的长度和宽度。

长度分段/宽度分段：设置沿着对象每个轴的分段数量。

图2-37

## 2.3 扩展基本体

"扩展基本体"是基于"标准基本体"的一种扩展物体，共有13种，分别是异面体、环形结、切角长方体、切角圆柱体、油罐、胶囊、纺锤、L-Ext、球棱柱、C-Ext、环形波、软管和棱柱，如图2-38所示。

有了这些扩展基本体，就可以快速地创建出一些简单的模型，如使用"软管"工具 软管 制作冷饮吸管，用"油罐"工具 油罐 制作货车油罐，用"胶囊"工具 胶囊 制作胶囊药物等，图2-39所示的是所有的扩展基本体。注意，并不是所有的扩展基本体都很实用（大部分扩展基本体都可以使用多边形建模编辑出来），本节只讲解在实际工作中比较常用的一些扩展基本体。

图2-38

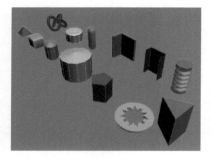

图2-39

## 2.3.1 异面体

异面体是一种很典型的扩展基本体，可以用它来创建四面体、立方体和星形等，其参数设置面板如图2-40所示。

**常用参数介绍**

系列：在这个选项组下可以选择异面体的类型，图2-41所示的是5种异面体效果。

图2-40

四面体　　立方体/八面体　　十二面体/二十面体　　星形1　　星形2

图2-41

系列参数：P、Q两个选项主要用来切换多面体顶点与面之间的关联关系，其数值范围为0~1。

轴向比率：多面体可以拥有多达3种多面体的面，如三角形、方形或五角形。这些面可以是规则的，也可以是不规则的。如果多面体只有一种或两种面，则只有一个或两个轴向比率参数处于活动状态，不活动的参数不起作用。P、Q、R控制多面体一个面反射的轴。如果调整了参数，单击"重置"按钮 重置 可以将P、Q、R的数值恢复到默认值100。

顶点：这个选项组中的参数决定多面体每个面的内部几何体。"中心"和"中心和边"选项会增加对象中的顶点数，从而增加面数。

半径：设置任何多面体的半径。

## 2.3.2 切角长方体

切角长方体是长方体的扩展物体，可以快速创建出带圆角效果的长方体，其参数设置面板如图2-42所示。

**常用参数介绍**

长度/宽度/高度：用来设置切角长方体的长度、宽度和高度。

圆角：切开倒角长方体的边，以创建圆角效果，图2-43所示是长度、宽度和高度相等，而"圆角"值分别为1mm、3mm、6mm时的切角长方体效果。

图2-42

圆角=1mm　　　　圆角=3mm　　　　圆角=6mm
图2-43

长度分段/宽度分段/高度分段：设置沿着相应轴的分段数量。

圆角分段：设置切角长方体圆角边时的分段数。

## 2.3.3 切角圆柱体

切角圆柱体是圆柱体的扩展物体，可以快速创建出带圆角效果的圆柱体，其参数设置面板如图2-44所示。

**常用参数介绍**

半径：设置切角圆柱体的半径。

高度：设置沿着中心轴的维度。负值将在构造平面下面创建切角圆柱体。

圆角：斜切切角圆柱体的顶部和底部封口边。

高度分段：设置沿着相应轴的分段数量。

圆角分段：设置切角圆柱体圆角边时的分段数。

边数：设置切角圆柱体周围的边数。

端面分段：设置围绕切角圆柱体顶部和底部的中心的同心分段数量。

图2-44

---

✋ **操作练习**　制作角柜

» 场景位置　无

» 实例位置　实例文件>CH02>操作练习：制作角柜.max

» 视频名称　操作练习：制作角柜.mp4

» 技术掌握　切角圆柱体工具、切角长方体工具、平移复制功能、角度捕捉工具角柜模型的效果如图2-45所示。

**01** 使用"切角长方体"工具 切角长方体 在视图中创建一个切角长方体，然后在 "修改"面板中设置"长度"为4mm，"宽度"为55mm，"高度"为160mm，"圆角"为1mm，如图2-46所示。

图2-45 图2-46

**02** 在"角度捕捉切换"工具 上单击鼠标右键，再在弹出的"栅格和捕捉设置"对话框中设置"角度"为90°，如图2-47所示。

**03** 切换到顶视图，按A键激活"角度捕捉切换"工具 ，然后按E键激活"选择并旋转"工具 并选中切角长方体，接着按住Shift键将其旋转90° 复制一个切角长方体，如图2-48所示，最后使用"选择并移动"工具 对两个长方体进行位置调整，如图2-49所示。

图2-47 图2-48 图2-49

**04** 使用"切角圆柱体"工具 切角圆柱体 创建一个切角圆柱体，然后在"修改"面板中设置"半径"为51mm，"高度"为2.8mm，"圆角"为0.6mm，"圆角分段"为5，"边数"为32，接着勾选"启用切片"选项，再设置"切片起始位置"为-90，"切片结束位置"为180，如图2-50所示，最后使用"选择并移动"工具 将其移动到切角长方体的上方，如图2-51所示。

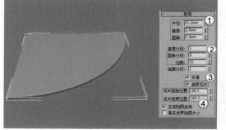

图2-50 图2-51

**05** 切换到前视图，然后按W键激活"选择并移动"工具 并选中切角圆柱体，接着按住Shift键将其沿y轴向下移动复制4个切角圆柱体，如图2-52所示，最后使用"选择并移动"工具 调整切角圆柱体的距离，角柜的最终效果如图2-53所示。

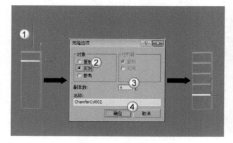

图2-52 图2-53

# 2.4 布尔运算

"布尔"运算是通过对两个或两个以上的对象进行并集、差集、交集运算，从而得到新的物体形态。"布尔"运算的参数设置面板如图2-54所示。

**常用参数介绍**

拾取操作对象B 拾取操作对象 B ：单击该按钮可以在场景中选择另一个运算物体来完成"布尔"运算。以下4个选项用来控制运算对象B的方式，必须在拾取运算对象B之前确定采用哪种方式。

参考：将原始对象的参考复制品作为运算对象B，若以后改变原始对象，同时也会改变布尔物体中的运算对象B，但是改变运算对象B时，不会改变原始对象。

复制：复制一个原始对象作为运算对象B，而不改变原始对象（当原始对象还要用在其他地方时采用这种方式）。

移动：将原始对象直接作为运算对象B，而原始对象本身不再存在（当原始对象无其他用途时采用这种方式）。

图2-54

实例：将原始对象的关联复制品作为运算对象B，以后对两者的任意一个对象进行修改时都会影响另一个。

操作对象：主要用来显示当前运算对象的名称。

操作：指定采用何种方式来进行"布尔"运算。

并集：将两个对象合并，相交的部分将被删除，运算完成后两个物体将合并为一个物体。

交集：将两个对象相交的部分保留下来，删除不相交的部分。

差集（A–B）：在A物体中减去与B物体重合的部分。

差集（B–A）：在B物体中减去与A物体重合的部分。

切割：用B物体切除A物体，但不在A物体上添加B物体的任何部分，共有"优化""分割""移除内部"和"移除外部"4个选项供选择。"优化"是在A物体上沿着B物体与A物体相交的面来增加顶点和边数，以细化A物体的表面；"分割"是在B物体切割A物体部分的边缘，并增加一排顶点，利用这种方法可以根据其他物体的外形将一个物体分成两部分；"移除内部"是删除A物体在B物体内部的所有片段面；"移除外部"是删除A物体在B物体外部的所有片段面。

---
提示

物体在进行"布尔"运算后随时都可以对两个运算对象进行修改，"布尔"运算的方式和效果也可以进行编辑修改，并且"布尔"运算的修改过程可以记录为动画，表现出神奇的切割效果。

---

## 操作练习 制作垃圾桶

- » 场景位置　无
- » 实例位置　实例文件>CH02>操作练习：制作垃圾桶.max
- » 视频名称　操作练习：制作垃圾桶.mp4
- » 技术掌握　切角长方体、切角圆柱体、布尔

垃圾桶效果如图2-55所示。

**01** 使用"切角圆柱体"工具 切角圆柱体 在视图中创建一个切角圆柱体，然后设置"半径"为200mm，"高度"为600mm，"圆角"为10mm，"圆角分段"为3，"边数"为24，如图2-56所示。

图2-55 图2-56

**02** 使用"切角长方体"工具 切角长方体 在视图中创建一个切角长方体，然后设置"长度"为200mm，"宽度"为120mm，"高度"为120mm，"圆角"为5mm，"圆角分段"为3，如图2-57所示，接着将其移动到切角圆柱体上，在前视图中的位置如图2-58所示。

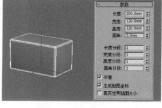

图2-57 图2-58

**03** 选择切角圆柱体，然后在"创建"面板中选择几何体类型为"复合对象"，单击"布尔"按钮 布尔 ，接着单击"拾取操作对象B"按钮 拾取操作对象B ，最后拾取切角长方体进行布尔运算，如图2-59所示，运算结果如图2-60所示。

---- 提示 ----

图2-60所示的结果是默认的"差集（A-B）"效果，此时模型没有镂空，而且不符合垃圾桶的实际形象。

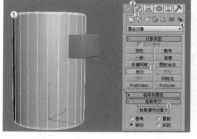

图2-59 图2-60

**04** 切换到"修改"面板，然后在"参数"卷展栏下设置"操作"方式为"切割"，接着选择"移除内部"选项，此时圆柱体就镂空了，而且符合垃圾桶的实际形象，如图2-61所示。

**05** 选择垃圾桶模型，在"修改器列表"中选择"壳"修改器，然后在"参数"卷展栏下设置"内部量"和"外部量"都为5mm，为垃圾桶添加一定的厚度，如图2-62所示。

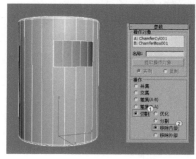

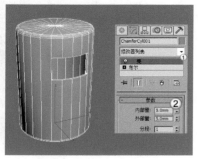

图2-61 图2-62

# 2.5 样条线

二维图形由一条或多条样条线组成，而样条线又是由顶点和线段组成的，所以只要调整顶点的参数及样条线的参数就可以生成复杂的二维图形，利用这些二维图形又可以生成三维模型。图2-63和图2-64所示是一些优秀的样条线作品。

图2-63

图2-64

线的参数包括4个卷展栏，分别是"渲染"卷展栏、"插值"卷展栏、"创建方法"卷展栏和"键盘输入"卷展栏，如图2-65所示。下面将详细讲解"渲染"卷展栏和"插值"卷展栏。

图2-65

## 2.5.1 渲染卷展栏

展开"渲染"卷展栏，如图2-66所示。

**常用参数介绍**

在渲染中启用：勾选该选项才能渲染出样条线；若不勾选，将不能渲染出样条线。

在视口中启用：勾选该选项后，样条线会以网格的形式显示在视图中。

使用视口设置：该选项只有在开启"在视口中启用"选项时才可用，主要用于设置不同的渲染参数。

生成贴图坐标：控制是否应用贴图坐标。

真实世界贴图大小：控制应用于对象的纹理贴图材质所使用的缩放方法。

图2-66

视口/渲染：当勾选"在视口中启用"选项时，样条线将显示在视图中；当同时勾选"在视口中启用"和"渲染"选项时，样条线在视图中和渲染中都可以显示出来。

径向：将3D网格显示为圆柱形对象，其参数包含"厚度""边"和"角度"。"厚度"选项用于指定视图或渲染样条线网格的直径，其默认值为1，范围是0~100；"边"选项用于在视图或渲染器中为样条线网格设置边数或面数（例如，值为4表示一个方形横截面）；"角度"选项用于调整视图或渲染器中的横截面的旋转位置。

矩形：将3D网格显示为矩形对象，其参数包含"长度""宽度""角度"和"纵横比"。"长度"选项用于设置沿局部y轴的横截面大小；"宽度"选项用于设置沿局部x轴的横截面大小；"角度"选项用于调整视图或渲染器中的横截面的旋转位置；"纵横比"选项用于设置矩形横截面的纵横比。

自动平滑：启用该选项可以激活下面的"阈值"选项，调整"阈值"数值可以自动平滑样条线。

## 2.5.2 插值卷展栏

展开"插值"卷展栏，如图2-67所示。

**常用参数介绍**

步数：手动设置每条样条线的步数。

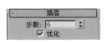

图2-67

优化：启用该选项后，可以从样条线的直线线段中删除不需要的步数。

## 操作练习 制作衣架

- » 场景位置　无
- » 实例位置　实例文件>CH02>操作练习：制作衣架.max
- » 视频名称　操作练习：制作衣架.mp4
- » 技术掌握　线工具、渲染卷展栏参数

衣架模型的效果如图2-68所示。

**01** 在"创建"面板中单击"图形"按钮，然后设置图形类型为"样条线"，接着单击"线"按钮　　线　，最后在前视图绘制出一条如图2-69所示的样条线。

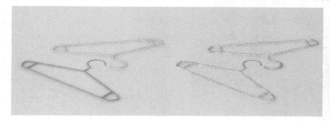
图2-68

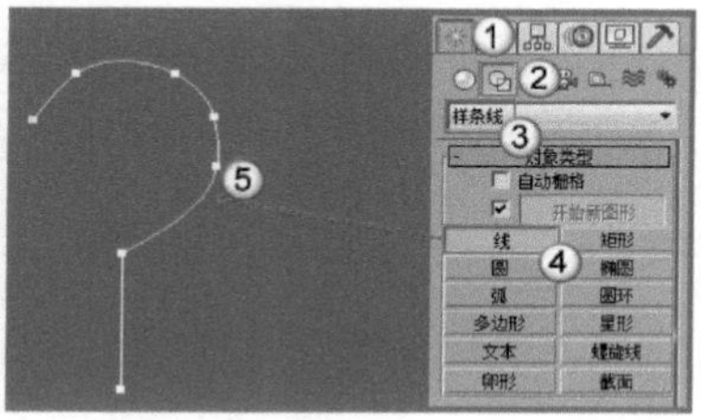

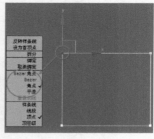
图2-69

---

提示

如果绘制出来的样条线不是很平滑，就需要对其进行调节（需要尖角的角点时就不需要调节），样条线形状主要是在"顶点"级别下进行调节。下面以图2-70中的矩形来详细介绍一下如何将硬角点调节为平面的角点。

第1步：进入"修改"面板，然后在"选择"卷展栏下单击"顶点"按钮，进入"顶点"级别，如图2-71所示。

第2步：选择需要调节的顶点，然后单击鼠标右键，在弹出的菜单中可以观察到除了"角点"选项以外，还有另外3个选项，分别是"Bezier角点"、Bezier和"平滑"选项，如图2-72所示。

下面介绍这3个选项的区别。

图2-70

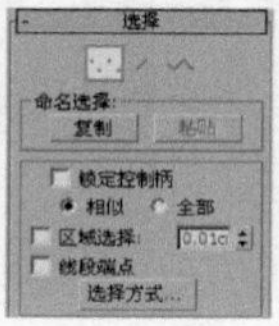

图2-71

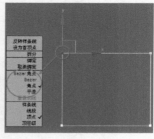
图2-72

平滑：如果选择该选项，则选择的顶点会自动平滑，但是不能继续调节角点的形状，如图2-73所示。

Bezier角点：如果选择该选项，则原始角点的形状保持不变，但会出现控制柄（两条滑竿）和两个可供调节方向的锚点，如图2-74所示。通过这两个锚点，可以用"选择并移动"工具、"选择并旋转"工具、"选择并均匀缩放"工具等对锚点进行平移、旋转和缩放等操作，从而改变角点的形状，如图2-75所示。

图2-73

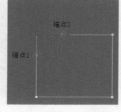
图2-74

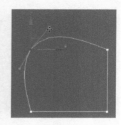
图2-75

Bezier：如果选择该选项，则会改变原始角点的形状，同时也会出现控制柄和两个可供调节方向的锚点，如图2-76所示。可以用"选择并移动"工具、"选择并旋转"工具、"选择并均匀缩放"工具等对锚点进行平移、旋转和缩放等操作，从而改变角点的形状，如图2-77所示。

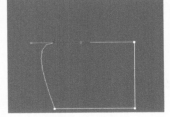

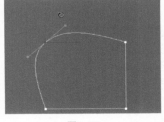

图2-76

图2-77

02 选择样条线，切换到"修改"面板，然后在"渲染"卷展栏下勾选"在渲染中启用"和"在视口中启用"选项，接着设置"径向"的"厚度"为2.5mm，如图2-78所示。

03 保持"渲染"卷展栏下的参数不变，然后使用相同的方法在前视图中绘制一条样条线，如图所2-79所示，接着使用"选择并移动"工具调整其位置，如图2-80所示。

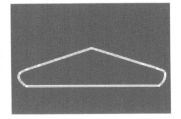

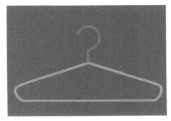

图2-78

图2-79

图2-80

04 使用"线"工具 线 在衣架模型中绘制两条样条线，并保持"渲染"卷展栏下的参数不变，如图2-81所示，衣架的最终模型效果如图2-82所示。

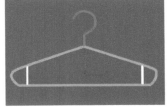

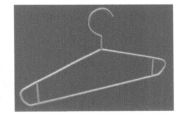

图2-81

图2-82

## 2.6 综合练习：制作风铃

» 场景位置　无
» 实例位置　实例文件>CH02>综合练习：制作风铃.max
» 视频名称　综合练习：制作风铃.mp4
» 技术掌握　切角圆柱体工具、长方体工具、异面体工具、复制功能

风铃效果如图2-83所示。

图2-83

**01** 设置几何体类型为"扩展基本体"，然后使用"切角圆柱体"工具 切角圆柱体 在场景中创建一个切角圆柱体，接着在"参数"卷展栏下设置"半径"为45mm，"高度"为1mm，"圆角"为0.3mm，"高度分段"为1，"边数"为30，具体参数设置及模型效果如图2-84所示。

**02** 使用"选择并移动"工具 ✛ 选择上一步创建的切角圆柱体，然后移动复制一个长方体到上方，接着在"参数"卷展栏下将"半径"修改为12mm，"圆角"修改为0.2mm，具体参数设置及模型位置如图2-85所示。

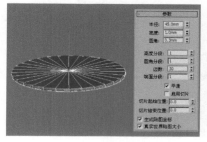

图2-84　　　　　　　　　　图2-85

**03** 设置几何体类型为"标准基本体"，然后使用"圆柱体"工具 圆柱体 在场景中创建一个圆柱体，接着在"参数"卷展栏下设置"半径"为1.5mm，"高度"为80mm，"高度分段"为1，"边数"为30，具体参数设置及模型位置如图2-86所示。

**04** 继续使用"圆柱体"工具 圆柱体 在比较大的切角圆柱体边缘创建一些高度不一的圆柱体作为吊线，完成后的效果如图2-87所示。

**05** 设置几何体类型为"扩展基本体"，然后使用"异面体"工具 异面体 在场景中创建4个异面体，具体参数设置如图2-88所示。

**06** 将创建的异面体复制一些到吊线上，最终效果如图2-89所示。

图2-86

— 提示 —
本练习中的吊线模型可以通过"线"工具来制作。

图2-87　　　图2-88　　　图2-89

## 2.7 课后习题：制作书桌

» 场景位置　无
» 实例位置　实例文件>CH02>课后习题：制作书桌.max
» 视频名称　课后习题：制作书桌.mp4
» 技术掌握　长方体工具、平移复制功能

书桌模型的效果如图2-90所示。

**制作分析**

第1步：使用"长方体"工具 长方体 在视图中创建一个长方体，然后将其向下复制一个，如图2-91所示。

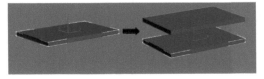

图2-90

图2-91

第2步：继续使用"长方体"工具 长方体 在视图中创建一个长方体，将其作为书桌的支撑脚，并将其向右复制一个，如图2-92所示，然后将其移到如图2-93所示的位置，完成一个书桌的制作。

第3步：用相同的方法制作其他书桌，书桌模型如图2-94所示。

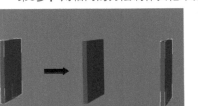

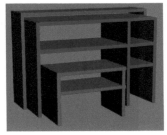

图2-92

图2-93

图2-94

## 2.8  本课笔记

第 3 课

# 修改器

前一课介绍了基础建模技术,该建模技术只能制作简单、规则的模型,并且模型的精细度很差。通过使用修改器不仅可以解决精细度的问题,还能制作各种结构复杂的模型。本课将介绍修改器的加载方法及常用修改器的使用方法。

## 学习要点

- » 掌握修改器的使用方法
- » 掌握常用修改器的参数
- » 掌握使用修改器建模的技巧和方法
- » 掌握FFD修改器的操作技巧

# 3.1 关于修改器

"修改"面板是3ds Max很重要的一个组成部分，而修改器堆栈则是"修改"面板的"灵魂"。所谓"修改器"，就是可以对模型进行编辑，改变其几何形状及属性的命令。

修改器对于创建一些特殊形状的模型具有非常强大的优势，因此在使用多边形建模等建模方法很难达到模型要求时，不妨采用修改器进行制作，图3-1和图3-2所示是一些使用修改器制作的优秀模型。

图3-1

图3-2

—— 提示 ——

修改器可以在"修改"面板中的"修改器列表"中进行加载，也可以在"菜单栏"中的"修改器"菜单下进行加载，这两个地方的修改器完全一样。

## 3.1.1 修改器堆栈

进入"修改"面板，可以观察到修改器堆栈中的工具，如图3-3所示。

**常用工具介绍**

锁定堆栈 ：激活该按钮可以将堆栈和"修改"面板的所有控件锁定到选定对象的堆栈中。即使在选择了视图中的另一个对象之后，也可以继续对锁定堆栈的对象进行编辑。

显示最终结果开/关切换 ：激活该按钮后，会在选定的对象上显示整个堆栈的效果。

图3-3

使唯一 ：激活该按钮可以将关联的对象修改成独立对象，这样可以对选择集中的对象单独进行操作（只有在场景中拥有选择集的时候该按钮才可用）。

从堆栈中移除修改器 ：若堆栈中存在修改器，单击该按钮可以删除当前的修改器，并清除由该修改器引发的所有更改。

配置修改器集 ：单击该按钮将弹出一个子菜单，这个菜单中的命令主要用于配置在"修改"面板中怎样显示和选择修改器，如图3-4所示。

—— 提示 ——

如果想要删除某个修改器，不可以在选中某个修改器后按Delete键，那样删除的将会是物体本身而非单个的修改器。要删除某个修改器，需要先选择该修改器，然后单击"从堆栈中移除修改器"按钮 。

图3-4

## 3.1.2 加载修改器

为对象加载修改器的方法非常简单。选择一个对象后，进入"修改"面板，然后单击"修改器列表"后面的 ▾ 按钮，接着在弹出的下拉列表中选择相应的修改器，如图3-5所示。

— 提示 —

在修改器堆栈中可以观察到每个修改器前面都有个小灯泡图标 ，这个图标表示这个修改器的启用或禁用状态。当小灯泡显示为亮的状态 时，代表这个修改器是启用的；当小灯泡显示为暗的状态 时，代表这个修改器被禁用了。单击这个小灯泡即可切换启用和禁用状态。

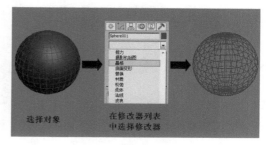

选择对象　　　在修改器列表中选择修改器

图3-5

## 3.1.3 修改器的顺序

修改器的排列顺序非常重要，先加入的修改器位于修改器堆栈的下方，后加入的修改器则在修改器堆栈的顶部，不同的顺序对同一物体起到的效果是不一样的。

图3-6所示是一个管状体，下面以这个物体为例来介绍修改器的顺序对效果的影响，同时介绍如何调整修改器之间的顺序。

先为管状体加载一个"扭曲"修改器，然后在"参数"卷展栏下设置扭曲的"角度"为360°，这时管状体便会产生大幅度的扭曲变形，如图3-7所示。

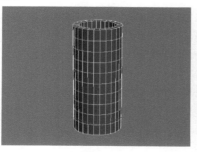

图3-6

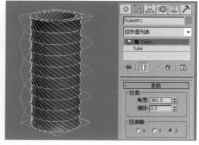

图3-7

继续为管状体加载一个"弯曲"修改器，然后在"参数"卷展栏下设置弯曲的"角度"为90°，这时管状体会发生很自然的弯曲变形，如图3-8所示。

下面调整两个修改器的位置。按住鼠标左键将"弯曲"修改器拖曳到"扭曲"修改器的下方，然后松开鼠标左键（拖曳时修改器下方会出现一条蓝色的线），调整排序后可以发现管状体的效果发生了很大的变化，如图3-9所示。

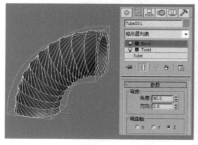

图3-8

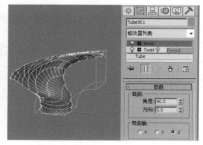

图3-9

### 3.1.4 编辑修改器

在修改器上单击鼠标右键会弹出一个菜单，该菜单中包括一些对修改器进行编辑的常用命令，如图3-10所示。

从菜单中可以观察到修改器是可以复制到其他物体上的，复制的方法有以下两种。

第1种：在修改器上单击鼠标右键，然后在弹出的菜单中选择"复制"命令，接着在需要的位置上单击鼠标右键，最后在弹出的菜单之中选择"粘贴"命令即可。

第2种：直接将修改器拖曳到场景中的某一物体上。

塌陷修改器会将该物体转换为可编辑网格，并删除其中所有的修改器，这样可以简化对象，并且还能够节约内存。但是塌陷之后就不能对修改器的参数进行调整了，并且也不能将修改器的历史恢复到基准值。

图3-10

—— 提示 ——

在选中某一修改器后，如果按住Ctrl键将其拖曳到其他对象上，可以将这个修改器作为实例粘贴到其他对象上；如果按住Shift键将其拖曳到其他对象上，就相当于将源对象上的修改器剪切并粘贴到新对象上。

### 3.1.5 塌陷修改器堆栈

塌陷修改器有"塌陷到"和"塌陷全部"两种方法。使用"塌陷到"命令可以塌陷到当前选定的修改器，也就是说删除当前及列表中位于当前修改器下面的所有修改器，保留当前修改器上面的所有修改器；而使用"塌陷全部"命令，会塌陷整个修改器堆栈，删除所有修改器，并使对象变成可编辑网格。

以图3-11中的修改器堆栈为例，处于最底层的是一个圆柱体，可以将其称为"基础物体"（注意，基础物体一定是处于修改器堆栈的最底层的），而处于基础物体之上的是"弯曲""扭曲"和"松弛"3个修改器。

图3-11

在"扭曲"修改器上单击鼠标右键，然后在弹出的菜单选择"塌陷到"命令，此时系统会弹出"警告:塌陷到"对话框，如图3-12所示。在"警告:塌陷到"对话框中有3个按钮，分别为"暂存/是"按钮 暂存(U)/是 、"是"按钮 是(Y) 和"否"按钮 否(N) 。如果单击"暂存/是"按钮 暂存(U)/是 则会将当前对象的状态保存到"暂存"缓冲区，然后才应用"塌陷到"命令，执行"编辑/取回"菜单命令，可以恢复到塌陷前的状态；如果单击"是"按钮 是(Y) ，将塌陷"扭曲"修改器和"弯曲"两个修改器，而保留"松弛"修改器，同时基础物体会变成"可编辑网格"物体，如图3-13所示。

下面对同样的物体执行"塌陷全部"命令。在任意一个修改器上单击鼠标右键，然后在弹出的菜单中选择"塌陷全部"命令，此时系统会弹出"警告:塌陷全部"对话框，如图3-14所示。如果单击"是"按钮 是(Y) ，则将塌陷修改器堆栈中的所有修改器，并且基础物体也会变成"可编辑网格"物体，如图3-15所示。

| 图3-12 | 图3-13 | 图3-14 | 图3-15 |

# 3.2 常用修改器

在"修改器列表"中有很多修改器，本节针对其中一些常用的修改器进行详细介绍，希望读者能熟练地运用这些修改器，简化建模流程，节省操作时间。

## 3.2.1 挤出修改器

"挤出"修改器可以将深度添加到二维图形中，并且可以将对象转换成一个参数化对象，如图3-16所示，其参数设置面板如图3-17所示。

**常用参数介绍**

数量：设置挤出的深度。

分段：指定要在挤出对象中创建的线段数目。

封口：用来设置挤出对象的封口。

封口始端：在挤出对象的初始端生成一个平面。

封口末端：在挤出对象的末端生成一个平面。

输出：指定挤出对象的输出方式。

面片：产生一个可以折叠到面片对象中的对象。

网格：产生一个可以折叠到网格对象中的对象。

NURBS：产生一个可以折叠到NURBS对象中的对象。

平滑：将平滑应用于挤出图形。

图3-16　　　　　　图3-17

## 3.2.2 倒角修改器

"倒角"修改器可以将图形挤出为3D对象，并在边缘得到平滑的倒角效果，如图3-18所示，其参数设置面板包含"参数"和"倒角值"两个卷展栏，如图3-19所示。

**常用参数介绍**

封口：指定倒角对象是否要在一端封闭开口。

始端：用对象的最低局部z值（底部）对末端进行封口。

末端：用对象的最高局部z值（底部）对末端进行封口。

图3-18　　　　　　图3-19

起始轮廓：设置轮廓到原始图形的偏移距离。正值会使轮廓变大；负值会使轮廓变小。

级别1：包含以下两个选项。

高度：设置"级别1"在起始级别之上的距离。

轮廓：设置"级别1"的轮廓到起始轮廓的偏移距离。

级别2：在"级别1"之后添加一个级别。

高度：设置"级别1"之上的距离。

轮廓：设置"级别2"的轮廓到"级别1"轮廓的偏移距离。

级别3：在前一级别之后添加一个级别，如果未启用"级别2"，"级别3"会添加在"级别1"之后。

高度：设置到前一级别之上的距离。

轮廓：设置"级别3"的轮廓到前一级别轮廓的偏移距离。

## 👆 操作练习　制作牌匾

- » 场景位置　无
- » 实例位置　实例文件>CH03>操作练习：制作牌匾.max
- » 视频名称　操作练习：制作牌匾.mp4
- » 技术掌握　矩形工具、倒角修改器、文本工具、挤出修改器

牌匾效果如图3-20所示。

**01** 使用"矩形"工具 ▐矩形▐ 在前视图中绘制一个矩形，然后在"参数"卷展栏下设置"长度"为100mm，"宽度"为260mm，"角半径"为2mm，如图3-21所示。

图3-20　　　　　　　　　　　　　　　　　　　　图3-21

**02** 为矩形加载一个"倒角"修改器，然后在"倒角值"卷展栏下设置"级别1"的"高度"为6mm，接着勾选"级别2"选项，并设置其"轮廓"为-4mm，最后勾选"级别3"选项，并设置其"高度"为-2mm，具体参数设置及模型效果如图3-22所示。

**03** 使用"选择并移动"工具 ✛ 选择模型，然后在左视图中移动复制一个模型，并在弹出的"克隆选项"对话框中设置"对象"为"复制"，如图3-23所示。

**04** 切换到前视图，然后使用"选择并均匀缩放"工具 ▐ 将复制出来的模型缩放到合适的大小，如图3-24所示。

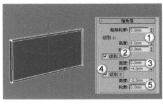

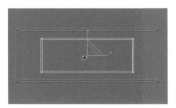

图3-22　　　　　　　　　　图3-23　　　　　　　　　　图3-24

**05** 展开"倒角值"卷展栏，然后将"级别1"的"高度"修改为2mm，接着将"级别2"的"轮廓"修改为–2.8mm，最后将"级别3"的"高度"修改为–1.5mm，具体参数设置及模型效果如图3–25所示。

**06** 使用"文本"工具 文本 在前视图中单击鼠标创建一个默认的文本，然后在"参数"卷展栏下设置字体为"汉仪篆书繁"，"大小"为50mm，接着在"文本"输入框中输入"水如善上"4个字，如图3–26所示，文本效果如图3–27所示。

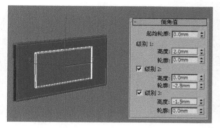
图3–25

图3–26

图3–27

## 3.2.3 车削修改器

"车削"修改器可以通过围绕坐标轴旋转一个图形或NURBS曲线来生成3D对象，如图3–28所示，其参数设置面板如图3–29所示。

**常用参数介绍**

度数：设置对象围绕坐标轴旋转的角度，其范围为0°~360°，默认值为360°。

焊接内核：通过焊接旋转轴中的顶点来简化网格。

图3–28

图3–29

翻转法线：使物体的法线翻转，翻转后物体的内部会外翻。

分段：在起始点之间设置在曲面上创建的插补线段的数量。

封口：如果设置的车削对象的"度数"小于360°，该选项用来控制是否在车削对象的内部创建封口。

封口始端：车削的起点，用来设置封口的最大程度。

封口末端：车削的终点，用来设置封口的最大程度。

变形：按照创建变形目标所需的可预见且可重复的模式来排列封口面。

栅格：在图形边界的方形上修剪栅格中安排的封口面。

方向：设置轴的旋转方向，共有$x$、$y$和$z$这3个轴可供选择。

对齐：设置对齐的方式，共有"最小""中心"和"最大"3种方式可供选择。

输出：指定车削对象的输出方式。

面片：产生一个可以折叠到面片对象中的对象。

网格：产生一个可以折叠到网格对象中的对象。

NURBS：产生一个可以折叠到NURBS对象中的对象。

**操作练习** 制作高脚杯

» 场景位置　无
» 实例位置　实例文件>CH03>操作练习：制作高脚杯.max
» 视频名称　操作练习：制作高脚杯.mp4
» 技术掌握　线工具、车削修改器

高脚杯效果如图3-30所示。

**01** 下面制作第1个高脚杯。使用"线"工具 <u>线</u> 在前视图中绘制出如图3-31所示的样条线。

图3-30　　　　　　　　　　　　　　　　　　图3-31

**02** 为样条线加载一个"车削"修改器，然后在"参数"卷展栏下设置"分段"为50，接着设置"方向"为y Y 轴，"对齐"方式为"最大" <u>最大</u>，具体参数设置及模型效果如图3-32所示。

**03** 下面制作第2个高脚杯。使用"线"工具 <u>线</u> 在前视图中绘制出如图3-33所示的样条线。

**04** 为样条线加载一个"车削"修改器，然后在"参数"卷展栏下设置"分段"为50，接着设置"方向"为y Y 轴，"对齐"方式为"最大" <u>最大</u>，具体参数设置及模型效果如图3-34所示。

图3-32　　　　　　　　　　图3-33　　　　　　　　　　图3-34

**05** 下面制作第3个高脚杯。使用"线"工具 <u>线</u> 在前视图中绘制出如图3-35所示的样条线。

**06** 为样条线加载一个"车削"修改器，然后在"参数"卷展栏下设置"分段"为50，接着设置"方向"为y Y 轴，"对齐"方式为"最大" <u>最大</u>，最终效果如图3-36所示。

图3-35　　　　　　　　　　图3-36

## 3.2.4 弯曲修改器

"弯曲"修改器可以控制物体在任意3个轴上弯曲的角度和方向，也可以对几何体的一段限制弯曲效果，如图3-37所示，其参数设置面板如图3-38所示。

**常用参数介绍**

角度：从顶点平面设置要弯曲的角度，范围为-999999~999999。

方向：设置弯曲相对于水平面的方向，范围为-999999~999999。

X/Y/Z：指定要弯曲的轴，默认轴为z轴。

图3-37　　　　　图3-38

## 3.2.5 扭曲修改器

"扭曲"修改器与"弯曲"修改器的参数比较相似，但是"扭曲"修改器产生的是扭曲效果，而"弯曲"修改器产生的是弯曲效果。"扭曲"修改器可以在对象几何体中产生一个旋转效果（就像拧湿抹布），并且可以控制任意3个轴上的扭曲角度，同时也可以对几何体的一段限制扭曲效果，如图3-39所示，其参数设置面板如图3-40所示。

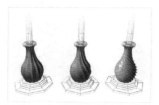

— 提示 —

"扭曲"修改器的参数含义请参阅"弯曲"修改器。

图3-39　　　　　图3-40

### 操作练习 | 制作插花

- » 场景位置　场景文件>CH03>01.max
- » 实例位置　实例文件>CH03>操作练习：制作插花.max
- » 视频名称　操作练习：制作插花.mp4
- » 技术掌握　扭曲修改器

插花效果如图3-41所示。

01 打开学习资源中的"场景文件>CH03>01.max"文件，如图3-42所示。

图3-41　　　　　　　　　图3-42

**02** 选择其中一枝开放的花，然后为其加载一个"弯曲"修改器，接着在"参数"卷展栏下设置"角度"为105，"方向"为180，"弯曲轴"为$y$轴，具体参数设置及模型效果如图3-43所示。

**03** 选择另一枝花，然后为其加载一个"弯曲"修改器，接着在"参数"卷展栏下设置"角度"为53，"弯曲轴"为$y$轴，具体参数设置及模型效果如图3-44所示。

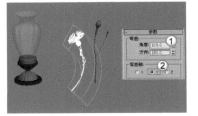
图3-43

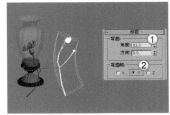
图3-44

**04** 选择开放的花模型，然后按住Shift键使用"选择并旋转"工具 旋转复制19枝花（注意，要将每枝花调整成参差不齐的效果），如图3-45所示。

**05** 继续使用"选择并旋转"工具 对另外一枝花进行复制（复制9枝），如图3-46所示。

**06** 使用"选择并移动"工具 将两束花放入花瓶中，最终效果如图3-47所示。

图3-45

图3-46

图3-47

## 3.2.6 FFD 修改器

FFD是"自由变形"的意思，FFD修改器即"自由变形"修改器，这种修改器是使用晶格框包围住选中的几何体，然后通过调整晶格的控制点来改变封闭几何体的形状，如图3-48所示。FFD修改器包含5种类型，分别为FFD 2×2×2修改器、FFD 3×3×3修改器、FFD 4×4×4修改器、FFD（长方体）修改器和FFD（圆柱体）修改器，如图3-49所示。

由于FFD修改器的使用方法基本都相同，因此这里选择FFD（长方体）修改器来进行讲解，其参数设置面板如图3-50所示。

图3-48        图3-49        图3-50

**常用参数介绍**

尺寸：主要用于设置控制点的数量，常用选项有以下两个。

点数：显示晶格中当前的控制点数目，如4×4×4、2×2×2等。

设置点数 设置点数 ：单击该按钮可以打开"设置FFD尺寸"对话框，在该对话框中可以设置晶格中所需控制点的数目，如图3-51所示。

变形：该选项组常用的选项有以下3个。

仅在体内：只有位于源体积内的顶点会变形。

所有顶点：所有顶点都会变形。

张力/连续性：调整变形样条线的张力和连续性。虽然无法看到FFD中的样条线，但晶格和控制点代表着控制样条线的结构。

选择选项：主要用于指定特定方向轴的控制点。

全部X 全部X /全部Y 全部Y /全部Z 全部Z ：选中沿着由这些轴指定的局部维度的所有控制点。

图3-51

---

👆 **操作练习** 制作枕头

» 场景位置　无
» 实例位置　实例文件>CH03>操作练习：制作枕头.max
» 视频名称　操作练习：制作枕头.mp4
» 技术掌握　切角长方体工具、FFD 修改器

枕头模型的效果如图3-52所示。

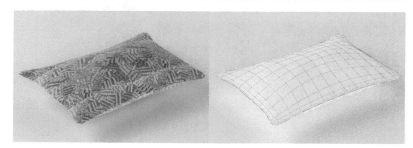

图3-52

**01** 使用"切角长方体"工具 切角长方体 创建一个切角长方体，然后设置"长度"为370mm，"宽度"为500mm，"高度"为130mm，"圆角"为40mm，接着设置"长度分段"为6，"宽度分段"为9，"高度分段"为2，"圆角分段"为3，如图3-53所示。

**02** 在修改器列表中为切角长方体加载一个FFD（长方体）修改器，然后在"FFD参数"卷展栏中设置"尺寸"为5×5×3，如图3-54所示。

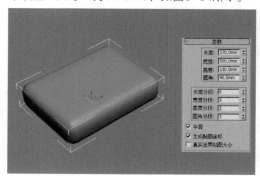

图3-53

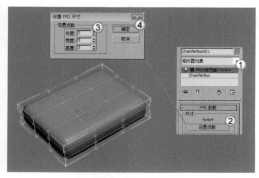

图3-54

**03** 按1键进入"控制点"级层（或者在修改器堆栈中选择"控制点" `├── 控制点` ），然后切换到顶视图，框选4个角上的控制点，接着使用"选择并均匀缩放"工具📐在xy平面上进行放大，如图3-55所示。

**04** 切换到前视图，框选图3-56所示的控制点，然后使用"选择并均匀缩放"工具📐在y轴上进行缩小。

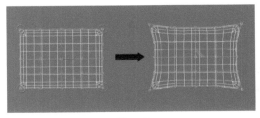

图3-55

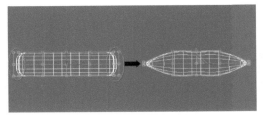

图3-56

**05** 切换到左视图，然后框选图3-57所示的控制点，接着使用"选择并均匀缩放"工具📐在y轴上进行缩小，至此枕头模型基本制作完成。读者可以根据自身喜爱和实际情况微调相应控制点的位置，枕头模型的效果如图3-58所示。

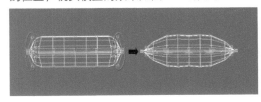

图3-57

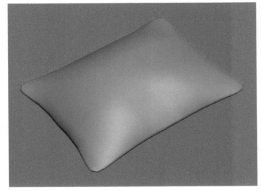

图3-58

## 3.2.7 平滑类修改器

"平滑"修改器、"网格平滑"修改器和"涡轮平滑"修改器都可以用来平滑几何体，但是在效果和可调性上有一定差别。简单地说，对于相同的物体，"平滑"修改器的参数比其他两种修改器要简单一些，但是平滑的强度不强；"网格平滑"修改器与"涡轮平滑"修改器的使用方法相似，但是后者能够更快并更有效地利用内存，不过"涡轮平滑"修改器在运算时容易发生错误。因此，在实际工作中"网格平滑"修改器是最常用的一种修改器。

"网格平滑"修改器可以通过多种方法来平滑场景中的几何体，它允许细分几何体，同时可以使角和边变得平滑，其参数设置面板如图3-59所示。

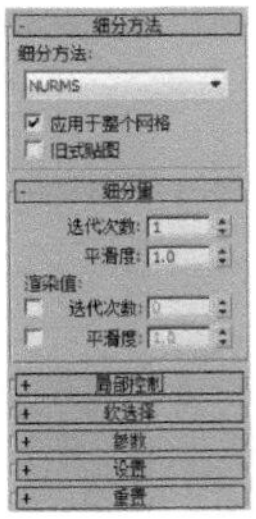

**常用参数介绍**

细分方法：选择细分的方法，共有"经典"、NURMS和"四边形输出"3种方法。"经典"方法可以生成三面和四面的多面体，如图3-60所示；NURMS方法生成的对象与可以为每个控制顶点设置不同权重的NURBS对象相似，这是默认设置，如图3-61所示；"四边形输出"方法仅生成四面多面体，如图3-62所示。

图3-59

图3-60　　　　　　　　　　　　图3-61　　　　　　　　　　　　图3-62

应用于整个网格：启用该选项后，平滑效果将应用于整个对象。

迭代次数：设置网格细分的次数，这是最常用的一个参数，其数值的大小直接决定了平滑的
效果，取值范围为0~10。增加该值时，每次新的迭代会通过在迭代之前对顶点、边和曲面创建平
滑差补顶点来细分网格，图3-63所示是"迭代次数"为1、2、3时的平滑效果对比。

迭代次数=1　　　　　　迭代次数=2　　　　　　迭代次数=3

图3-63

> —— 提示 ——
>
> 　　"网格平滑"修改器的参数
> 虽然有7个卷展栏，但是基本上
> 只会用到"细分方法"和"细
> 分量"卷展栏下的参数，特别是
> "细分量"卷展栏下的"迭代
> 次数"。

平滑度：为多尖锐的锐角添加面以平滑锐角，计算得到的平滑度为顶点连接的所有边的平均角度。

渲染值：用于在渲染时对对象应用不同的平滑"迭代次数"和不同的"平滑度"值。在一般
情况下，使用较低的"迭代次数"和较低的"平滑度"值进行建模，而使用较高值进行渲染。

## 3.2.8　晶格修改器

　　"晶格"修改器可以将图形的线
段或边转化为圆柱形结构，并在顶
点上产生可选择的关节多面体，如
图3-64所示，其参数设置面板如图
3-65所示。

**常用参数介绍**

几何体：该选项组主要用于设置
"晶格"修改器的应用对象。

图3-64　　　　　　　　　　图3-65

应用于整个对象：将"晶格"修改器应用到对象的所有边或线段上。

仅来自顶点的节点：仅显示由原始网格顶点产生的关节（多面体）。

仅来自边的支柱：仅显示由原始网格线段产生的支柱（多面体）。

二者：显示支柱和关节。

支柱：主要设置结构（边）的参数。

半径：指定结构的半径。

分段：指定沿结构的分段数目。

边数：指定结构边界的边数目。

忽略隐藏边：仅生成可视边的结构。
如果禁用该选项，将生成所有边的结构，
包括不可见边，图3-66所示是开启与关
闭"忽略隐藏边"选项时的对比效果。

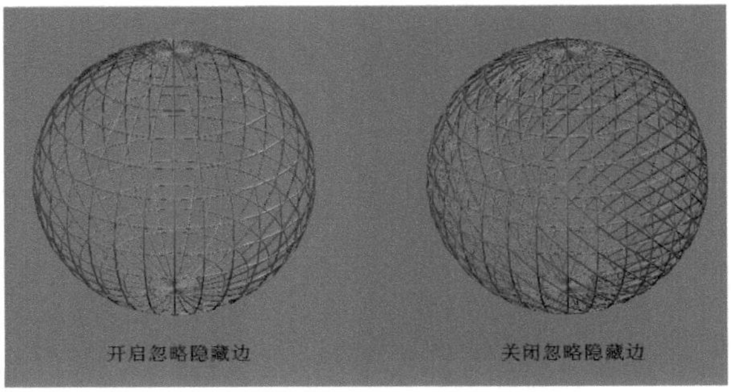

节点：主要设置关节（顶点）的参数。

基点面类型：指定用于关节的多面体类型，包括"四面体""八面体"和"二十面体"3种类型。注意，"基点面类型"对"仅来自边的支柱"选项不起作用。

半径：设置关节的半径。

分段：指定关节中的分段数目。分段数越多，关节形状越接近球形。

图3-66

## 3.2.9 壳修改器

加载"壳"修改器并设置相应的参数就可以让面片产生一定的厚度。例如，要让平面产生厚度，需要为平面加载"壳"修改器，然后适当调整"内部量"和"外部量"数值即可，如图3-67所示。

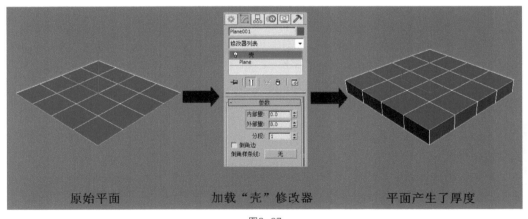

图3-67

## 3.3 综合练习：制作樱桃

» 场景位置  无

» 实例位置  实例文件>CH03>综合练习：制作樱桃.max

» 视频名称  综合练习：制作樱桃.mp4

» 技术掌握  车削修改器、FFD修改器、弯曲修改器、网格平滑修改器櫻桃模型的渲染效果如图3-68所示。

**01** 下面制作盛放樱桃的杯子模型。首先使用"茶壶"工具 茶壶 在场景中创建一个茶壶，然后在"参数"卷展栏下设置"半径"为80mm，"分段"为10，接着关闭"壶把"，"壶嘴"和"壶盖"选项，具体参数设置及模型效果如图3-69所示。

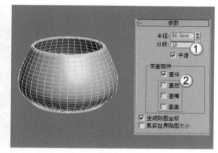

图3-68

图3-69

**02** 为杯子模型加载一个FFD 3×3×3修改器，然后选择"控制点"次物体层级，接着在前视图中选择如图3-70所示的控制点，最后用"选择并均匀缩放"工具 在透视图中将其向内缩放成如图3-71所示的形状。

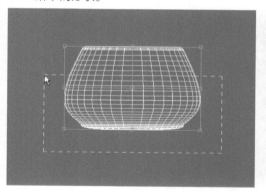

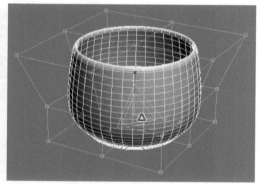

图3-70

图3-71

**03** 使用"选择并移动"工具 在前视图中将中间和顶部的控制点向上拖曳到如图3-72所示的位置，效果如图3-73所示。

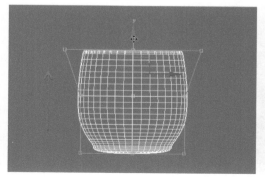

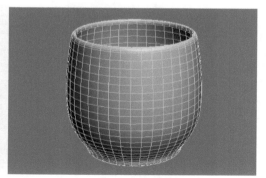

图3-72

图3-73

**04** 下面制作樱桃模型。使用"球体"工具 ▊▊▊▊ **球体** ▊▊▊在场景中创建一个球体，然后在"参数"卷展栏下设置"半径"为20mm，"分段"为8，接着关闭"平滑"选项，具体参数设置及模型效果如图3-74所示。

**05** 选择球体，然后单击鼠标右键，接着在弹出的菜单中选择"转换为>转换为可编辑多边形"命令，如图3-75所示。

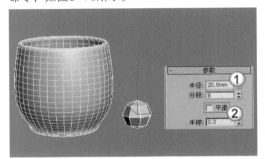

图3-74

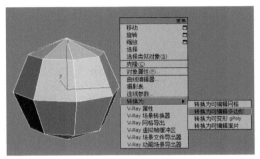

图3-75

— 提示 —

关闭"平滑"选项后，将其转换为可编辑多边形，模型上就不会存在过多的顶点，这样编辑起来更方便一些。

**06** 在"选择"卷展栏下单击"顶点"按钮▨，进入"顶点"级别，然后在前视图中选择如图3-76所示的顶点，接着使用"选择并移动"工具⊕将其向下拖曳到如图3-77所示的位置。

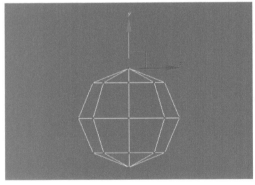

图3-76

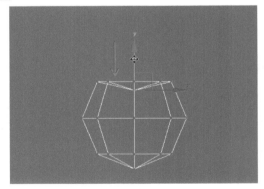

图3-77

**07** 为模型加载一个"网格平滑"修改器，然后在"细分量"卷展栏下设置"迭代次数"为2，如图3-78所示，模型效果如图3-79所示。

图3-78

图3-79

**08** 利用多边形建模方法制作出樱桃把模型，完成后的效果如图3-80所示。

**09** 利用复制功能复制一些樱桃，然后将其摆放在杯子内和地上，最终效果如图3-81所示。

图3-80

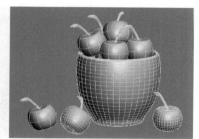

图3-81

提示

注意，"迭代次数"的数值并不是设置得越大越好，只要能达到理想效果就行。

## 3.4 课后习题：制作餐具

» 场景位置　无
» 实例位置　实例文件>CH03>课后习题：制作餐具.max
» 视频名称　课后习题：制作餐具.mp4
» 技术掌握　线工具、圆角工具、车削修改器、平滑修改器

餐具模型效果如图3-82所示。

图3-82

**制作分析**

第1步：使用"线"工具  在前视图中绘制一条如图3-83所示的样条线。

第2步：为样条线加载一个"车削"修改器，参考参数及模型效果如图3-84所示，然后为盘子模型加载一个"平滑"修改器（采用默认设置），如图3-85所示。

第3步：用相同的方法制作出杯子的杯身，然后使用"线"工具 线 制作杯把，接着复制多个盘子模型，调整其位置和大小，餐具模型效果如图3-86所示。

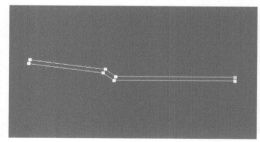

图3-83

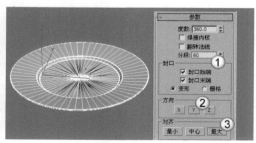

图3-84

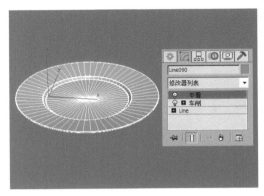

图3-85

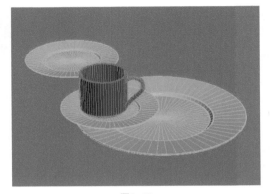

图3-86

## 3.5 本课笔记

# 多边形建模

本课将介绍一种常用的建模方法——多边形建模。多边形
建模作为当今的主流建模方式，已经被广泛运用于游戏角
色、影视、工业造型、室内外设计等模型制作中。多边形
建模是一种建模效率非常高的建模技术，其模型相对于基
础建模的模型来说，细节更加突出，外观更为真实。

## 学习要点

» 掌握多边形建模的思路
» 掌握多边形对象的转换方法
» 掌握编辑顶点、边、面的方法

## 4.1 了解多边形建模

多边形建模作为当今的主流建模方式，已经被广泛应用到游戏角色、影视、工业造型、室内外等模型制作中。多边形建模方法在编辑上更加灵活，对硬件的要求也很低，其建模思路与网格建模的思路很接近，其不同点在于网格建模只能编辑三角面，而多边形建模对面数没有任何要求，图4-1~图4-3所示是一些比较优秀的多边形建模作品。

图4-1                    图4-2                    图4-3

## 4.2 如何转换多边形

在编辑多边形对象之前，首先要明确多边形对象不是创建出来的，而是塌陷（转换）出来的。将物体塌陷为多边形的方法主要有以下4种。

第1种：选中对象，然后在界面左上角的Ribbon工具栏中单击"建模"按钮 建模 ，接着单击"多边形建模"按钮 多边形建模 ，最后在弹出的面板中单击"转化为多边形"按钮，如图4-4所示。注意，经过这种方法转换得来的多边形的创建参数将全部丢失。

第2种：在对象上单击鼠标右键，然后在弹出的菜单中选择"转换为>转换为可编辑多边形"命令，如图4-5所示。同样，经过这种方法转换得来的多边形的创建参数也会全部丢失。

第3种：为对象加载"编辑多边形"修改器，如图4-6所示。经过这种方法转换得来的多边形的创建参数将保留下来。

第4种：在修改器堆栈中选中对象，然后单击鼠标右键，接着在弹出的菜单中选择"可编辑多边形"命令，如图4-7所示。经过这种方法转换得来的多边形的创建参数也将全部丢失。

图4-4                    图4-5                    图4-6                    图4-7

## 4.3 如何编辑多边形

将物体转换为可编辑多边形对象后，就可以对可编辑多边形对象的顶点、边、边界、多边形和元素分别进行编辑。可编辑多边形的参数设置面板中包括6个卷展栏，分别是"选择"卷展栏、"软选择"卷展栏、"编辑几何体"卷展栏、"细分曲面"卷展栏、"细分置换"卷展栏和"绘制变形"卷展栏，如图4-8所示。

请注意，在选择了不同的次物体级别以后，可编辑多边形的参数设置面板也会发生相应的变化，例如，在"选择"卷展栏下单击"顶点"按钮，进入"顶点"级别以后，在参数设置面板中就会增加两个对顶点进行编辑的卷展栏，如图4-9所示。而如果进入"边"级别和"多边形"级别以后，又会增加对边和多边形进行编辑的卷展栏，如图4-10和图4-11所示。

图4-8　　图4-9　　图4-10　　图4-11

在下面的内容中，将着重对"选择"卷展栏、"软选择"卷展栏、"编辑几何体"卷展栏进行详细讲解，同时还会对"顶点"级别下的"编辑顶点"卷展栏、"边"级别下的"编辑边"卷展栏以及"多边形"级别下的"编辑多边形"卷展栏进行重点讲解。

# 4.3.1 选择卷展栏

"选择"卷展栏下的工具与选项主要用来访问多边形子对象级别以及快速选择子对象，如图4-12所示。

由于在多边形建模过程经常需要在各个子对象级别中进行互换，因此这里提供一下快速访问多边形子对象级别的快捷键（快速退出子对象级别也是相同的快捷键），如右边表格所示。用户牢记这些快捷键，将有助于提高建模的效率。

图4-12

| 级别 | 快捷键 |
| --- | --- |
| 顶点 | 1（大键盘） |
| 边 | 2（大键盘） |
| 边界 | 3（大键盘） |
| 多边形 | 4（大键盘） |
| 元素 | 5（大键盘） |

**常用参数介绍**

顶点：用于访问"顶点"子对象级别。

边：用于访问"边"子对象级别。

边界：用于访问"边界"子对象级别，可从中选择构成网格中孔洞边框的一系列边。边界总是由仅在一侧带有面的边组成，并总是为完整循环。

多边形：用于访问"多边形"子对象级别。

元素：用于访问"元素"子对象级别，可从中选择对象中的所有连续多边形。

按顶点：除了"顶点"级别外，该选项可以在其他4种级别中使用。启用该选项后，只有选择所用的顶点才能选择子对象。

忽略背面：启用该选项后，只能选中法线指向当前视图的子对象。例如，启用该选项以后，在前视图中框选如图4-13所示的顶点，但只能选择正面的顶点，而背面的不会被选择到，图4-14所示的是在左视图中的观察效果；如果关闭该选项，在前视图中同样框选相同区域的顶点，则背面的顶点也会被选择，图4-15所示的是在顶视图中的观察效果。

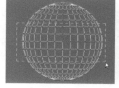

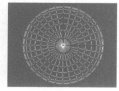

图4-13　　图4-14　　图4-15

收缩 收缩 ：单击一次该按钮，可以在当前选择范围中向内减少一圈对象。

扩大 扩大 ：与"收缩"相反，单击一次该按钮，可以在当前选择范围中向外增加一圈对象。

环形 环形 ：该工具只能在"边"和"边界"级别中使用。在选中一部分子对象后，单击该按钮可以自动选择平行于当前对象的其他对象。例如，选择一条如图4-16所示的边，然后单击"环形"按钮 环形 ，可以选择整个纬度上平行于选定边的边，如图4-17所示。

循环 循环 ：该工具同样只能在"边"和"边界"级别中使用。在选中一部分子对象后，单击该按钮可以自动选择与当前对象在同一曲线上的其他对象。例如，选择如图4-18所示的边，然后单击"循环"按钮 循环 ，可以选择整个经度上的边，如图4-19所示。

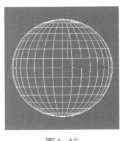  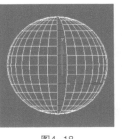 

图4-16　　　　　　　图4-17　　　　　　　图4-18　　　　　　　图4-19

## 4.3.2 软选择卷展栏

"软选择"是以选中的子对象为中心向四周扩散，以放射状方式来选择子对象。在对选择的部分子对象进行变换时，可以让子对象以平滑的方式来进行过渡。另外，可以通过控制"衰减""收缩"和"膨胀"的数值来控制所选子对象区域的大小及对子对象控制力的强弱，并且"软选择"卷展栏还包含了绘制软选择的工具，如图4-20所示。

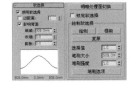

图4-20

**常用参数介绍**

使用软选择：控制是否开启"软选择"功能。启用后，选择一个或一个区域的子对象，那么会以这个子对象为中心向外选择其他对象。例如，框选如图4-21所示的顶点，那么软选择就会以这些顶点为中心向外进行扩散选择，如图4-22所示。

影响背面：启用该选项后，那些与选定对象法线方向相反的子对象也会受到相同的影响。

衰减：用以定义影响区域的距离，默认值为20mm。"衰减"数值越高，软选择的范围也就越大，图4-23和图4-24所示是将"衰减"设置为500mm和800mm时的选择效果对比。

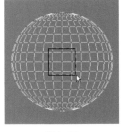  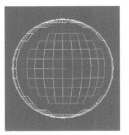

图4-21　　　　　　　图4-22　　　　　　　图4-23　　　　　　　图4-24

在用软选择选择子对象时，选择的子对象是以红、橙、黄、绿、蓝5种颜色进行显示的。处于中心位置的子对象显示为红色，表示这些子对象被完全选择，在操作这些子对象时，它们将被完全影响，然后依次是橙、黄、绿、蓝的子对象。

## 4.3.3 编辑几何体卷展栏

"编辑几何体"卷展栏下的工具适用于所有子对象级别，主要用来全局修改多边形几何体，如图4-25所示。

**常用参数介绍**

重复上一个 **重复上一个**：单击该按钮可以重复使用上一次使用的命令。

创建 **创建**：创建新的几何体。

塌陷 **塌陷**：通过将顶点与选择中心的顶点焊接，使连续选定子对象的组产生塌陷。

提示

"塌陷"工具 **塌陷**类似于"焊接"工具 **焊接**，但是该工具不需要设置"阈值"数值就可以直接塌陷在一起。

图4-25

附加 **附加**：使用该工具可以将场景中的其他对象附加到选定的可编辑多边形中。

分离 **分离**：将选定的子对象作为单独的对象或元素分离出来。

切片平面 **切片平面**：使用该工具可以沿某一平面分开网格对象。

分割：启用该选项后，可以通过"快速切片"工具 **快速切片**和"切割"工具 **切割**在划分边的位置处创建出两个顶点集合。

切片 **切片**：可以在切片平面位置处执行切割操作。

重置平面 **重置平面**：将执行过"切片"的平面恢复到之前的状态。

快速切片 **快速切片**：可以将对象进行快速切片，切片线沿着对象表面，所以可以更加准确地进行切片。

切割 **切割**：可以在一个或多个多边形上创建出新的边。

网格平滑 **网格平滑**：使选定的对象产生平滑效果。

## 4.3.4 编辑顶点卷展栏

进入可编辑多边形的"顶点"级别以后，在"修改"面板中会增加一个"编辑顶点"卷展栏，如图4-26所示。这个卷展栏下的工具全部是用来编辑顶点的。

**常用参数介绍**

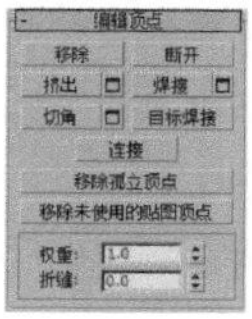

移除 **移除**：选中一个或多个顶点以后，单击该按钮可以将其移除，然后接合起使用它们的多边形。

图4-26

提示

这里详细介绍一下移除顶点与删除顶点的区别。

移除顶点：选中一个或多个顶点以后，单击"移除"按钮 移除 或按Backspace键即可移除顶点，但也只能是移除了顶点，而面仍然存在，如图4-27所示。注意，移除顶点可能导致网格形状发生严重变形。

删除顶点：选中一个或多个顶点以后，按Delete键可以删除顶点，同时也会删除连接到这些顶点的面，如图4-28所示。

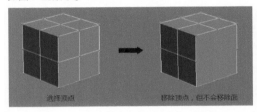

图4-27

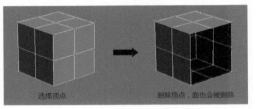

图4-28

断开 断开 ：选中顶点以后，单击该按钮可以在与选定顶点相连的每个多边形上都创建一个新顶点，这可以使多边形的转角相互分开，使它们不再相连于原来的顶点上。

挤出 挤出 ：直接使用这个工具可以手动在视图中挤出顶点，如图4-29所示。如果要精确设置挤出的高度和宽度，可以单击后面的"设置"按钮 ，然后在视图中的"挤出顶点"对话框中输入数值即可，如图4-30所示。

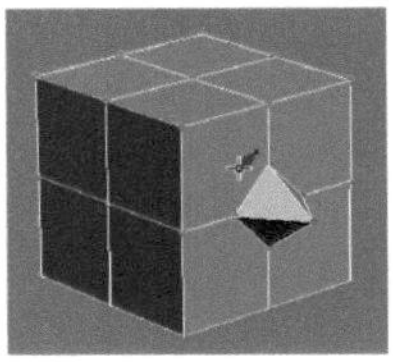

焊接 焊接 ：这是多边形建模中使用频率

图4-29　　　　　　　　图4-30

较高的工具之一，可以对"焊接顶点"对话框中指定的"焊接阈值"范围之内连续的选中的顶点进行合并，合并后所有边都会与产生的单个顶点连接。单击后面的"设置"按钮 可以设置"焊接阈值"。

切角 切角 ：选中顶点以后，使用该工具在视图中拖曳鼠标，可以手动为顶点切角，如图4-31所示。单击后面的"设置"按钮 ，在弹出的"切角"对话框中可以设置精确的"顶点切角量"数值，同时还可以将切角后的面"打开"，以生成孔洞效果，如图4-32所示。

目标焊接 目标焊接 ：选择一个顶点后，使用该工具可以将其焊接到相邻的目标顶点，如图4-33所示。

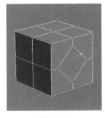

图4-31

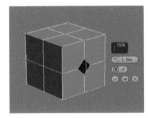

图4-32

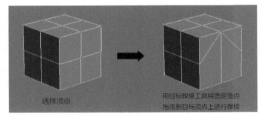

图4-33

提示

"目标焊接"工具 目标焊接 只能焊接成对的连续顶点。也就是说，选择的顶点与目标顶点要有一条边相连。

连接 连接 ：在选中的对角顶点之间创建新的边，如图4-34所示。

移除孤立顶点 `移除孤立顶点`：删除不属于任何多边形的所有顶点。

移除未使用的贴图顶点 `移除未使用的贴图顶点`：某些建模操作会留下未使用的(孤立)贴图顶点，它们会显示在"展开UVW"编辑器中，但不能用于贴图，单击该按钮就可以自动删除这些贴图顶点。

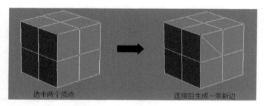

图4-34

## 4.3.5 编辑边卷展栏

进入可编辑多边形的"边"级别以后，在"修改"面板中会增加一个"编辑边"卷展栏，如图4-35所示。这个卷展栏下的工具全部是用来编辑边的。

**常用参数介绍**

插入顶点 `插入顶点`：在"边"级别下，使用该工具在边上单击鼠标，可以在边上添加顶点，如图4-36所示。

图4-35

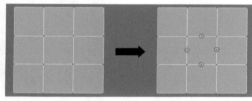

图4-36

移除 `移除`：选择边以后，单击该按钮或按Backspace键可以移除边，如图4-37所示。如果按Delete键，将删除边以及与边连接的面，如图4-38所示。

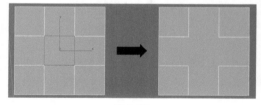

图4-37

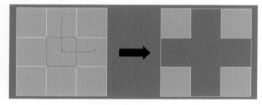

图4-38

分割 `分割`：沿着选定边分割网格。对网格中心的单条边应用时，不会起任何作用。

挤出 `挤出`：直接使用这个工具可以手动在视图中挤出边。如果要精确设置挤出的高度和宽度，可以单击后面的"设置"按钮□，然后在视图中的"挤出边"对话框中输入数值即可，如图4-39所示。

焊接 `焊接`：组合"焊接边"对话框指定的"焊接阈值"范围内的选定边。只能焊接仅附着一个多边形的边，也就是边界上的边。

切角 `切角`：这是多边形建模中使用频率非常高的工具之一，可以在选定边与相邻的两条边之间切出新的多边形，如图4-40所示。

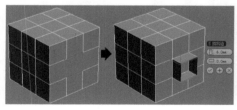

图4-39

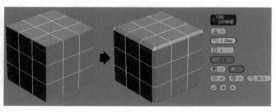

图4-40

在3ds Max 2016中，对边的切角新增了3个新功能，分别是"四边形切角""边张力"和"平滑"功能。下面分别对这3个新功能进行介绍。

1.四边形切角

边的切角方式分为"标准切角"和"四边形切角"两种方式。选择"标准切角"方式，在拐角处切出来的多边形可能是三边形、四边形或者两者均有，如图4-41所示；选择"四边形切角"方式，在拐角处切出来的多边形全部会强制生成四边形，如图4-42所示。

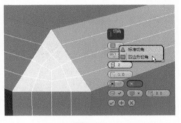

图4-41　　　　　　　　　　　　　　图4-42

2.边张力

在"四边形切角"方式下对边进行切角以后，可以通过设置"边张力"的值来控制多边形向外凸出的程度。值为1时为最大值，表示多边形不向外凸出；值越小，多边形就越向外凸出，如图4-43所示；值为0时为最小值，多边形向外凸出的程度将达到极限，如图4-44所示。注意，"边张力"功能不能用于"标准切角"方式。

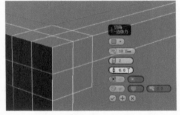

图4-43　　　　　　　　　　　　　　图4-44

3.平滑

对边进行切角以后，可以对切出来的多边形进行平滑处理。在"标准切角"方式下，设置平滑的"平滑阈值"为非0的数值时，可以选择多边形的平滑方式，既可以是"平滑整个对象"，如图4-45所示，也可以是"仅平滑切角"，如图4-46所示；在"四边形切角"方式下，必须是"边张力"值在0~1之间、"平滑阈值"大于0的情况才可以对多边形应用平滑效果，同样可以选择"平滑整个对象"和"仅平滑切角"两种方式中的一种，如图4-47和图4-48所示。

图4-45

图4-46　　　　　　　　图4-47　　　　　　　　图4-48

目标焊接 ：用于选择边并将其焊接到目标边。只能焊接仅附着一个多边形的边，也就是边界上的边。

桥 **桥** ：使用该工具可以连接对象的边，但只能连接边界边，也就是只在一侧有多边形的边。

连接 连接 ：这是多边形建模中使用频率非常高的工具之一，可以在每对选定边之间创建新边，对于创建或细化边循环特别有用。例如，选择一对竖向的边，则可以在横向上生成边，如图4-49所示。

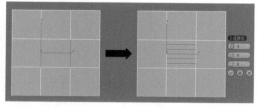

图4-49

利用所选内容创建新图形 利用所选内容创建图形 ：这是多边形建模中使用频率非常高的工具之一，可以将选定的边创建为样条线图形。选择边以后，单击该按钮可以弹出一个"创建图形"对话框，在该对话框中可以设置图形名称以及图形的类型，如果选择"平滑"类型，则生成平滑的样条线，如图4-50所示；如果选择"线性"类型，则样条线的形状与选定边的形状保持一致，如图4-51所示。

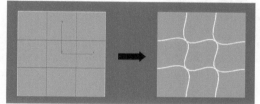

图4-50

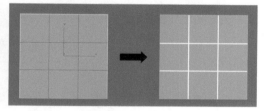

图4-51

编辑三角形 编辑三角形 ：用于修改绘制内边或对角线时多边形细分为三角形的方式。

旋转 旋转 ：用于通过单击对角线修改多边形细分为三角形的方式。使用该工具时，对角线可以在线框和边面视图中显示为虚线。

硬 硬 ：将选定边相邻的两个面设置为不平滑效果，如图4-52所示。

平滑 平滑 ：该工具的作用与"硬"工具 硬 相反。

显示硬边：启用该选项后，所有硬边都使用邻近色样定义的硬边颜色显示在视图中。

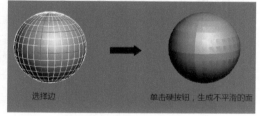

选择边　　　　　单击硬按钮，生成不平滑的面

图4-52

---

提示

3ds Max 2016的"编辑三角形"工具 编辑三角形 与"硬"工具 硬 是重叠在一起的，"旋转"工具 旋转 和"平滑"工具 平滑 也是重叠在一起的，这属于界面的Bug问题，用户在选择相应工具的时候需要仔细选择，不要误选。

# 4.3.6　编辑面卷展栏

进入可编辑多边形的"多边形"级别（通俗称为"面"层级）以后，在"修改"面板中会增加一个"编辑多边形"卷展栏，如图4-53所示。这个卷展栏下的工具全部是用来编辑多边形的。

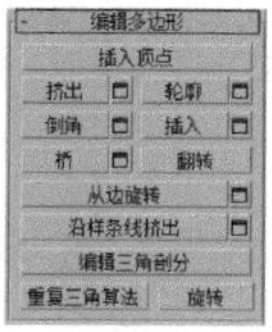

图4-53

### 常用工具介绍

插入顶点 插入顶点 ：用于手动在多边形上插入顶点（单击即可插入顶点），以细化多边形，如图4-54所示。

挤出 挤出 ：这是多边形建模中使用频率非常高的工具之一，可以挤出多边形。如果要精确设置挤出的高度，可以单击后面的"设置"按钮▣，然后在视图中的"挤出边"对话框中输入数值即可。挤出多边形时，"高度"为正值时可向外挤出多边形，为负值时可向内挤出多边形，如图4-55所示。

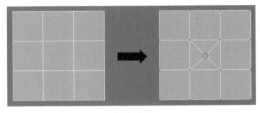

图4-54

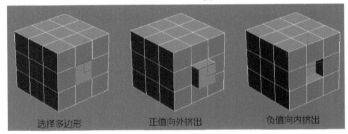

选择多边形　　　正值向外挤出　　　负值向内挤出

图4-55

轮廓 轮廓 ：用于增加或减少每组连续的选定多边形的外边。

倒角 倒角 ：这是多边形建模中使用频率非常高的工具之一，可以挤出多边形，同时为多边形进行倒角，如图4-56所示。

插入 插入 ：执行没有高度的倒角操作，即在选定多边形的平面内执行该操作，如图4-57所示。

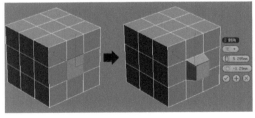

图4-56

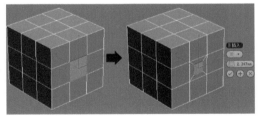

图4-57

桥 桥 ：使用该工具可以连接对象上的两个多边形或多边形组。

翻转 翻转 ：翻转选定多边形的法线方向，从而使其面向用户的正面。

---

### 🖑 操作练习　制作简约茶几

» 场景位置　无
» 实例位置　实例文件>CH04>操作练习：制作简约茶几.max
» 视频名称　操作练习：制作简约茶几.mp4
» 技术掌握　切角工具、焊接工具、顶点的调节方法

简约茶几效果如图4-58所示。

**01** 使用"四棱锥"工具 四棱锥 在场景中创建一个四棱锥，然后在"参数"卷展栏下设置"宽度"为500mm，"深度"为400mm，"高度"为450mm，如图4-59所示。

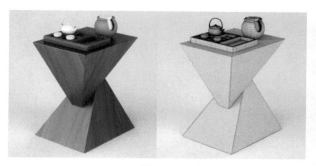
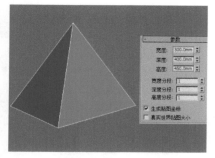

图4-58　　　　　　　　　　　　　　　　　　　图4-59

**02** 将四棱锥转换为可编辑多边形，进入"顶点"级别，然后选择尖顶上的顶点，在"编辑顶点"卷展栏下单击"切角"按钮 切角 后面的"设置"按钮 □，接着设置"顶点切角量"为50mm，如图4-60所示。

**03** 选择切角出来距离比较远的两个顶点，然后在"编辑顶点"卷展栏下单击"焊接"按钮 焊接 后面的"设置"按钮 □，接着设置"焊接阈值"为55mm，将两个顶点焊接在一起，如图4-61所示，最后将另外两个顶点也焊接在一起，如图4-62所示。

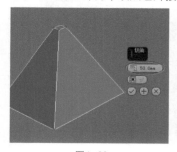
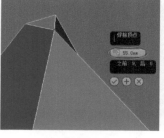

图4-60　　　　　　　　　　图4-61　　　　　　　　　　图4-62

---
提示

　　顶点的焊接在实际工作中的使用频率相当高，特别是在调整模型细节时。焊接顶点需要满足以下两个条件。图4-63中是一个长度和宽度均为60mm的平面，将其转换为多边形以后，一条边上的两个顶点的距离就是20mm。

　　条件1：焊接的顶点在同一个面上且必须有一条连接两个顶点的边。选择顶点A和顶点B，设置"焊接阈值"为20mm进行焊接，两个顶点可以焊接在一起（焊接之前是16个顶点，焊接之后是15个顶点），如图4-64所示；选择顶点A和顶点D进行焊接，无论设置再大的"焊接阈值"，都无法将两个顶点焊接起来，这是因为虽然两个顶点同在一个面上，但却没有将其相连起来的边，如图4-65所示。

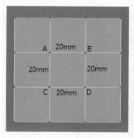

图4-63　　　　　　　　　　图4-64　　　　　　　　　　图4-65

条件2：焊接的阈值必须≥两个顶点之间的距离。选择顶点A和顶点B，将"焊接阈值"设置为无限接近最小焊接阈值的19.999mm，两个顶点依然无法焊接起来，如图4-66所示；而将"焊接阈值"设置为20mm或是比最小焊接阈值稍微大一点点的20.001mm，顶点A和顶点B就可以焊接在一起，如图4-67所示。

另外，在满足以上两个条件的情况下，也可以对多个顶点进行焊接，选择顶点A、顶点B、顶点C和顶点D进行焊接，焊接生成的新顶点将位于所选顶点的中心，如图4-68所示。

图4-66

图4-67

图4-68

**04** 选择焊接出来的两个顶点，然后使用"选择并均匀缩放"工具█在顶视图中沿y轴向上将顶点缩放成如图4-69所示的效果，接着使用"选择并移动"工具█沿x轴向右将顶点拖曳到如图4-70所示的位置。

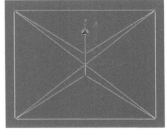
图4-69

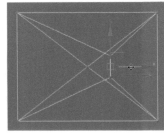
图4-70

**05** 进入"边"级别，然后选择除了底部以外的所有边，如图4-71所示，接着在"编辑边"卷展栏下单击"切角"按钮 切角 后面的"设置"按钮█，最后设置"边切角量"为3mm，"连接边分段"为2，如图4-72所示。

图4-71

图4-72

**06** 按A键激活"角度捕捉切换"工具█，然后按住Shift键使用"选择并旋转"工具█在前视图中将模型顺时针旋转（-180°）复制一份，如图4-73所示，接着使用"选择并移动"工具█调整好复制出来的模型的位置，最终效果如图4-74所示。

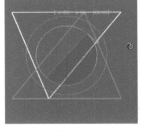
图4-73

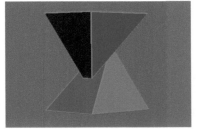
图4-74

👆 **操作练习** 制作液晶电视

» 场景位置　无
» 实例位置　实例文件>CH04>操作练习：制作液晶电视.max
» 视频名称　操作练习：制作液晶电视.mp4
» 技术掌握　挤出工具、切角工具、连接工具、倒角工具、分离工具

液晶电视效果如图4-75所示。

**01** 使用"长方体"工具 长方体 在场景中创建一个长方体，然后在"参数"卷展栏下设置"长度"为921mm，"宽度"为30mm，"高度"为521mm，"长度分段"为3，"宽度分段"为1，"高度分段"为3，具体参数设置及模型效果如图4-76所示。

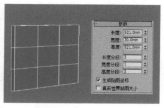

图4-75　　　　　　　　　　　　　　　　　　　　图4-76

**02** 将长方体转换为可编辑多边形，进入"顶点"级别，在左视图中框选中间垂直方向的4组（正面两组加背面两组）顶点，然后使用"选择并均匀缩放"工具沿x轴向外将顶点缩放成如图4-77所示的效果，接着采用相同的方法将中间水平方向上的4组顶点缩放成如图4-78所示的效果。

图4-77　　　　　　　　　　　图4-78

**03** 进入"多边形"级别，选择如图4-79所示的多边形，然后在"编辑多边形"卷展栏下单击"挤出"按钮 挤出 后面的"设置"按钮▣，接着设置"高度"为-12mm，如图4-80所示。

图4-79　　　　　　　　　　　图4-80

**04** 选择如图4-81所示的多边形，然后将其挤出30mm，如图4-82所示。

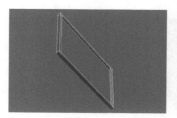

图4-81　　　　　　　　　　　图4-82

**05** 进入"边"级别，然后选择如图4-83所示的边，这里提供一张线框图供读者参考，如图4-84所示，接着在"编辑边"卷展栏下单击"切角"按钮 <u>切角</u> 后面的"设置"按钮□，最后设置"边切角量"为1mm，如图4-85所示。

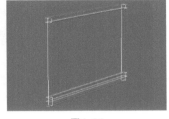

图4-83　　　　　　　　　　　图4-84　　　　　　　　　　　图4-85

**06** 选择如图4-86所示的边（外棱角上的4条边和内棱角上的4条边），然后将其切角2mm，如图4-87所示。

**07** 选择如图4-88所示的边，然后在"编辑边"卷展栏下单击"连接"按钮 <u>连接</u> 后面的"设置"按钮□，接着设置"分段"为4，如图4-89所示。

**08** 选择如图4-90所示的边，然后在"编辑边"卷展栏下单击"连接"按钮 <u>连接</u> 后面的"设置"按钮□，接着设置"分段"为3，如图4-91所示。

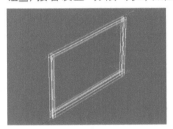
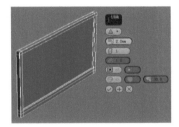
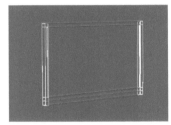

图4-86　　　　　　　　　　　图4-87　　　　　　　　　　　图4-88

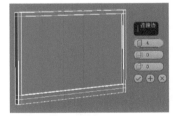
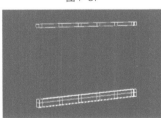
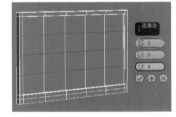

图4-89　　　　　　　　　　　图4-90　　　　　　　　　　　图4-91

**09** 进入"多边形"级别，然后选择如图4-92所示的多边形，接着在"编辑几何体"卷展栏下单击"分离"按钮 <u>分离</u>，最后在弹出的"分离"对话框中勾选"分离到元素"选项，如图4-93所示。

　提示

　　将选定的多边形分离到元素以后，在"元素"级别下就可以直接选中分离出来的整块多边形。

图4-92　　　　　　　　　　　图4-93

**10** 为模型加载一个"涡轮平滑"修改器，然后在"涡轮平滑"卷展栏下设置"迭代次数"为3，如图4-94所示。

**11** 下面创建底座模型。使用"圆柱体"工具 圆柱体 在场景中创建一个圆柱体，然后在"参数"卷展栏下

设置"半径"为165mm，"高度"为20mm，"高度分段"为1，"端面分段"为1，"边数"为6，并关闭"平滑"选项，具体参数设置及圆柱体效果如图4-95所示。

图4-94

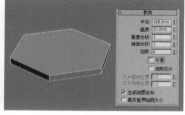

图4-95

**12** 将圆柱体转换为可编辑多边形，进入"多边形"级别，然后选择如图4-96所示的多边形，接着在"编

辑多边形"卷展栏下单击"倒角"按钮 倒角 后面的"设置"按钮 ▣，最后设置"高度"为0mm，"轮廓"为-100mm，如图4-97所示。

图4-96

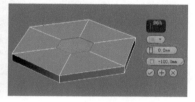

图4-97

**13** 进入"顶点"级别，然后在顶视图中选择中间的顶点，接着使用"选择并均匀缩放"工具 ▣ 沿x轴向内将顶点缩放成如图4-98所示的效果。

**14** 进入"多边形"级别，然后选择中间的多边形，接着在"编辑多边形"卷展栏下单击"挤出"按钮 挤出 后面的"设置"按钮 ▣，最后设置"高度"为150mm，如图4-99所示。

—— 提示 ——

在调节顶点之前，最好先在顶视图中将底座顺时针旋转-30°，因为这个角度才方便调节顶点，如图4-100所示。

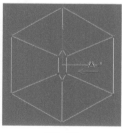

图4-98

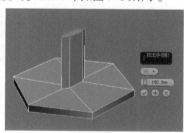

图4-99

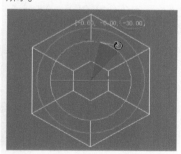

图4-100

**15** 进入"边"级别，然后选择如图4-101所示的边，接着在"编辑边"卷展栏下单击"切角"按钮

切角 后面的"设置"按钮 ▣，最后设置"边切角量"为1mm，如图4-102所示。

图4-101

图4-102

**16** 为底座模型加载一个"涡轮平滑"修改器，然后在"涡轮平滑"卷展栏下设置"迭代次数"为3，如图4-103所示，整体效果如图4-104所示。

**17** 使用"长方体"工具 长方体 在电视的右下角创建4个按键，最终效果如图4-105所示。

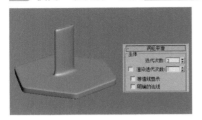
图4-103

图4-104

图4-105

# 4.4 综合练习

本课的综合练习重点练习对点、边、多边形的编辑，再掌握倒角、切角、连接等工具的使用方法。读者在练习的时候应与前面的知识相结合。

## 综合练习 制作田园桌椅

» 场景位置　无
» 实例位置　实例文件>CH04>综合练习：制作田园桌椅.max
» 视频名称　综合练习：制作田园桌椅.mp4
» 技术掌握　多边形顶点调整技法、挤出工具、切角工具、利用所选内容创建图形工具

田园餐桌椅模型的渲染效果如图4-106所示。

**01** 下面创建餐桌模型。使用"长方体"工具 长方体 在场景中创建一个长方体，然后在"参数"卷展栏下设置"长度"为100mm，"宽度"为150mm，"高度"为8mm，如图4-107所示，接着按住Shift键使用"选择并移动"工具 ✛ 在前视图中移动复制出一个长方体到如图4-108所示的位置。

图4-106

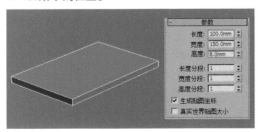
图4-107

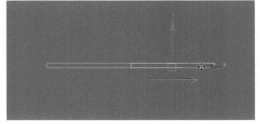
图4-108

02 使用"长方体"工具 长方体 在场景中创建出其他的模型，具体参数设置及模型位置如图4-109~图4-112所示。

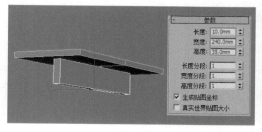

图4-109

图4-110

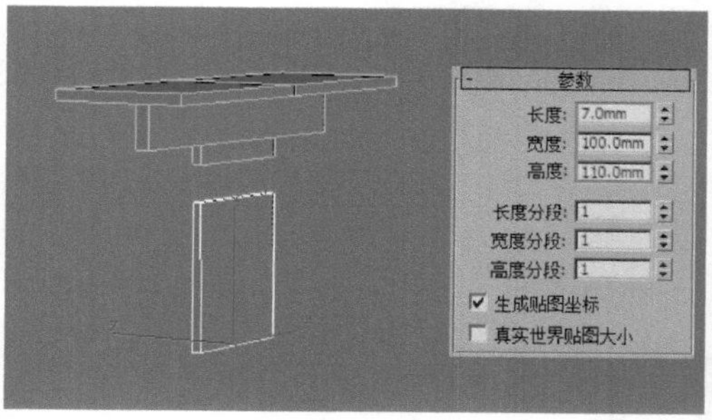

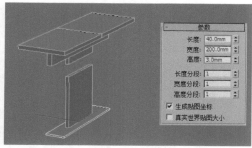

图4-111

图4-112

03 使用"线"工具 线 在前视图中绘制出如图4-113所示的样条线，然后在"渲染"卷展栏下勾选"在渲染中启用"和"在视口中启用"选项，接着勾选"矩形"选项，最后设置"长度"为7mm，"宽度"为1mm，模型效果如图4-114所示。

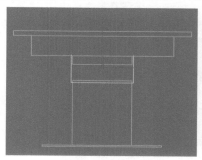

图4-113

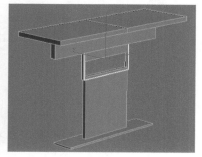

图4-114

04 继续使用"线"工具 线 创建出其他的模型，完成后的效果如图4-115所示。

05 下面创建餐椅模型。使用"长方体"工具 长方体 在场景中创建一个长方体，然后在"参数"卷展栏下设置"长度"为80mm，"宽度"为95mm，"高度"为8mm，"长度分段"为4，"宽度分段"为4，"高度分段"为2，如图4-116所示。

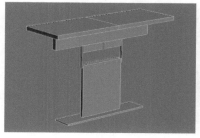

图4-115

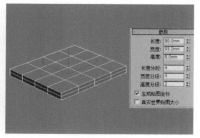

图4-116

**06** 将长方体转换为可编辑多边形，进入"顶点"级别，然后在前视图中使用"选择并均匀缩放"工具 将顶点调整成如图4-117所示的效果，接着使用"选择并移动"工具 在顶视图中将顶点调整成如图4-118所示的效果。

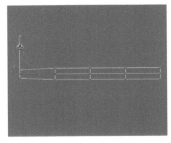

图4-117

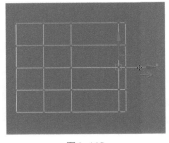

图4-118

**07** 进入"多边形"级别，然后选择如图4-119所示的多边形，接着在"编辑多边形"卷展栏下单击"挤出"按钮 后面的"设置"按钮 ，最后设置"高度"为20mm，如图4-120所示。

**08** 继续使用"挤出"工具 将多边形挤出3次，挤出的"高度"都为20mm，完成后的效果如图4-121所示。

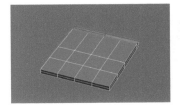

图4-119

图4-120

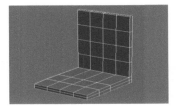

图4-121

**09** 进入"顶点"级别，然后使用"选择并移动"工具 在各个视图（主要是在前视图）中仔细调节模型的顶点，完成后的效果如图4-122所示。

— 提示 —

座椅的顶点调节看似有难度，实际上并不难，稍微比较难调的就是两侧和中间的弧度效果，需要仔细和耐心。一般情况下，一边在前视图中调整，一边在透视图中观察模型效果，是不会出错的。

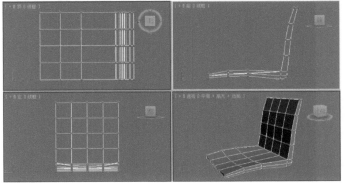

图4-122

**10** 进入"边"级别，然后选择如图4-123所示的边，接着在"编辑边"卷展栏下单击"切角"按钮 后面的"设置"按钮 ，最后设置"边切角量"为1mm，如图4-124所示。

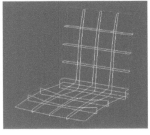

图4-123

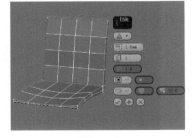

图4-124

**11** 为模型加载一个"网格平滑"修改器，然后在"细分量"卷展栏下设置"迭代次数"为2，模型效果如图4-125所示。

**12** 再次将模型转换为可编辑多边形，然后进入"边"级别，接着选择边缘上的一条边，如图4-126所示，最后在"选择"卷展栏下单击"循环"按钮 循环 ，这样就选中了一圈边，如图4-127所示。

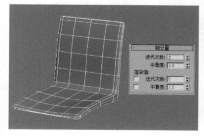
图4-125

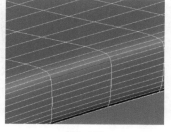
图4-126

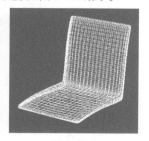
图4-127

**13** 保持对边的选择，在"编辑边"卷展栏下单击"利用所选内容创建图形"按钮 利用所选内容创建图形 ，在弹出的对话框中设置"图形类型"为"线性"，如图4-128所示。

**14** 选择"图形001"，然后在"渲染"卷展栏下勾选"在渲染中启用"和"在视口中启用"选项，接着勾选"径向"选项，最后设置"厚度"为0.6mm，效果如图4-129所示。

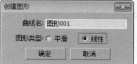
图4-128

图4-129

---
提示

要选择创建出来的"图形001"，首先要退出"边"级别。如果退出后依然选择不到（此时的图形还是边线，很难被选择到），可以按H键打开"从场景选择"对话框，在该对话框中单击"图形001"即可将其选中，如图4-130所示。

图4-130

**15** 使用"线"工具 线 在左视图中绘制出如图4-131所示的样条线，然后在"渲染"卷展栏下勾选"在渲染中启用"和"在视口中启用"选项，接着勾选"径向"选项，最后设置"厚度"为2.5mm，模型效果如图4-132所示。

图4-131

图4-132

**16** 使用"选择并移动"工具 ✥ 选择腿部模型，然后按住Shift键移动复制一个到另外一侧，如图4-133所示。

**17** 选择椅子模型，然后再使用"选择并旋转"工具 ⟳ 旋转复制一把椅子到桌子的另外一侧，最终效果如图4-134所示。

图4-133

图4-134

---

## 🖵 综合练习 制作阴阳鱼玉器

» 场景位置　无
» 实例位置　实例文件>CH04>综合练习：制作阴阳鱼玉器.max
» 视频名称　综合练习：制作阴阳鱼玉器.mp4
» 技术掌握　倒角工具、焊接工具、连接工具、挤出工具、切角工具、布尔运算

阴阳鱼玉器模型的渲染效果如图4-135所示。

**01** 使用"多边形"工具 多边形 在前视图中绘制一个多边形图形，然后在"参数"卷展栏下设置"半径"为40mm，"边数"为8，如图4-136所示，接着为其加载一个"挤出"修改器，最后在"参数"卷展栏下设置"数量"为20mm，如图4-137所示。

**02** 将模型转换为可编辑多边形，进入"顶点"级别，然后在前视图中使用"选择并均匀缩放"工具沿y轴向下缩放所有的顶点，如图4-138所示。

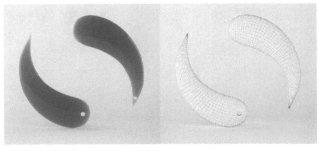

图4-135

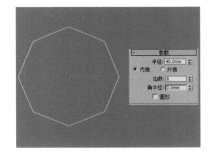

图4-136

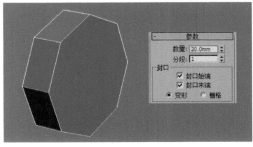

图4-137

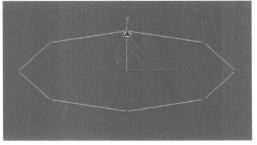

图4-138

**03** 进入"多边形"级别，选择如图4-139所示的多边形，然后在"编辑多边形"卷展栏下单击 "倒角"按钮 倒角 后面的"设置"按钮▣，接着设置"高度"为15mm，"轮廓"为-5mm，如 图4-140所示。

**04** 保持对多边形的选择，在"编辑多边形"卷展栏下单击"倒角"按钮 倒角 后面的"设置" 按钮▣，然后设置"高度"为8mm，"轮廓"为-4mm，如图4-141所示。

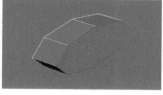

图4-139

图4-140

图4-141

**05** 进入"顶点"级别，选择如图4-142所示的3个顶点，然后在"编辑顶点"卷展栏下单击"焊 接"按钮 焊接 后面的"设置"按钮▣，设置合理的"焊接阈值"，将其焊接为一个顶点，如图 4-143所示，接着采用相同的方法将另外一侧的3个顶点也焊接在一起，如图4-144所示。

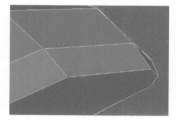

图4-142

图4-143

图4-144

**06** 选择如图4-145所示的两个顶点，然后在"编辑顶点"卷展栏下单击"连接"按钮 连接 ，
在两个顶点之间连接出一条新边，如图4-146所示，接着使用"焊接"工具 焊接 将两个顶点焊接
在一起，如图4-147所示。

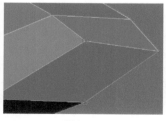

图4-145

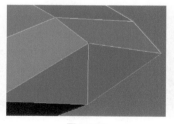

图4-146

图4-147

**07** 按住Alt+鼠标中键滑动鼠标，将视图旋转到能看到模型的背面为止，然后进入"多边形"级
别，选择如图4-148所示的
多边形，接着在"编辑多边
形"卷展栏下单击"挤出"
按钮 挤出 后面的"设置"
按钮▣，最后设置"高度"为
180mm，如图4-149所示。

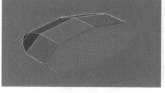

图4-148

图4-149

**08** 进入"边"级别，然后选择如图4-150所示的边，接着在"编辑边"卷展栏下单击"连接"按钮 连接 后面的"设置"按钮□，最后设置"分段"为6，如图4-151所示。

图4-150

图4-151

**09** 进入"顶点"级别，切换到顶视图，然后框选顶部的顶点，按R键激活"选择并均匀缩放"工具□，将光标置于缩放架的三轴架内（可以整体缩放），如图4-152所示，接着对所选顶点进行整体缩放，如图4-153所示。

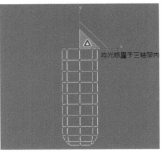

图4-152

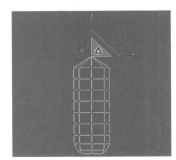

图4-153

**10** 继续使用"选择并均匀缩放"工具□将顶点缩放成如图4-154所示的效果，此时的模型整体效果如图4-155所示。

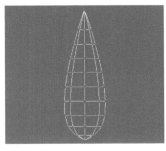

图4-154

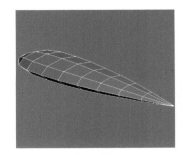

图4-155

---

提示

在3ds Max的默认视图中，有透视图、前视图、顶视图和左视图4个视图，其中透视图是三维视图，而前视图、顶视图和左视图是二维视图。它们之间的区别就在于三维视图看起来就是立体的图像，而二维视图看起来就是平面图，这些视图显示的坐标都是世界坐标，与人用肉眼看事物的效果是一样的。因为透视图中是三维视图，所以会显示$x$、$y$、$z$这3个轴，其中$x$、$y$表示平面，$z$表示深度。另外3个视图是二维视图，所以只显示其中的两个轴，但并不代表另外一个不存在，只是看不见而已，如图4-156所示。

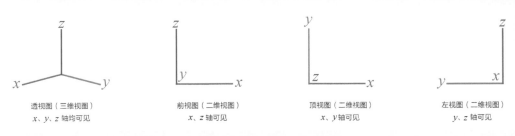

图4-156

回过来看二维视图中缩放架上的坐标，均是显示$x$、$y$轴，这是因为缩放架所用的坐标系是用户坐标，而非世界坐标（世界坐标是用来观察物体的），缩放架上的$x$、$y$轴只代表一个平面，是给用户自己操作的。也就是说缩放架上的坐标系与世界坐标系没有任何关系，前者是用来对对象进行操作的，后者是用来参考空间方向（世界）的，请用户一定要理解这个概念。了解二维视图和三维视图的原理以后，就不难理解为何在二维视图中也可以使用"选择并均匀缩放"工具 对物体进行整体缩放了。在$x$轴或$y$轴上缩放对象，可以进行单向缩放；在双轴架内缩放对象，可以同时$x$、$y$轴上缩放；在三轴架内缩放对象，可以同时$x$、$y$、$z$轴上缩放，如图4-157所示。

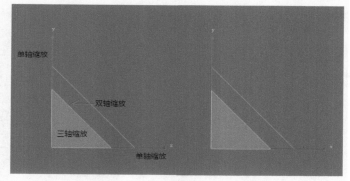

图4-157

**11** 进入"边"级别，然后选择模型尖头部位的边，如图4-158所示，接着在"编辑边"卷展栏下单击"切角"按钮 切角 后面的"设置"按钮 ，最后设置"边切角量"为0.2mm，如图4-159所示。

**12** 为模型加载一个"弯曲"修改器，然后在"参数"卷展栏下设置"角度"为120°，"弯曲轴"为$z$轴，如图4-160所示。

图4-158

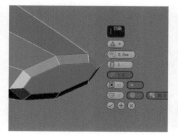

图4-159

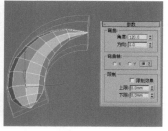

图4-160

**13** 为模型加载一个"涡轮平滑"修改器，然后在"涡轮平滑"卷展栏下设置"迭代次数"为2，如图4-161所示。

**14** 复制一个模型，然后调整好两个模型的位置和角度，如图4-162所示。

**15** 使用"圆柱体"工具 圆柱体 在需要打孔的位置创建一个圆柱体，然后在"参数"卷展栏下设置"半径"为3mm，"高度"为60mm，"边数"为120，如图4-163所示。

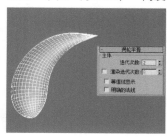

图4-161

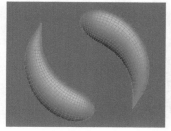

图4-162

图4-163

**16** 选择玉佩模型，设置几何体类型为"复合对象"，然后单击"布尔"按钮 布尔 ，接着在"拾取布尔"卷展栏下单击"拾取操作对象B"按钮 拾取操作对象B ，最后在视图中拾取圆柱体，如图4-164所示，得到的运算结果如图4-165所示。

**17** 采用相同的方法使用"布尔"工具 布尔 在另外一个玉佩上打一个孔，最终效果如图4-166所示。

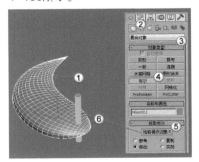

图4-164

图4-165

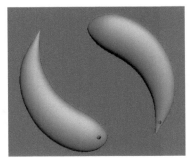

图4-166

# 4.5 课后习题

本课安排了两个课后习题供读者练习，重点练习挤出、倒角、切角这几个常用工具的使用方法。习题中的模型在生活中比较常见，难度不大，但需要耐心来完成。

## 课后习题 制作休闲桌椅

- » 场景位置　无
- » 实例位置　实例文件>CH04>课后习题：制作休闲桌椅.max
- » 视频名称　课后习题：制作休闲桌椅.mp4
- » 技术掌握　挤出工具、切角工具

休闲桌椅模型的效果如图4-167所示。

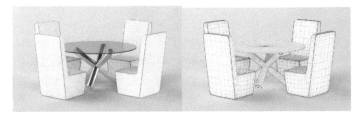

图4-167

### 制作分析

第1步：使用"切角圆柱体"工具 切角圆柱体 在视图中创建多个切角圆柱体，然后将其拼凑圆桌模型，如图4-168所示。

第2步：使用"长方体"工具 长方体 创建一个长方体，然后将其转化为多边形，并对其进行编辑，如图4-169所示。

第3步：对椅子模型进行细节上的编辑，然后将其进行复制，最终模型效果如图4-170所示。

图4-168

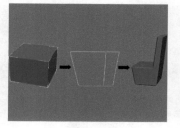
图4-169

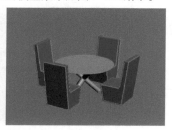
图4-170

📝 课后习题 制作保温杯

» 场景位置 无
» 实例位置 实例文件>CH04>课后习题：制作保温杯.max
» 视频名称 课后习题：制作保温杯.mp4
» 技术掌握 挤出工具、切角工具、插入工具、网格平滑

保温杯模型的效果如图4-171所示。

**制作分析**

第1步：用"圆柱体"工具 圆柱体 创建一个圆柱体，并将其转化为多边形，然后调整其形状，如图4-172所示。

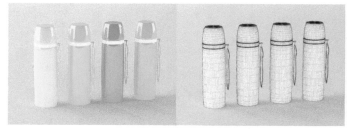
图4-171

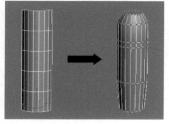
图4-172

第2步：下面制作盖子处的凹槽，在前视图中框选凹槽处的面，然后单击"插入"按钮 插入 后的"设置"按钮□，接着对其参数进行设置，如图4-173所示，再框选如图4-174所示的面，最后单击"挤出"按钮 挤出 后的"设置"按钮□，并对其参数进行设置。

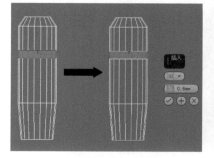
图4-173

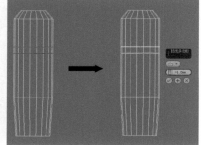
图4-174

第3步：下面将杯身进行平滑处理。选中如图4-175所示的边，然后单击"切角"按钮 切角 后的"设置"按钮▣，接着设置其参数，最后为模型加载一个"网格平滑"修改器。

第4步：使用"切角圆柱体"工具 切角圆柱体 、"圆"工具 圆 和"线"工具 线 创建绳子部分的模型，如图4-176所示。

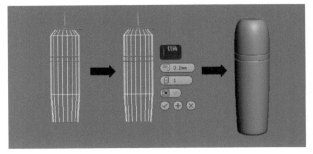

图4-175

图4-176

## 4.6　本课笔记

第 5 课

# 毛发技术

本课将介绍一种特殊的建模技术，即毛发技术，使用这种技术可以创建毛发类的模型，如地毯、毛巾、头发等。相对于多边形建模，毛发技术在创建毛发类模型上更加简单、快捷。

---

学习要点

» 掌握加载VRay渲染器的方法
» 掌握VRay毛皮工具的使用方法
» 掌握毛发类模型的创建方法

# 5.1 VRay毛皮

VRay毛皮是VRay渲染器自带的一种毛发制作工具，经常用来制作地毯、草地和毛制品等，如图5-1和图5-2所示。

图5-1                    图5-2

## 5.1.1 加载VRay渲染器

VRay渲染器是3ds Max中常用的一款渲染器插件，其主要作用是为3ds Max提供强大的渲染功能。另外，VRay渲染器也提供了常用的建模、灯光和材质工具，在后面的内容中将会讲解到。注意，本书所用的VRay渲染器版本是VRay 3.0 for 3ds Max 2016，如图5-3所示。

下面介绍VRay渲染器的加载方法。

第1步：安装好VRay渲染器后，在3ds Max 2016中按F10键打开"渲染设置"对话框，如图5-4所示。

图5-3                    图5-4

第2步：单击"公用"选项卡，展开"指定渲染器"卷展栏，然后单击"产品级"选项后面的"选择渲染器"按钮 ，接着在弹出的"选择渲染器"对话框中选择V-Ray adv 3.00.08，最后单击"确定"按钮 确定 ，如图5-5所示。加载完VRay渲染器后的"渲染设置"对话框如图5-6所示。

提示

在VRay 3.0的版本中，简化了加载VRay渲染器的方法，只需要在"公用"选项卡上面设置即可，如图5-7所示。

图5-7

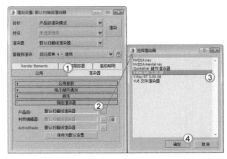

图5-5                    图5-6

# 5.1.2 VRay毛皮工具

加载VRay渲染器后，随意创建一个物体，然后设置几何体类型为VRay，接着单击"VR-毛皮"按钮 <u>VR-毛皮</u> ，就可以为选中的对象创建VRay毛皮，如图5-8所示。

VRay毛皮的参数只有3个卷展栏，分别是"参数"卷展栏、"贴图"卷展栏和"视口显示"卷展栏，如图5-9所示。

图5-8　　　　　　图5-9

## 1.参数卷展栏

展开"参数"卷展栏，如图5-10所示。

**常用参数介绍**

① 源对象选项组

源对象：指定需要添加毛发的物体。

长度：设置毛发的长度。

厚度：设置毛发的厚度。

重力：控制毛发在z轴方向被向下拉的力度，也就是通常所说的"重量"。

弯曲：设置毛发的弯曲程度。

锥度：用来控制毛发锥化的程度。

② 几何体细节选项组

边数：目前这个参数还不可用，在以后的版本中将开发多边形的毛发。

结数：用来控制毛发弯曲时的光滑程度。值越大，表示段数越多，弯曲的毛发越光滑。

平面法线：这个选项用来控制毛发的呈现方式。当勾选该选项时，毛发将以平面方式呈现；当关闭该选项时，毛发将以圆柱体方式呈现。

③ 变化选项组

方向参量：控制毛发在方向上的随机变化。值越大，表示变化越强烈；0表示不变化。

长度参量：控制毛发长度的随机变化。1表示变化越强烈；0表示不变化。

厚度参量：控制毛发粗细的随机变化。1表示变化越强烈；0表示不变化。

重力参量：控制毛发受重力影响的随机变化。1表示变化越强烈；0表示不变化。

④ 分布选项组

每个面：用来控制每个面产生的毛发数量，因为物体的每个面不都是均匀的，所以渲染出来的毛发也不均匀。

每区域：用来控制每单位面积中的毛发数量，这种方式下渲染出来的毛发比较均匀。

⑤ 放置选项组

整个对象：启用该选项后，全部的面都将产生毛发。

选定的面：启用该选项后，只有被选择的面才能产生毛发。

图5-10

## 2.视口显示卷展栏

展开"视口显示"卷展栏，如图5-11所示。

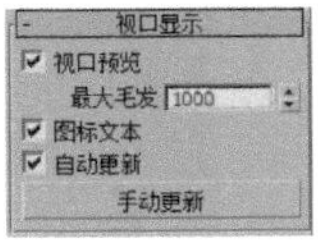

**常用参数介绍**

视口预览：当勾选该选项时，可以在视图中预览毛发的生长情况。

最大毛发：数值越大，越能清楚地观察毛发的生长情况。

图标文本：勾选该选项后，可以在视图中显示VRay毛皮的图标和文字，如图5-12所示。

图5-11

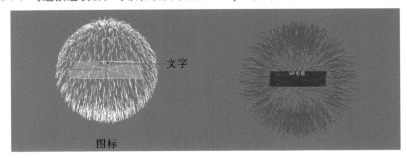

图5-12

---

⏷ **操作练习** 制作毛巾

» 场景位置　场景文件>CH05>01.max
» 实例位置　实例文件>CH05>操作练习：制作毛巾.max
» 视频名称　操作练习：制作毛巾.mp4
» 技术掌握　VRay毛皮工具

毛巾效果如图5-13所示。

**01** 打开学习资源中的"场景文件>CH05>01.max"文件，如图5-14所示。

图5-13

图5-14

**02** 选择一块毛巾，然后设置几何体类型为VRay，接着单击"VR-毛皮"按钮 VR-毛皮 ，此时毛巾上会长出毛发，如图5-15所示。

**03** 展开"参数"卷展栏，然后在"源对象"选项组下设置"长度"为3mm，"厚度"为1mm，"重力"为0.382mm，"弯曲"为3.408，接着在"变化"选项组下设置"方向参量"为2，具体参数设置如图5-16所示，毛发效果如图5-17所示。

100

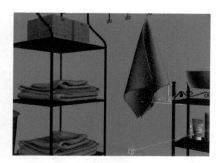

| 图5-15 | 图5-16 | 图5-17 |

**04** 采用相同的方法为其他毛巾创建出毛发，完成后的效果如图5-18所示。

**05** 按F9键渲染当前场景，最终效果如图5-19所示。

图5-18    图5-19

## 5.2 综合练习：制作草地

- » 场景位置    场景文件>CH05>02.max
- » 实例位置    实例文件>CH05>综合练习：制作草地.max
- » 视频名称    综合练习：制作草地.mp4
- » 技术掌握    VRay毛皮工具、细化修改器

草地效果如图5-20所示。

图5-20

**01** 打开学习资源中的"场景文件>CH05>02.max"文件，如图5-21所示。

**02** 选择地面模型，然后设置几何体类型为VRay，接着单击"VR-毛皮"按钮 █ VR-毛皮 █ ，此时地面上会生长出毛发，如图5-22所示。

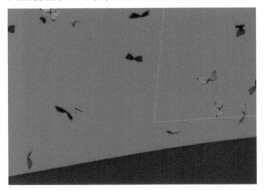

图5-21

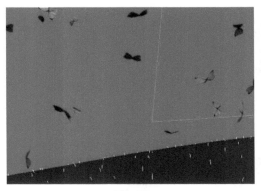

图5-22

**03** 为地面模型加载一个"细化"修改器，然后在"参数"卷展栏下设置"操作于"为"多边形"按钮█，接着设置"迭代次数"为4，如图5-23所示。

图5-23

---

提示

这里为地面模型加载"细化"修改器是为了细化多边形，这样就可以生长出更多的毛发，如图5-24所示。

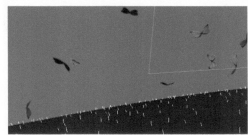

图5-24

**04** 选择VRay毛皮，展开"参数"卷展栏，然后在"源对象"选项组下设置"长度"为20mm，"厚度"为0.2mm，"重力"为-1mm，接着在"几何体细节"选项组下设置"结数"为6，并在"变化"选项组下

设置"长度参量"为1，最后在"分配"选项组下设置"每区域"为0.4，具体参数设置如图5-25所示，毛发效果如图5-26所示。

图5-25

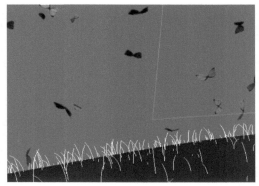

图5-26

**05** 按F9键渲染
当前的场景，最
终效果如图5-27
所示。

图5-27

---
提示

注意，这里的参数并不是固定的，用户可以根据实际情况来进行调节。

## 5.3 课后习题：制作地毯

» 场景位置　无
» 实例位置　实例文件>CH05>课后习题：制作地毯.max
» 视频名称　课后习题：制作地毯.mp4
» 技术掌握　VRay毛皮工具

　　地毯效果如图5-28所示。

图5-28

**制作分析**

第1步：使用"平面"工具 平面 创建一个平面，并设置其分段数，将其作为创建毛发的对象，如图5-29所示。

第2步：选择平面模型，然后使用"VR毛皮"工具 VR毛皮 创建一个毛发，并根据实际情况设置其参数，如图5-30所示。

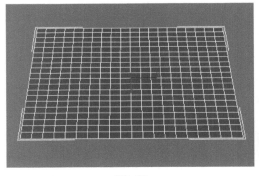

图5-29

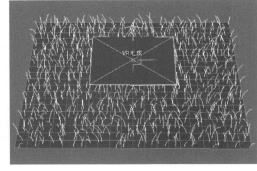

图5-30

## 5.4　本课笔记

# 摄影机技术

摄影机技术在制作效果图和动画时非常有用。在制作效果图时，可以用摄影机确定出图的范围，同时还可以调节图像的亮度，或添加一些诸如景深、运动模糊等特效；在制作动画时，可以让摄影机绕着场景进行"拍摄"，从而模拟出漫游动画和实现空中鸟瞰等特殊的动画效果。

## 学习要点

- » 创建摄影机的方法
- » 物理摄影机的使用方法
- » 目标摄影机的使用方法
- » VRay物理摄影机的使用方法
- » 自由摄影机的使用方法
- » 景深的制作方法

## 6.1 创建摄影机

摄影机可以从特定的观察点表现场景，并固定当前视角。摄影机对象模拟现实世界中的静止图像、运动图片或视频摄影机，图6-1所示是场景中摄影机的示例，图6-2所示是通过摄影机渲染后的效果。

图6-1　　　　　　　　　　　　　　　　　　图6-2

### 6.1.1 创建摄影机的方法

在3ds Max中创建摄影机的方法有3种，具体如下。

第1种：执行"创建>摄影机"菜单命令选取其中的摄影机，如图6-3所示，然后在视图中通过拖曳鼠标进行创建。

第2种：在"创建面板"中单击相应的工具按钮，如图6-4所示，然后在视图中拖曳进行创建。

第3种：在透视图（一定是透视图）中进行视角调整，当调整到一个合适的位置的时候，按快捷键Ctrl+C创建摄影机（默认情况下，这种方法创建的是"物理"摄影机），创建后视图左上方会出现摄影机的名称，表示现在已经是摄影机视图了，如图6-5所示。

图6-3　　　　　　　　　　图6-4　　　　　　　　　　　　　　图6-5

### 6.1.2 创建摄影机的技巧

前面介绍了创建摄影机的方法，但是读者可能会发现一个问题，除了通过第3种方式，其他方式都不好操作，下面以一个实例来介绍创建摄影机的技巧。

第1步：打开一个场景，该场景为一个没有摄影机的场景，如图6-6所示。

第2步：在"创建面板"中单击"标准"栏下的"目标"摄影机，如图6-7所示。

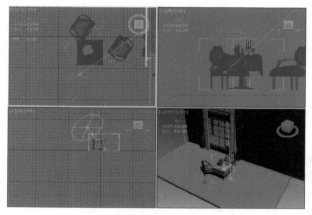

图6-6 图6-7

第3步：在顶视图中通过拖曳鼠标来创建摄影机，然后松开左键完成创建，如图6-8所示。

第4步：切换到透视图，然后按C键将透视图切换至摄影机视图，如图6-9所示，这就是摄影机的视角效果，但此时的摄影机视角不正确，接下来还需要对其进行调整，使桌子成为摄影机拍摄的对象。

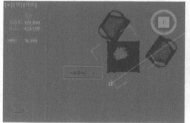

图6-8 图6-9

第5步：因为要使摄影机拍摄桌子，所以只需要将摄影机进行水平方向上的移动即可。切换到顶视图，然后选择摄影机并将其向下平移，如图6-10所示，在平移过程中，透视图会同步发生变化，摄影机视图效果如图6-11所示。

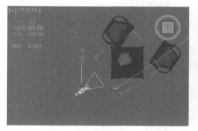

图6-10 图6-11

---

### 🖑 操作练习 创建摄影机

- » 场景位置 场景文件>CH06>01.max
- » 实例位置 实例文件>CH06>操作练习：创建摄影机.max
- » 视频名称 操作练习：创建摄影机.mp4
- » 技术掌握 目标摄影机、创建摄影机的方法

摄影机的视角渲染效果如图6-12所示。

图6-12

**01** 打开学习资源中的"场景文件>CH06>01.max"文件，场景中已经设置好了材质、灯光以及渲染参数，如图6-13所示。

**02** 最大化顶视图，这里设定拍摄角度为从床的侧面进行拍摄，所以在"创建"面板中选择"目标"摄影机，然后在顶视图中按住鼠标左键，从右往左进行拖曳，使摄影机从侧面拍摄床，如图6-14所示。

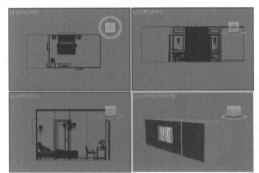

图6-13

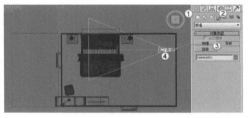

图6-14

**03** 按快捷键Alt+W，然后选中透视图，接着按C键切换至摄影机视图，如图6-15所示，此时可以从摄影机视图中看到拍摄效果，摄影机的位置偏低。

**04** 选中前视图，然后将摄影机和目标点同时选中，根据摄影机视图的效果将其向上移动到合适位置，如图6-16所示。

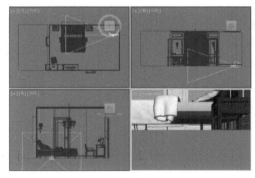

图6-15

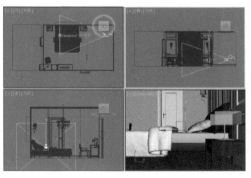

图6-16

**05** 这里需要设定一个俯视的效果，所以选中摄影机（不选择目标点），将其向上平移一段距离，如图6-17所示。

**06** 选中顶视图，然后选择摄影机（不选择目标点），将其向下方平移一段距离，如图6-18所示，观察此时的摄影机视图，发现摄影机视角已经设置好了。

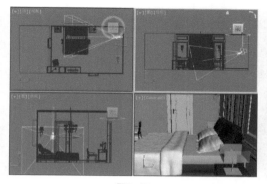

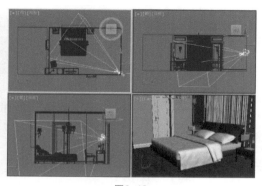

图6-17                          图6-18

**07** 最大化摄影机视角，然后按快捷键Shift+F，如图6-19所示，安全框内的范围就是渲染出图的范围。

**08** 按F10键打开"渲染设置"对话框，然后对渲染纵横比进行设置，在"公用"选项卡下设置"图像纵横比"为1.333，如图6-20所示。

图6-19                          图6-20

**09** 因为视图中的门呈现倾斜状态，所以在视图中单击鼠标右键，在弹出的菜单中选择"应用摄影机校正修改器"选项，如图6-21所示。

**10** 加载"摄影机校正"修改器后，如图6-22所示，此时摄影机视图中的对象就正常了，室内环境的摄影机也创建完成了。

图6-21                          图6-22

—— 提示 ——

　　"摄影机校正"修改器是一个很特殊的修改器，它只能用于摄影机，不能用于其他对象。使用该修改器可以通过设置"数量"参数来校正两点透视的视角强度，如图6-23所示。

图6-23

# 6.2 常用的摄影机

摄影机不仅可以确定渲染视角、出图范围，同时还可以调节图像的亮度，或添加一些诸如景深、运动模糊等特效。摄影机的创建直接关系到效果图的构图内容和展示视角，常用的摄影机有"目标"摄影机、"VR-物理摄影机"和新增的"物理"摄影机，而"自由"摄影机常用于制作漫游动画，如图6-24所示。

图6-24

## 6.2.1 目标摄影机

目标摄影机可以查看所放置的目标周围的区域，它比自由摄影机更容易定向，因为只需将目标对象定位在所需位置的中心即可。使用"目标"工具 **目标** 在场景中拖曳鼠标创建一台目标摄影机，可以观察到目标摄影机包含目标点和摄影机两个部件，如图6-25所示。

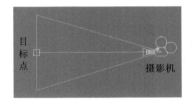

图6-25

### 1.参数卷展栏

展开"参数"卷展栏，如图6-26所示。

**常用参数介绍**

镜头：以mm为单位来设置摄影机的焦距。

视野：设置摄影机查看区域的宽度视野，有水平↔、垂直↕和对角线↗3种方式。

剪切平面：主要用于设置摄影机的可视区域。

手动剪切：启用该选项可定义剪切的平面。

近距/远距剪切：设置近距和远距平面。对于摄影机，比"近距剪切"平面近或比"远距剪切"平面远的对象是不可见的。

目标距离：当使用"目标摄影机"时，该选项用来设置摄影机与其目标之间的距离。

图6-26

### 2.景深参数卷展栏

"景深"就是指拍摄主题前后所能在一张照片上成像的空间层次的深度。简单地说，景深就是聚焦清晰的焦点前后"可接受的清晰区域"，如图6-27所示。

当设置"多过程效果"为"景深"时，系统会自动显示出"景深参数"卷展栏，如图6-28所示。

图6-27　　　　　　　图6-28

**常用参数介绍**

使用目标距离：启用该选项后，系统会将摄影机的目标距离用作每个过程偏移摄影机的点。

焦点深度：当关闭"使用目标距离"选项时，该选项可以用来设置摄影机的偏移深度，其取值范围为0~100。

显示过程：启用该选项后，"渲染帧窗口"对话框中将显示多个渲染通道。

使用初始位置：启用该选项后，第1个渲染过程将位于摄影机的初始位置。

过程总数：设置生成景深效果的过程数。增大该值可提高效果的真实度，但会增加渲染时间。

采样半径：设置场景生成的模糊半径。数值越大，模糊效果越明显。

采样偏移：设置模糊靠近或远离"采样半径"的权重。增加该值将增加景深模糊的数量级，从而得到更均匀的景深效果。

--- 提示 ---

下面讲解景深形成的原理。

1.焦点

与光轴平行的光线射入凸透镜时，理想的镜头应该是所有的光线聚集在一点后，再以锥状的形式扩散开，这个聚集所有光线的点被称为"焦点"，如图6-29所示。

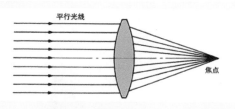

图6-29

2.弥散圆

在焦点前后，光线开始聚集和扩散，点的影像会变得模糊，从而形成一个扩大的圆，这个圆被称为"弥散圆"，如图6-30所示。

每张照片都有主题和背景之分，景深和摄影机的距离、焦距和光圈之间存在着以下3种关系（这3种关系可以用图6-31来表示）。

第1种：光圈越大，景深越小；光圈越小，景深越大。

第2种：镜头焦距越长，景深越小；焦距越短，景深越大。

第3种：距离越远，景深越大；距离越近，景深越小。

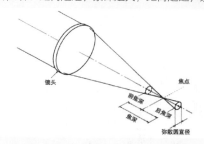

图6-30

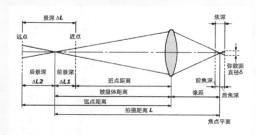

图6-31

景深可以很好地突出主题，不同景深参数下的效果也不相同。例如，图6-32突出的是蜘蛛的头部，而图6-33突出的是蜘蛛和被捕食的螳螂。

图6-32

图6-33

### 3.运动模糊参数卷展栏

运动模糊一般运用在动画中，常用于表现运动对象高速运动时产生的模糊效果，如图6-34和图6-35所示。

当设置"多过程效果"为"运动模糊"时，系统会自动显示出"运动模糊参数"卷展栏，如图6-36所示。在使用"运动模糊"功能时，其参数不会做太多调整，因此不做介绍。

图6-34　　　　　　　　　图6-35　　　　　　　　　图6-36

## 操作练习　用目标摄影机制作景深

» 场景位置　场景文件>CH06>02.max
» 实例位置　实例文件>CH06>操作练习：用目标摄影机制作景深.max
» 视频名称　操作练习：用目标摄影机制作景深.mp4
» 技术掌握　用目标摄影机制作景深效果的方法

景深效果如图6-37所示。

**01** 打开学习资源中的"场景文件>CH06>02.max"文件，如图6-38所示。

图6-37　　　　　　　　　　　　　　图6-38

**02** 设置摄影机类型为"标准"，然后在前视图中创建一台目标摄影机，接着调整好目标点的方向，让目标点放在玻璃杯处，这样可以让摄影机的查看方向对准玻璃杯，如图6-39所示。

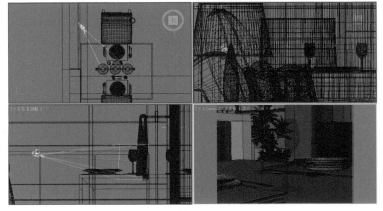

图6-39

**03** 选择目标摄影机，然后在"参数"卷展栏下设置"镜头"为88mm，"视野"为23.12°，接着设置"目标距离"为640mm，具体参数设置如图6-40所示。

**04** 在透视图中按C键切换到摄影机视图，然后按快捷键Shift+F打开安全框，效果如图6-41所示，接着按F9键测试渲染当前场景，效果如图6-42所示。

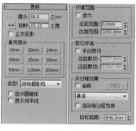

图6-40

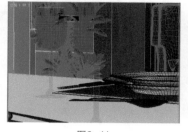

图6-41

图6-42

—— 提示 ——

现在虽然创建了目标摄影机，但是并没有产生景深效果，这是因为还没有在渲染中开启景深。

**05** 按F10键打开"渲染设置"对话框，然后单击V-Ray选项卡，接着展开"摄影机"卷展栏，再勾选"景深"选项，最后勾选"从摄影机获得焦点距离"选项，并设置"焦点距离"为640mm，如图6-43所示。

**06** 按F9键渲染当前场景，最终效果如图6-44所示。

—— 提示 ——

勾选"从摄影机获得焦点距离"选项后，摄影机焦点位置的物体在画面中是最清晰的，而距离焦点越远的物体将会越模糊。

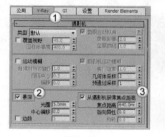

图6-43

图6-44

### 操作练习 用目标摄影机制作运动模糊

» 场景位置　场景文件>CH06>03.max
» 实例位置　实例文件>CH06>操作练习：用目标摄影机制作运动模糊.max
» 视频名称　操作练习：用目标摄影机制作运动模糊.mp4
» 技术掌握　用目标摄影机制作运动模糊效果的方法

运动模糊效果如图6-45所示。

图6-45

**01** 打开学习资源中的"场景文件>CH06>03.max"文件，如图6-46所示。

图6-46

**02** 设置摄影机类型为"标准"，然后在左视图中创建一台目标摄影机，接着调节好目标点的位置，如图6-49所示。

**03** 选择目标摄影机，然后在"参数"卷展栏下设置"镜头"为43.456mm，"视野"为45°，接着设置"目标距离"为100000mm，如图6-50所示。

**04** 按F10键打开"渲染设置"对话框，然后单击V-Ray

— 提示 —

本场景已经设置好了一个螺旋桨旋转动画，在"时间轴"上单击"播放"按钮▶，可以观看旋转动画，图6-47和图6-48所示分别是第3帧和第6帧的默认渲染效果。可以发现并没有产生运动模糊效果。

图6-47 图6-48

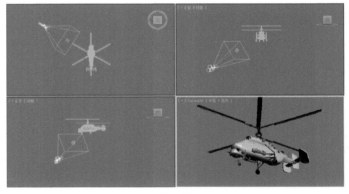

图6-49

选项卡，接着展开"摄影机"卷展栏，最后勾选"运动模糊"选项，如图6-51所示。

**05** 在透视图中按C键切换到摄影机视图，然后将时间线滑块拖曳到第1帧，接着按F9键渲染当前场景，可以发现此时产生了运动模糊效果，如图6-52所示。

图6-50

图6-51

图6-52

**06** 分别将时间滑块拖曳到第4帧、第10帧、第15帧的位置，然后渲染出这些单帧图，最终效果如图6-53所示。

图6-53

## 6.2.2 自由摄影机

自由摄影机的拍摄方向由摄影机的指向方向决定，与目标摄影机不同，它没有目标点和摄影机的独立图标。自由摄影机只有摄影机图标，这样更方便设置动画，如图6-54所示。

— 提示 —

　　"自由"摄影机与"目标"摄影机的参数类似，这里不再赘述。

图6-54

## 6.2.3 物理摄影机

物理摄影机是Autodesk公司与VRay制造商Chaos Group共同开发的，可以为设计师提供新的渲染选项，也可以模拟用户熟悉的真实摄影机，如快门速度、光圈、景深和曝光等功能。使用物理摄影机可以更加轻松地创建真实照片级图像和动画效果。物理摄影机也包含摄影机和目标点两个部件，如图6-55所示，其参数包含7个卷展栏，如图6-56所示。

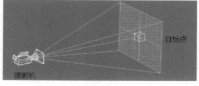

图6-55 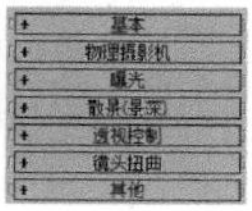　　　　　　图6-56

### 1.基本卷展栏

展开"基本"卷展栏，如图6-57所示。

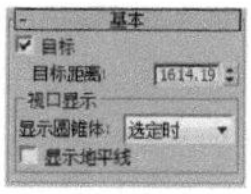

**常用参数介绍**

图6-57

目标：启用该选项后，摄影机包括目标对象，并与目标摄影机的使用方法相同，即可以通过移动目标点来设置摄影机的拍摄对象；关闭该选项后，摄影机的使用方法与自由摄影机相似，可以通过变换摄影机的位置来控制摄影机的拍摄范围。

目标距离：设置目标与焦平面之间的距离，该数值会影响聚焦和景深等效果。

视口显示：该选项组用于设置摄影机在视图中的显示效果。"显示圆锥体"选项用于控制是否显示摄影机的拍摄锥面，包含"选定时""始终"和"从不"3个选项；"显示地平线"选项用于控制地平线是否在摄影机视图中显示为水平线（假设摄影机中包括地平线）。

### 2.物理摄影机卷展栏

展开"物理摄影机"卷展栏，如图6-58所示。

**常用参数介绍**

（1）胶片/传感器选项组

预设值：选择胶片模式和电荷传感器的类型，功能类似于目标摄影机的"镜头"，其选项包括多种行业标准传感器设置，每个选项都有其默认的"宽度"值，"自定义"选项可以任意调整"宽度"值。

图6-58

宽度：用于手动设置胶片模式的宽度。

（2）镜头选项组

焦距：设置镜头的焦距，默认值为40mm。

指定视野：勾选该选项时，可以设置新的视野（FOV）值（以度为单位）。默认的视野值取决于所选的"胶片/传感器"的预设类型。

— 提示

当"指定视野"选项处于启用状态时，"焦距"选项将被禁用。但是如果更改"指定视野"的数值，"焦距"数值也会跟着发生变化。

缩放：在不更改摄影机位置的情况下缩放镜头。

光圈：设置摄影机的光圈值。该参数可以影响曝光和景深效果，光圈数越低，光圈越大，则景深越窄。

（3）聚焦选项组

使用目标距离：勾选该选项后，将使用设置的"目标距离"值作为焦距。

自定义：勾选该选项后，将激活下面的"焦距距离"选项，此时可以手动设置焦距距离。

镜头呼吸：通过将镜头向焦距方向移动或远离焦距方向来调整视野。值为0时，表示禁用镜头呼吸效果，默认值为1。

启用景深：勾选该选项后，摄影机在不等于焦距的距离上会生成模糊效果，图6-59和图6-60所示分别是关闭景深与开启景深的渲染效果。景深效果的强度基于光圈设置。

关闭景深

开启景深

图6-59　　　　　　　　图6-60

（4）快门选项组

类型：用于选择测量快门速度时使用的单位，包括"帧"（通常用于计算机图形）、"秒""1/秒"（通常用于静态摄影）和"度"（通常用于电影摄影）4个选项。

持续时间：根据所选单位类型设置快门速度，该值可以影响曝光、景深和运动模糊效果。

偏移：启用该选项时，可以指定相对于每帧开始时间的快门打开时间。注意，更改该值会影响运动模糊效果。

启用运动模糊：启用该选项后，摄影机可以生成运动模糊效果。

### 3.曝光卷展栏

展开"曝光"卷展栏，如图6-61所示。

**常用参数设置**

（1）曝光增益选项组

手动：通过ISO值设置曝光增益，数值越高，曝光时间越长。当此选项处于激活状态时，将通过这里设定的数值、快门速度和光圈设置来计算曝光。

目标：设置与"光圈""快门"的"持续时间"和"手动"的"曝光增益"这3个参数组合相对应的单个曝光值。每次增加或降低EV值，对应的也会

图6-61

减少或增加有效的曝光。目标的EV值越高，生成的图像越暗，反之则越亮。

（2）白平衡选项组

光源：按照标准光源设置色彩平衡，默认设置为"日光（6500K）"。

温度：以"色温"的形式设置色彩平衡，以开尔文温度（K）表示。

自定义：用于设置任意的色彩平衡。

（3）启用渐晕选项组

数量：勾选"启用渐晕"选项后，可以激活该选项，用于设置渐晕的数量。该值越大，渐晕效果越强，默认值为1。

## 4.散景（景深）卷展栏

如果在"物理摄影机"卷展栏下勾选"启用景深"选项，那么出现在焦点之外的图像区域将生成"散景"效果（也称为"模糊圈"），如图6-62所示。当渲染景深的时候，或多或少都会产生一些散景效果，这主要与散景到摄影机的距离有关。另外，在物理摄影机中，镜头的形状会影响散景的形状。展开"散景（景深）"卷展栏，如图6-63所示。

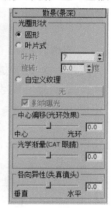

图6-62　　　　　　　　　　　　　　　　　图6-63

**常用参数介绍**

（1）光圈形状选项组

圆形：将散景效果渲染成圆形光圈形状。

叶片式：将散景效果渲染成带有边的光圈。使用"叶片"选项可以设置每个模糊圈的边数，使用"旋转"选项可以设置每个模糊圈旋转的角度。

自定义纹理：使用贴图的图案来替换每种模糊圈。如果贴图是黑色背景的白色圈，则等效于标准模糊圈。

影响曝光：启用该选项时，自定义纹理将影响场景的曝光。

（2）中心偏移（光环效果）选项组

中心-光环　　　　　　：使光圈透明度向"中心"（负值）或"光环"（正值）偏移，正值会增加焦外区域的模糊量，而负值会减小模糊量。调整该选项可以让散景效果表现得更为明显。

（3）光学渐晕（CAT眼睛）选项组

　　　　　　：通过模拟"猫眼"效果让帧呈现渐晕效果，部分广角镜头可以形成这种效果。

（4）各向异性（失真镜头）选项组

垂直-水平　　　　　　：通过垂直（负值）或水平（正值）来拉伸光圈，从而模拟失真镜头。

## 6.2.4 VRay物理摄影机

VRay物理摄影机相当于一台真实的摄影机，有光圈、快门、曝光、ISO等调节功能，它可以对场景进行"拍照"。使用"VR-物理摄影机"工具 VR-物理摄影机 在视图中拖曳鼠标创建一台VRay物理摄影机，可以观察到VRay物理摄影机同样包含摄影机和目标点两个部件，如图6-64所示，其参数包含5个卷展栏，如图6-65所示。

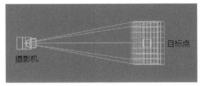

— 提示

下面只介绍"基本参数""散景特效"和"采样"3个卷展栏下的参数。

图6-64

图6-65

### 1.基本参数卷展栏

展开"基本参数"卷展栏，如图6-66所示。

**常用参数介绍**

目标：当勾选该选项时，摄影机的目标点将放在焦平面上；当关闭该选项时，可以通过下面的"目标距离"选项来控制摄影机到目标点的位置。

胶片规格（mm）：控制摄影机所看到的景色范围。值越大，看到的景象就越多。

焦距（mm）：设置摄影机的焦长，同时也会影响到画面的感光强度。较大的数值产生的效果类似于长焦效果，且感光材料（胶片）会变暗，特别是在胶片的边缘区域；较小的数值产生的效果类似于广角效果，其透视感比较强，当然胶片也会变亮。

视野：启用该选项后，可以调整摄影机的可视区域。

缩放因子：控制摄影机视图的缩放。值越大，摄影机视图拉得越近。

图6-66

水平/垂直移动：控制摄影机视图在水平和垂直方向上的偏移量。

光圈数：设置摄影机的光圈大小，主要用来控制渲染图像的最终亮度。值越小，图像越亮；值越大，图像越暗，图6-67和图6-68所示分别是"光圈数"值为10和14时的渲染效果。注意，光圈和景深也有关系，大光圈的景深小，小光圈的景深大。

图6-67

图6-68

目标距离：显示摄影机到目标点的距离。

垂直/水平倾斜：控制摄影机在垂直/水平方向上的变形，主要用于纠正三点透视到两点透视。

自动猜测垂直倾斜：勾选后可自动校正垂直方向的透视关系。

猜测垂直倾斜 猜测垂直倾斜/猜测水平倾斜 猜测水平倾斜：用于校正垂直/水平方向上的透视关系。

指定焦点：开启这个选项后，可以手动控制焦点。

焦点距离：勾选"指定焦点"选项后，可以在该选项的数值输入框中手动输入焦点距离。

曝光：当勾选这个选项后，VRay物理摄影机中的"光圈数""快门速度（s^-1）"和"胶片速度（ISO）"设置才会起作用。

光晕：模拟真实摄影机里的光晕效果，图6-69和图6-70所示分别是勾选"光晕"和关闭"光晕"选项时的渲染效果。

图6-69 　　　　　　　　　　　　　　　　图6-70

白平衡：和真实摄影机的功能一样，用来控制图像的色偏。例如，在白天的效果中，设置一个桃色的白平衡颜色可以纠正阳光的颜色，从而得到正确的渲染颜色。

自定义平衡：用于手动设置白平衡的颜色，从而控制图像的色偏。例如，如果图像偏蓝，就应该将白平衡颜色设置为蓝色。

快门速度（s^-1）：控制光的进光时间，值越小，进光时间越长，图像就越亮；值越大，进光时间就越短，图像就越暗，图6-71~图6-73所示分别是"快门速度（s^-1）"值为35、50和100时的渲染效果。

图6-71 　　　　　　　　图6-72 　　　　　　　　图6-73

胶片速度（ISO）：控制图像的亮暗，值越大，表示ISO的感光系数越强，图像就越亮。一般白天效果比较适合用较小的ISO值，而晚上效果比较适合用较大的ISO值，图6-74~图6-76所示分别是"胶片速度（ISO）"值为80、120和150时的渲染效果。

图6-74 　　　　　　　　图6-75 　　　　　　　　图6-76

## 2.散景特效卷展栏

"散景特效"卷展栏下的参数主要用于控制散景效果，如图6-77所示。

**常用参数介绍**

叶片数：控制散景产生的小圆圈的边，默认值为5，表示散景的小圆圈为正五边形。如果关闭该选项，那么散景就是个圆形。

旋转（度）：设置散景小圆圈的旋转角度。

中心偏移：设置散景偏移源物体的距离。

各向异性：控制散景的各向异性，值越大，散景的小圆圈拉得越长，即变成椭圆。

图6-77

展开"采样"卷展栏，如图6-78所示。

图6-78

**常用参数介绍**

景深：控制是否开启景深效果。当某一物体聚焦清晰时，从该物体前面的某一段距离到其后面的某一段距离内的所有景物都是相当清晰的。

运动模糊：控制是否开启运动模糊功能。这个功能只适用于具有运动对象的场景中，对静态场景不起作用。

## 操作练习　用VRay物理摄影机调整曝光

- » 场景位置　场景文件>CH06>04.max
- » 实例位置　实例文件>CH06>操作练习：用VRay物理摄影机调整曝光.max
- » 视频名称　操作练习：用VRay物理摄影机调整曝光.mp4
- » 技术掌握　用VRay物理摄影机的光圈数和快门速度调整图像的曝光

调整场景曝光的前后对比效果如图6-79所示。

图6-79

**01** 打开学习资源中的"场景文件>CH06>04.max"文件，场景中已经创建好了VRay物理摄影机，如图6-80所示，按F9键测试渲染摄影机视图，效果如图6-81所示，可以发现图像曝光过度。

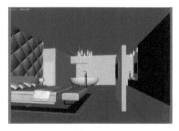

图6-80

图6-81

**02** 选择VRay物理摄影机，然后在"基本参数"卷展栏下设置"光圈数"为3，接着勾选"曝光"选项，并设置"快门速度（s^-1）"为200，如图6-82所示，最后按F9键测试渲染摄影机视图，效果如图6-83所示，可以发现此时图像曝光不足。

图6-82

图6-83

**03** 将"光圈数"修改为2，然后按F9键测试渲染摄影机视图，如图6-84所示，可以发现此时图像的曝光效果已经正常了。

— 提示 —

对于VRay物理摄影机，可以用于调整图像曝光的参数主要有"光圈数""快门速度（s^-1）"和"胶片速度（ISO）"。"光圈数"的值越高，画面越暗，反之则越亮；"快门速度（s^-1）"的值越高，画面也越暗，反之则越亮；而"胶片速度（ISO）"的值越高，图像越亮，反之则越暗。在实际工作中，一般都需要通过设置不同的参数组合来控制画面的曝光，从而得到较好的渲染效果。

图6-84

## 6.3 构图

一切画面的基础都是从构图开始的，这是一个作品开始之前最重要的准备工作。画面的构图，将决定画面的整体效果是否完整和协调。构图的概念主要是指画面形式的选择、画面主体或中心的位置及背景的处理方法等。

## 6.3.1 构图原理

对于构图，通常都是以"重量"来衡量画面平衡的原点，所以在构图时，主体要在画面的中心，不要偏在一边。通常情况下，构图都使用多边形构图。

下面以三角形构图为例，简单说明一下三角形构图和重量感的关系。三角形是一种比较稳定的构图形式，左右重量比较均衡，在3条边上都应该有对象，但是前景一般是在最下面的横边上，而主体和衬景可以在两条斜边的任意一条边上，如图6-85所示。如果打破这种构图形式，构图就会明显"失重"，如图6-86所示。

另外，还有很多不同的构图法则和原理，如图6-87和图6-88所示，读者可以多去看一些摄影大师的作品，从中将能学习到很多关于构图的思路和技巧。

图6-85

图6-86

图6-87

图6-88

画面的构图方式一般要根据空间的造型和主体部分来决定，当空间造型水平方向比较宽敞，而空间不是太高的时候，一般采用横向构图，让画面舒展平稳，如图6-89所示；对于一些小空间，可以采用接近方形的构图方式，以体现温和亲切的气氛，如图6-90所示；对于竖向空间，大多采取竖向构图，以强调空间的高耸纵深感，如图6-91所示。

图6-89　　　　　　　　　　　　　　图6-90　　　　　　　　　图6-91

# 6.3.2　安全框

　　安全框是视图中的安全线，在安全框内的对象在渲染时不会被裁掉。先来看3张图，图6-92是关闭了安全框的摄影机视图，图6-93是开启了安全框的摄影机视图，图6-94是渲染效果。以渲染效果为基准，可以发现，图6-92中外围的一些画面没有被渲染出来，而图6-93中除了灰色区域以外的部分全部都被渲染出来了，这就是安全框的作用，也就是说安全框可以给用户提供一个非常准确的出图画面参考。

图6-92　　　　　　　　　　　　　图6-93　　　　　　　　　　　　图6-94

## 1.开启与关闭安全框

　　确定出图画面以后，如果要开启安全框，可以直接按快捷键Shift+F（关闭安全框也是按快捷键Shift+F），也可以在视图菜单的第2个菜单上单击鼠标左键，还可以单击鼠标右键，在弹出的菜单中选择"显示安全框"命令，如图6-95所示。安全框分为3个部分，分别是标题安全区、动作安全区和活动区域，如图6-96所示。

图6-95　　　　　　　　　　　　　　　　　　　　　图6-96

**各种安全框介绍**

标题安全区（橘色线框内）：在此框内渲染标题或其他信息都是安全的。在建模和制作动画时，主体对象要放在这个框内。这个框就像一本书的版心，符合常人的视觉习惯。

动作安全区（青色线框内）：如果要渲染动作，动作范围不能超出此框。

活动区域（黄绿色线框内）：此框内所有对象都会被渲染出来，但超出此框的对象将被切掉。

## 2.安全框的应用

在激活安全框的情况下工作是一个良好的习惯，如果实在不习惯，可以在操作时关闭安全框，但在渲染前必须打开安全框，以防止渲染的图像出现不必要的裁切。

安全框的作用除了预览渲染内容以外，还能控制渲染图像的纵横比（长度/宽度），通过安全框可以直观地查看作品的纵横比。有了这个功能，在渲染前就能预览并设置适合作品的纵横比。

在工作中，通常只会用到最外面的"活动区域"，所以为了简化视图，通常会关闭其他的安全区。执行"视图>视口配置"菜单命令，打开"视口配置"对话框，然后在"安全框"选项卡下关闭"动作安全区"和"标题安全区"选项，如图6-97所示，设置完成后的视图就只显示活动区域，如图6-98所示。此时的视图比较简洁，安全框内的内容在渲染的时候都会被渲染出来，通过安全框可以直观地观察到目前的纵横比。

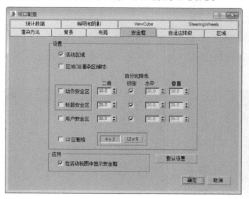

图6-97

图6-98

# 6.3.3 图像纵横比

在通常情况下，可以通过两种方式进行构图：一种是通过摄影机位置和拍摄视角来控制场景内容，常见的有三角形构图和平衡稳定构图，这类构图方式的重点在于图像的内容；另一种是通过图像的形状来进行构图，包括横向构图、纵向构图和方形构图，这种构图方式可以通过图像的纵横比来实现。如果要设置图像的纵横比，可以按F10键打开"渲染设置"对话框，然后在"公用"选项卡下展开"公用参数"卷展栏，接着在"图像纵横比"选项后面输入想要的纵横比例，设置完成后还可以单击"锁定"按钮🔒锁定纵横比，这样在修改渲染图像的宽度和高度的其中任一值时，另外一个都会按照纵横比跟着发生相应的变化，如图6-99所示。

图6-99

## 操作练习 制作三角形构图

> 场景位置　场景文件>CH06>05.max
> 实例位置　实例文件>CH06>操作练习：制作三角形构图.max
> 视频名称　操作练习：制作三角形构图.mp4
> 技术掌握　摄影机的创建方法、三角形构图原理

　　三角形构图效果如图6-100所示。

01 打开学习资源中的"场景文件>CH06>05.max"文件，如图6-101所示。

02 因为要制作三角形构图，所以应该将室内建筑作为主体，将地板部分作为前景，同时将草地部分作为衬景。切换到顶视图，然后创建一台目标摄影机，将目标点放在吧台处，如图6-102所示。

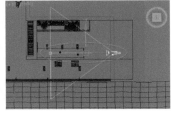

图6-100　　　　　　　　　　　图6-101　　　　　　　　　　　图6-102

03 在透视图中按C键切换到摄影机视图，观察视图效果，发现摄影机的高度不对，如图6-103所示。切换到前视图，将整个摄影机（摄影机和目标点一起选择）向上移动一段距离，如图6-104所示，此时的摄影机视图效果如图6-105所示。

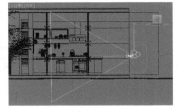

图6-103　　　　　　　　　　　图6-104　　　　　　　　　　　图6-105

04 下面根据三角形构图原理微调视角。切换到顶视图，然后选中摄影机（不选目标点），接着将其向下移动一定距离，如图6-106所示，摄影机视图效果如图6-107所示。

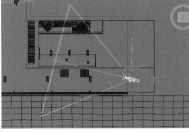

图6-106　　　　　　　　　　　　　　图6-107

05 按F10键打开"渲染设置"对话框，然后在"公用参数"卷展栏中设置"宽度"为1200，"高度"为900，接着锁定图像的纵横比，如图6-108所示。

**06** 切换到摄影机视图，然后按快捷键Shift+F打开安全框，如图6-109所示。到此，完成构图，从图中的辅助三角形可以看出此时的构图满足三角形构图原理。

图6-108

图6-109

**07** 选择目标摄影机，然后单击鼠标右键，在弹出的菜单中选择"应用摄影机校正修改器"命令，对摄影机视图进行透视矫正，如图6-110所示，再按F9键渲染摄影机视图，最终效果如图6-111所示。

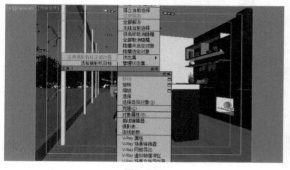

图6-110

图6-111

## 操作练习 制作平衡稳定构图

» 场景位置　场景文件>CH06>06.max
» 实例位置　实例文件>CH06>操作练习：制作平衡稳定构图.max
» 视频名称　操作练习：制作平衡稳定构图.mp4
» 技术掌握　摄影机的创建方法、平衡稳定构图原理、手动剪切

平衡稳定构图效果如图6-112所示。

**01** 打开学习资源中的"场景文件>CH06>06.max"文件，如图6-113所示。本场景是一个接待室，这类公共场景比较庄重、严肃，因此可以采用平衡稳定的构图方式来表现其特征。

**02** 平衡稳定构图的原理是画面端正、左右重量对等，所以切换到顶视图，在视图之中创建一台目标摄影机，让摄影机和目标点在场景的中间，如图6-114所示。

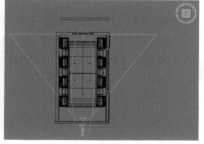

图6-112

图6-113

图6-114

**03** 切换到摄影机视图，如图6-115所示，此时摄影机被墙挡住了。选中摄影机，然后切换到"修改"面板，接着在"参数"卷展栏下勾选"手动剪切"选项，最后设置"近距剪切"为1400mm，"远距剪切"为10000mm，具体参数设置及摄影机视图效果如图6-116所示。

图6-115                                            图6-116

---
提示
---

步骤03中的"手动剪切"参数是通过观察顶视图和摄影机视图的变化调整出来的。当勾选"手动剪切"选项以后，摄影机的两端就会出现两条红线，这就是"近距剪切"和"远距剪切"的位置，两条红线之间的区域表示摄影机可以拍摄到的空间，如图6-117所示。通过这种方法，可以让摄影机穿过墙体拍摄室内空间。

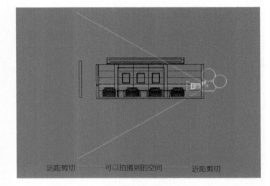

图6-117

**04** 现在摄影机的高度还不对。切换到左视图，然后选中摄影机和目标点，接着将其向上移动一段距离，如图6-118所示，摄影机视图效果如图6-119所示。

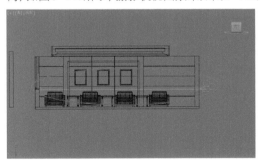

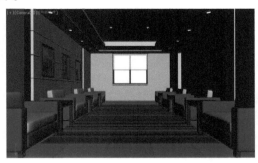

图6-118                                            图6-119

**05** 按F10键打开"渲染设置"对话框，然后在"公用参数"卷展栏中设置"宽度"为1200，"高度"为900，接着锁定图像的纵横比，如图6-120所示，设置完成后按快捷键Shift+F打开安全框，摄影机视图如图6-121所示。

**06** 按F9键渲染摄影机视图，最终效果如图6-122所示。从渲染效果中可以看到，平衡稳定的构图方式左右重量相同（非完全相同），拍摄中心在画面的中间。

图6-120

图6-121

图6-122

# 6.4 综合练习

下面通过两个案例来介绍目标摄影机和VRay物理摄影机的使用方法，用这两种摄影机可以制作不同的效果，如景深。

## 综合练习 使用VRay物理摄影机制作景深

» 场景位置　场景文件>CH06>07.max
» 实例位置　实例文件>CH06>综合练习：使用VRay物理摄影机制作景深.max
» 视频名称　综合练习：使用VRay物理摄影机制作景深.mp4
» 技术掌握　目标摄影机、景深的制作方法

景深效果如图6-123所示。

**01** 打开学习资源中的"场景文件>CH06>07.max"文件，如图6-124所示。

图6-124

**02** 设置摄影机类型为VRay，然后在视图中创建一个VRay物理摄影机，摄影机位置如图6-125所示。

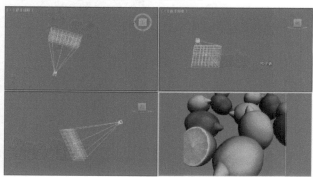

图6-123

图6-125

127

**03** 选择VRay物理摄影机，在"基本参数"卷展栏下设置"胶片规格（mm）"为31.195，"焦距（mm）"为40，"光圈数"为6，同时勾选"曝光"选项，接着设置"白平衡"为"自定义"，并设置"自定义平衡"为淡蓝色（红:210，绿:239，蓝:255），再设置"快门速度（s^-1）"为50，"胶片速度（ISO）"为200，最后在"采样"卷展栏下勾选"景深"选项，如图6-126所示。

**04** 按C键切换到摄影机视图，然后按F9键渲染当前场景，最终的效果如图6-127所示。

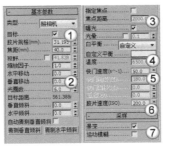

图6-126

图6-127

---

**综合练习** 用物理摄影机制作景深

» 场景位置　场景文件>CH06>08.max
» 实例位置　实例文件>CH06>综合练习：用物理摄影机制作景深.max
» 视频名称　综合练习：用物理摄影机制作景深.mp4
» 技术掌握　用物理摄影机调整场景曝光、用物理摄影机制作景深

景深效果如图6-128所示。

**01** 打开学习资源中的"场景文件>CH06>08.max"文件，如图6-129所示。

图6-128

图6-129

**02** 设置摄影机类型为"标准"，然后在前视图中创建一台物理摄影机，接着调整好目标点的方向，将目标点放在笔记本处，如图6-130所示。

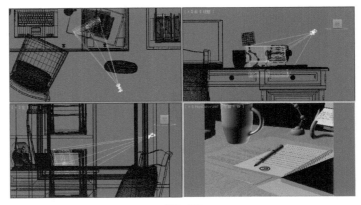

图6-130

**03** 选择物理摄影机，在"基本"卷展栏中设置"目标距离"为625mm，然后在"物理摄影机"卷展栏下勾选"指定视野"选项，并设置其数值为22.7度，接着设置"光圈"为f/6，再设置"快门"的"类型"为"1/秒"，最后设置"持续时间"为1/30s，如图6-131所示。

**04** 按C键切换到摄影机视图，然后按F9键测试渲染摄影机视图，效果如图6-132所示，可以发现场景的曝光过度了。

**05** 选择物理摄影机，然后在"曝光"卷展栏下单击"安装曝光控制"按钮 安装曝光控制 （安装完后会显示为灰色不可编辑的"曝光控件已安装"按钮 曝光控制已安装 ），接着设置"曝光增益"的"目标"为8.5EV，如图6-133所示。

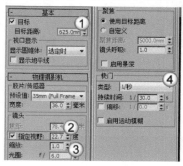

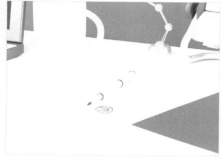

图6-131　　　　　　　　　　图6-132　　　　　　　　　　图6-133

**06** 按大键盘上的8键打开"环境和效果"对话框，然后单击"环境"选项卡，接着在"物理摄影机曝光控制"卷展栏下设置"针对非物理摄影机的曝光"为8.5EV，将其与物理摄影机的曝光进行统一，如图6-134所示。

**07** 切换到摄影机视图，然后按F9键测试渲染摄影机视图，效果如图6-135所示，可以发现此时的曝光效果已经正常了。

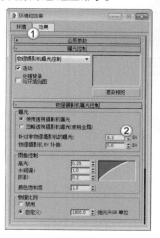

图6-134　　　　　　　　　　　　　　　图6-135

提示

在默认情况下，物理摄影机在创建时会覆盖场景中的其他曝光设置，即保持默认的曝光值6EV，所以这里需要将曝光值设置为与物理摄影机一致，否则会出现曝光错误的现象。

**08** 下面来制作景深效果。选择物理摄影机，在"物理摄影机"卷展栏下勾选"使用目标距离"选项（表示使用目标距离作为焦距），然后再勾选"启用景深"选项，如图6-136所示，此时在摄影机视图中可以预览景深效果，如图6-137所示。

图6-136

图6-137

**09** 按F10键打开"渲染设置"对话框，单击V-Ray选项卡，然后在"摄影机"卷展栏下勾选"景深"选项，接着勾选"从摄影机获得焦点距离"选项，最后设置"焦点距离"为625mm，如图6-138所示。

**10** 切换到摄影机视图，按F9键渲染当前场景，最终效果如图6-139所示。

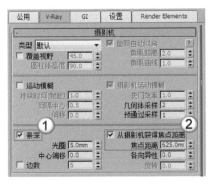

图6-138

图6-139

# 6.5 课后习题

摄影机的内容虽然简单，但是在实际工作中，摄影机的使用概率非常高，希望读者能认真完成下面的习题。

📝**课后习题** 横向构图中摄影机的设置

» 场景位置　场景文件>CH06>09.max
» 实例位置　实例文件>CH06>课后习题：横向构图中摄影机的设置.max
» 视频名称　课后习题：横向构图中摄影机的设置.mp4
» 技术掌握　纵横比的设置方法、横向构图原理横向构图效果如图6-140所示。

图6-140

**制作分析**

通过3ds Max视图可以看出整个场景内容十分丰富，家具元素也较多，这种场景适合用横向构图来进行表现，以更多地体现空间的内容和元素。摄影机位置和图像纵横比设置分别如图6-141和图6-142所示。

图6-141                    图6-142

## 课后习题 纵向构图中摄影机的设置

- » 场景位置　场景文件>CH06>10.max
- » 实例位置　实例文件>CH06>课后习题：纵向构图中摄影机的设置.max
- » 视频名称　课后习题：纵向构图中摄影机的设置.mp4
- » 技术掌握　纵横比的设置方法、纵向构图原理纵向构图效果如图6-143所示。

**制作分析**

本场景是一个会议室场景，这类场景其实空间并不大，通常为长方体空间，对于这类空间，可以采用纵向构图来体现空间的纵深感，与长方形会议桌相呼应，让场景显得更庄重、严肃。摄影机位置和图像纵横比设置分别如图6-144和图6-145所示。

图6-143

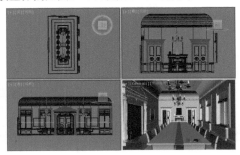

图6-144

图6-145

## 6.6 本课笔记

第 7 课

# 灯光技术

本课将介绍3ds Max 2016的灯光技术，包括目标灯光、VRay
灯光和VRay太阳等，这些都是在实际工作中经常用到的灯光
技术，希望读者能够熟练掌握。

## 学习要点

» 掌握灯光的创建方法
» 掌握常用灯光的使用方法
» 掌握场景灯光的布光方法

# 7.1 灯光的基础知识

　　没有灯光的世界将是一片黑暗，在三维场景中也是一样，即使有精美的模型、真实的材质以及完美的动画，如果没有灯光照射也毫无意义，由此可见灯光在三维表现中的重要性。自然界中存在着形形色色的光，如耀眼的日光、微弱的烛光以及绚丽的烟花发出来的光等，如图7-1~图7-3所示。

图7-1

图7-2

图7-3

## 7.1.1 灯光的作用

　　有光才有影，才能让物体呈现出三维立体感，不同的灯光效果营造的视觉感受也不一样。灯光是视觉画面的一部分，其功能主要有以下3点。

　　第1点：提供一个完整的整体氛围，展现出影像实体，营造空间的氛围。

　　第2点：为画面着色，以塑造空间和形式。

　　第3点：可以让人们集中注意力。

## 7.1.2 3ds Max中的灯光

　　利用3ds Max中的灯光可以模拟出真实的"照片级"画面，图7-4和图7-5分别是利用3ds Max制作的室内效果图和室外效果图。

图7-4

图7-5

在创建面板中单击"灯光"按钮，在其下拉列表中可以选择灯光的类型。3ds Max 2016包含3种灯光类型，分别是"光度学"灯光、"标准"灯光和VRay灯光，如图7-6~图7-8所示。

图7-6　　　　　图7-7　　　　　图7-8

## 7.1.3 如何创建灯光

下面以"目标灯光"为例来讲解创建灯光的方法。在创建面板中选择灯光，然后按住鼠标左键，在场景中拖曳鼠标，最后松开鼠标左键即可创建出灯光，如图7-9所示。

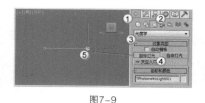

图7-9

提示

灯光的创建方法类似于摄影机，可以参考摄影机的创建技巧。

## 7.2 常用灯光

3ds Max和VRay渲染器所提供的灯光有很多，但在实际工作中只有几种灯光是常用的，通过对这些灯光进行搭配使用，就可以制作出各种灯光效果。

## 7.2.1 目标灯光

目标灯光带有一个目标点，用于指向被照明物体，如图7-10所示。目标灯光主要用来模拟现实中的筒灯、射灯和壁灯等，其默认参数包含10个卷展栏，如图7-11所示。

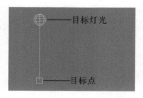 

图7-10　　　　　图7-11

### 1.常规参数卷展栏

展开"常规参数"卷展栏，如图7-12所示。

**常用参数介绍**

启用：控制是否开启灯光的阴影效果。

阴影类型列表：设置渲染器渲染场景时使用的阴影类型，包括7种类型，如图7-13所示，常用的是"VR-阴影"。

图7-12　　　　　图7-13

灯光分布（类型）：设置灯光的分布类型，包含4种类型，如图7-14所示，常用的是"光度学Web"选项。

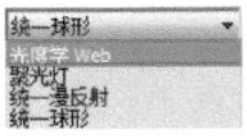

图7-14

## 2.分布（光度学Web）卷展栏

设置灯光分布类型为"光度学Web"后，会自动激活该卷展栏，如图7-15所示，可以通过单击 `<选择光度学文件>` 按钮加载文件夹中的光度学文件来模拟筒灯。

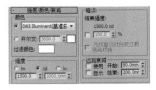

图7-15

## 3.强度/颜色/衰减卷展栏

展开"强度/颜色/衰减"卷展栏，如图7-16所示。

**常用参数介绍**

过滤颜色：使用颜色过滤器来模拟置于灯光上的过滤色效果。

强度：用于设置灯光强度，包含以下3个单位，常用的是cd。

图7-16

lm（流明）：测量整个灯光（光通量）的输出功率。100瓦的通用灯泡约有1750 lm的光通量。

cd（坎德拉）：用于测量灯光的最大发光强度，通常沿着瞄准发射。100瓦的通用灯泡的发光强度约为139 cd。

lx（lux）：测量由灯光引起的照度，该灯光以一定距离照射在曲面上，并面向灯光的方向。

## 4.阴影参数卷展栏

展开"阴影参数"卷展栏，如图7-17所示。

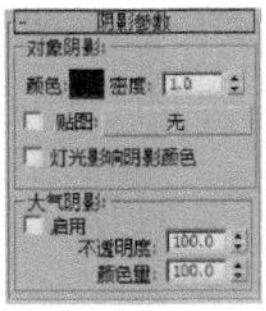

**常用参数介绍**

颜色：设置灯光阴影的颜色，默认为黑色。

贴图：启用该选项，可以使用贴图来作为灯光的阴影。

图7-17

无 无 ：单击该按钮可以选择贴图作为灯光的阴影。

灯光影响阴影颜色：启用该选项后，可将灯光颜色与阴影颜色（如果阴影已设置贴图）进行混合。

---

👆 操作练习　制作墙壁射灯

» 场景位置　场景文件>CH07>01.max
» 实例位置　实例文件>CH07>操作练习：制作墙壁射灯.max
» 视频名称　操作练习：制作墙壁射灯.mp4
» 技术掌握　灯光的创建方法、目标灯光

墙壁射灯照明效果如图7-18所示。

**01** 打开学习资源中的"场景文件>CH07>01.max"文件，如图7-19所示。

图7-18

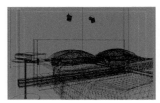

图7-19

这里要讲解一个在实际工作中非常实用的技术（以下内容未使用本例文件），即追踪场景资源技术。在打开一个场景文件时，往往会缺失贴图、光域网文件。例如，用户在打开本例的场景文件时，会弹出一个"缺少外部文件"对话框，提醒用户缺少外部文件，如图7-20所示。造成这种情况的原因是移动了实例文件或贴图文件的位置（如将其从D盘移动到了E盘），造成3ds Max无法自动识别文件路径。遇到这种情况时，可以先单击"继续"按钮 继续，然后再查找缺失的文件。

补齐缺失文件的方法有两种，下面进行详细介绍。请用户千万注意，这两种方法都是基于贴图和光域网等文件没有被删除的情况。

第1种：逐个在"材质编辑器"对话框中的各个材质通道中将贴图路径重新链接好，光域网文件在灯光设置面板中进行链接。这种方法非常烦琐，一般情况下不会使用该方法。

第2种：按快捷键Shift+T打开"资源追踪"对话框，如图7-21所示。在该对话框中可以观察到缺失了哪些贴图文件或光域网（光度学）文件。这时可以按住Shift键全选缺失的文件，然后单击鼠标右键，在弹出的菜单中选择"设置路径"命令，如图7-22所示，接着在弹出的对话框中链接好文件路径（贴图和光域网等文件最好放在一个文件夹中），如图7-23所示。链接好文件路径以后，有些文件可能仍然显示缺失，这是因为在前期制作中可能有多余的文件，因此3ds Max保留了下来，只要场景贴图齐备即可，如图7-24所示。

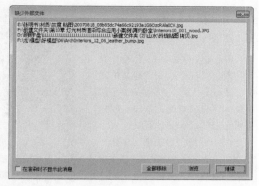

图7-20

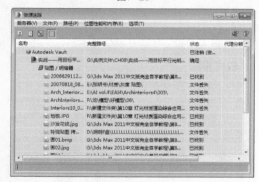

图7-21

图7-23

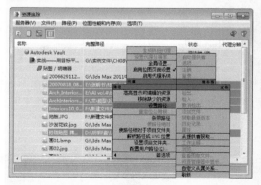

图7-22

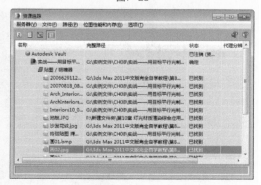

图7-24

**02** 设置灯光类型为"光度学"，然后在左视图中创建2盏目标灯光，其位置如图7-25所示。

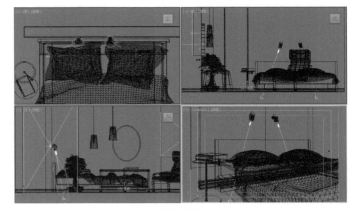

— 提示 —

　　由于这2盏目标灯光的参数都相同，因此可以先创建其中一盏，然后通过移动复制的方式创建另外一盏目标灯光，这样可以节省很多时间。但是要注意一点，在复制灯光时，要选择"实例"复制方式，因为这样只需要修改其中一盏目标灯光的参数，其他目标灯光的参数也会跟着改变。

图7-25

**03** 选择上一步创建的目标灯光，然后切换到"修改"面板，具体参数设置如图7-26所示。

**设置步骤**

　　① 展开"常规参数"卷展栏，然后在"阴影"选项组下勾选"启用"选项，接着设置阴影类型为"VR-阴影"，最后在"灯光分布（类型）"选项组下设置灯光分布类型为"光度学Web"。

　　② 展开"分布（光度学Web）"卷展栏，然后在其通道中加载一个学习资源中的"实例文件>CH07>操作练习：制作墙壁射灯>MAP>筒灯.ies"光域网文件。

　　③ 展开"强度/颜色/衰减"卷展栏，然后设置"过滤颜色"为（红:255，绿:157，蓝:70），接着设置"强度"为2000。

**04** 按F9键渲染当前场景，模型的渲染效果如图7-27所示。

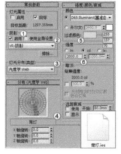

图7-26

图7-27

## 7.2.2 目标聚光灯

　　目标聚光灯可以产生一个锥形的照射区域，区域以外的对象不会受到灯光的影响，主要用来模拟吊灯、手电筒等发出的灯光。目标聚光灯由透射点和目标点组成，其方向性非常好，对阴影的塑造能力也很强，如图7-28所示，其参数设置面板如图7-29所示。

　　展开"聚光灯参数"卷展栏，如图7-30所示。

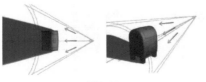

图7-28

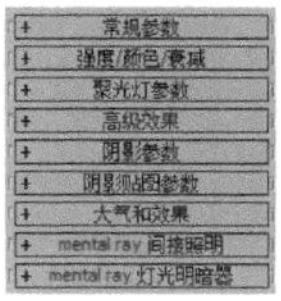

图7-29

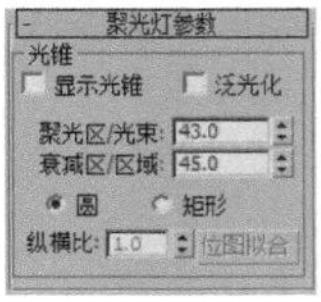

图7-30

138

**常用参数介绍**

显示光锥：控制是否在视图中开启聚光灯的圆锥显示效果，如图7-31所示。

泛光化：开启该选项时，灯光将在各个方向投射光线。

聚光区/光束：用来调整灯光圆锥体的角度。

衰减区/区域：设置灯光衰减区的角度，图7-32所示是不同"聚光区/光束"和"衰减区/区域"的光锥对比。

圆/矩形：选择聚光区和衰减区的形状。

纵横比：设置矩形光束的纵横比。

位图拟合 位图拟合：如果灯光的投影纵横比为矩形，应设置纵横比以匹配特定的位图。

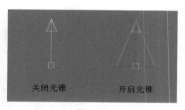

图7-31

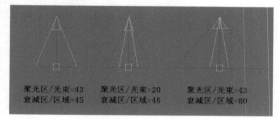

图7-32

---

提示

关于其他参数，请参考"目标"灯光的参数解释。

---

# 7.2.3 目标平行光

目标平行光可以产生一个照射区域，主要用来模拟自然光线的照射效果，如图7-33所示。如果将目标平行光作为体积光来使用，那么可以用它模拟出激光束等效果。

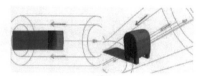

图7-33

---

提示

虽然目标平行光可以用来模拟太阳光，但是它与目标聚光灯的灯光类型却不相同。目标聚光灯的灯光类型是聚光灯，而目标平行光的灯光类型是平行光，从外形上看，目标聚光灯更像锥形，而目标平行光更像筒形，如图7-34所示。

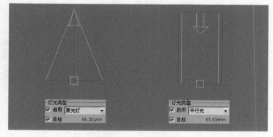

图7-34

---

👆 **操作练习** 制作阴影场景

» 场景位置　场景文件>CH07>02.max
» 实例位置　实例文件>CH07>操作练习：制作阴影场景.max
» 视频名称　操作练习：制作阴影场景.mp4
» 技术掌握　目标平行光、灯光阴影的制作方法

阴影场景效果如图7-35所示。

图7-35

图7-36

**01** 打开学习资源中的"场景文件>CH07>02.max"文件，如图7-36所示。

**02** 设置灯光类型为"标准"，然后在场景中创建一盏目标平行光，其位置如图7-37所示。

**03** 选择上一步创建的目标平行光，然后进入"修改"面板，具体参数设置如图7-38所示。

**设置步骤**

① 展开"常规参数"卷展栏，然后在"阴影"选项组下勾选"启用"选项，接着设置阴影类型为"VR-阴影"。

② 展开"强度/颜色/衰减"卷展栏，然后设置"倍增"为2.6，接着设置"颜色"为白色。

③ 展开"平行光参数"卷展栏，然后设置"聚光区/光束"为1100mm，"衰减区/区域"为19999.99mm。

④ 展开"高级效果"卷展栏，然后在"投影贴图"选项组下勾选"贴图"选项，接着在贴图通道中加载学习资源中的"实例文件>CH07>操作练习：制作阴影场景>材质>阴影贴图.jpg"文件。

⑤ 展开"VRay阴影参数"卷展栏，然后设置"U大小""V大小"和"W大小"均为254mm。

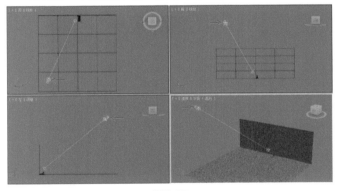

图7-37

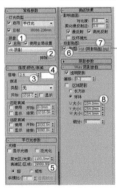

图7-38

---

提示

这里要注意一点，在使用阴影贴图时，需要先在Photoshop中将其进行柔化处理，这样可以生成柔和、虚化的阴影边缘。下面以图7-39中的黑白图像为例来介绍柔化方法。

图7-39

140

执行"滤镜>模糊>高斯模糊"菜单命令，打开"高斯模糊"对话框，然后对"半径"数值进行调整（在预览框中可以预览模糊效果），如图7-40所示，接着单击"确定"按钮 确定 完成模糊处理，效果如图7-41所示。

图7-40

图7-41

**03** 按C键切换到摄影机视图，然后按F9键渲染当前场景，最终效果如图7-42所示。

图7-42

# 7.2.4　VRay灯光

VRay灯光主要用来模拟室内灯光，是效果图制作中使用频率很高的一种灯光，其参数设置面板如图7-43所示。

**常用参数介绍**

（1）常规选项组

开：控制是否开启VRay灯光。

排除 排除：用来排除灯光对物体的影响。

类型：设置VRay灯光的类型，共有"平面""穹顶""球体"和"网格"4种类型，如图7-44所示。

平面：将VRay灯光设置成平面形状。

穹顶：将VRay灯光设置成半球形状。

球体：将VRay灯光设置成球体状，类似于3ds Max的天光，光线来自于位于灯光$z$轴的半球体状圆顶。

网格：这种灯光是一种以网格为基础的灯光。

（2）强度选项组

单位：指定VRay灯光的发光单位，共有"默认（图像）""发光率（lm）""亮度（lm/m²/sr）""辐射率（W）"和"辐射（W/m²/sr）"5种。

默认（图像）：VRay默认的单位，依靠灯光的颜色和亮度来控制灯光的最后强弱，如果忽略曝光类型的因素，灯光色彩将是物体表面受光的最终色彩。

发光率（lm）：当选择这个单位时，灯光的亮度将和灯光的大小无关（100W的亮度大约等于1500lm）。

亮度（lm/m²/sr）：当选择这个单位时，灯光的亮度和它的大小有关系。

图7-43　　　　　图7-44

—— 提示 ——

"平面""穹顶""球体"和"网格"灯光的形状各不相同，因此它们可以运用在不同的场景中，如图7-45所示。

图7-45

辐射率（W）：当选择这个单位时，灯光的亮度和灯光的大小无关。注意，这里的瓦特和物理上的瓦特不一样，例如，这里的100W大约等于物理上的2~3瓦特。

辐射（W/m²/sr）：当选择这个单位时，灯光的亮度和它的大小有关系。

倍增：设置VRay灯光的强度。

模式：设置VRay灯光的颜色模式，共有"颜色"和"色温"两种。

颜色：指定灯光的颜色。

温度：以温度模式来设置VRay灯光的颜色。

（3）大小选项组

1/2长：设置灯光的长度。

1/2宽：设置灯光的宽度。

W大小：当前这个参数还没有被激活（即不能使用）。

另外，这3个参数会随着VRay灯光类型的改变而发生变化。

（4）选项选项组

投射阴影：控制是否对物体的光照产生阴影。

双面：用来控制是否让灯光的双面都产生照明效果（当灯光类型设置为"平面"时有效，其他灯光类型无效），图7-46和图7-47所示分别是开启与关闭该选项时的灯光效果。

图7-46

图7-47

不可见：这个选项用来控制最终渲染时是否显示VRay灯光的形状，图7-48和图7-49所示分别是关闭与开启该选项时的灯光效果。

图7-48

图7-49

不衰减：在物理世界中，所有的光线都是有衰减的。如果勾选这个选项，VRay将不计算灯光的衰减效果，图7-50和图7-51所示分别是关闭与开启该选项时的灯光效果。

图7-50

图7-51

提示

在真实世界中，光线亮度会随着距离的增大而不断变暗，也就是说远离灯光的物体的表面会比靠近灯光的物体表面更暗。

天光入口：这个选项是把VRay灯光转换为天光，这时的VRay灯光就变成了"间接照明（GI）"，失去了直接照明。当勾选这个选项时，"投射阴影""双面""不可见"等参数将不可用，这些参数将被VRay的天光参数所取代。

存储发光图：勾选这个选项，同时将"间接照明（GI）"里的"首次反弹"引擎设置为"发光图"时，VRay灯光的光照信息将保存在"发光图"中。在渲染光子的时候将变得更慢，但是在渲染出图时，渲染速度会提高很多。当渲染完光子的时候，可以关闭或删除这个VRay灯光，它对最后的渲染效果没有影响，因为它的光照信息已经保存在了"发光图"中。

影响漫反射：该选项决定灯光是否影响物体材质属性的漫反射。

影响高光：该选项决定灯光是否影响物体材质属性的高光。

影响反射：勾选该选项时，灯光将对物体的反射区进行光照，物体可以将灯光进行反射。

（5）采样选项组

细分：这个参数控制VRay灯光的采样细分。当设置比较低的值时，会增加阴影区域的杂点，但是渲染速度比较快，如图7-52所示；当设置比较高的值时，会减少阴影区域的杂点，但是会减慢渲染速度，如图7-53所示。

图7-52　　　　　　　　　　图7-53

**操作练习**　制作台灯照明

台灯照明的渲染效果如图7-54所示。

» 场景位置　场景文件>CH07>03.max
» 实例位置　实例文件>CH07>操作练习：制作台灯照明.max
» 视频名称　操作练习：制作台灯照明.mp4
» 技术掌握　VRay灯光、球体光

图7-54

**01** 打开学习资源中的"场景文件>CH07>03.max"文件，如图7-55所示。

**02** 设置灯光类型为VRay，然后在顶视图中创建一盏VRay灯光（放在最大的灯罩内），其位置如图7-56所示。

 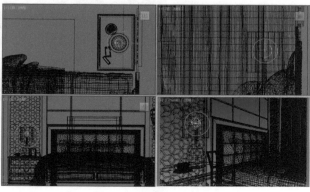

图7-55　　　　　　　　　　图7-56

**03** 选择上一步创建的VRay灯光，然后进入"修改"面板，接着展开"参数"卷展栏，具体参数设置如图7-57所示。

设置步骤

① 在"常规"选项组下设置"类型"为"球体"。

② 在"强度"选项组下设置"倍增"为200，然后设置"颜色"为（红:255，绿:174，蓝:70）。

③ 在"大小"选项组下设置"半径"为50mm。

④ 在"选项"选项组下勾选"不可见"选项。

⑤ 在"采样"选项组下设置"细分"为15。

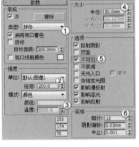

图7-57

**04** 将创建的VRay灯光，以"实例"的形式复制到另一个灯罩内，其位置如图7-58所示。

**05** 设置灯光类型为VRay，然后在窗外创建一盏VRay灯光，其位置如图7-59所示。

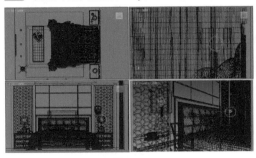

图7-58　　　　　　　　　　　　　　　　　图7-59

**06** 选择上一步创建的VRay灯光，然后进入"修改"面板，接着展开"参数"卷展栏，具体参数设置如图7-60所示。

设置步骤

① 在"常规"选项组下设置"类型"为"平面"。

② 在"强度"选项组下设置"倍增"为5，然后设置"颜色"为（红:32，绿:105，蓝:255）。

③ 在"大小"选项组下面设置"1/2长"为2238.05mm，"1/2宽"为1283.588mm。

④ 在"采样"选项组下设置"细分"为15。

**07** 按F9键渲染当前场景，最终效果如图7-61所示。

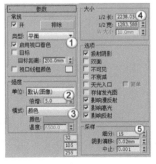

图7-60

图7-61

## 7.2.5 VRay太阳

VRay太阳主要用来模拟真实的室外太阳光。VRay太阳的参数比较简单，只包含一个"VRay太阳参数"卷展栏，如图7-62所示。

**常用参数介绍**

**启用**：阳光开关。

**不可见**：开启该选项后，在渲染的图像中将不会出现太阳的形状。

**浊度**：这个参数控制空气的混浊度，它影响VRay太阳和VRay天空的颜色。比较小的值表示晴朗干净的空气，此时VRay太阳和VRay天空的颜色比较蓝；较大的值表示灰尘含量重的空气（如沙尘暴等），此时VRay太阳和VRay天空的颜色呈现为黄色甚至橘黄色，图7-63~图7-66所示分别是"浊度"值为2、3、5、10时的阳光效果。

图7-62

图7-63　　　　　　　图7-64　　　　　　　图7-65　　　　　　　图7-66

—— 提示

当阳光穿过大气层时，一部分冷光被空气中的浮尘吸收，照射到大地上的光就会变暖。

**臭氧**：这个参数是指空气中臭氧的含量，较小的值的阳光比较黄，较大的值的阳光比较蓝，图7-67~图7-69所示分别是"臭氧"值为0、0.5、1时的阳光效果。

图7-67　　　　　　　　图7-68　　　　　　　　图7-69

**强度倍增**：这个参数是指阳光的亮度，默认值为1。

—— 提示

"浊度"和"强度倍增"是相互影响的，因为当空气中的浮尘多的时候，阳光的强度就会降低。"大小倍增"和"阴影细分"也是相互影响的，这主要是因为影子虚边越大，所需的细分就越多，也就是说"大小倍增"值增大，"阴影细分"的值就要适当增大，因为当影子为虚边阴影（面阴影）的时候，就会需要一定的细分值来增加阴影的采样，不然就会有很多杂点。

**大小倍增**：这个参数是指太阳的大小，它的作用主要表现在阴影的模糊程度上，较大的值可以使阳光阴影比较模糊。

**过滤颜色**：用于自定义太阳光的颜色。

**阴影细分**：这个参数是指阴影的细分，较大的值可以使模糊区域的阴影产生比较光滑的效果，并且没有杂点。

**阴影偏移**：用来控制物体与阴影的偏移距离，较高的值会使阴影向灯光的方向偏移。

**排除**[排除...]：将物体排除于阳光照射范围之外。

—— 提示

在创建VRay太阳时，3ds Max会弹出如图7-70所示的对话框，提示是否将"VRay天空"环境贴图自动加载到环境中。

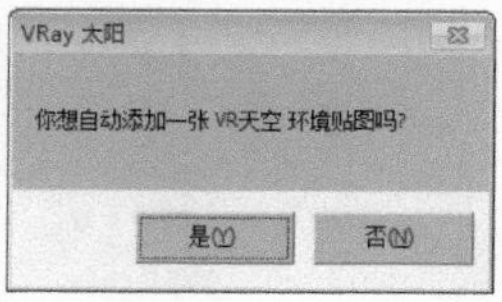

VRay 太阳

你想自动添加一张 VR天空 环境贴图吗？

是(Y)　　　否(N)

图7-70

## 操作练习 制作室外太阳光照

» 场景位置　场景文件>CH07>04.max
» 实例位置　实例文件>CH07>操作练习：制作室外太阳光照.max
» 视频名称　操作练习：制作室外太阳光照.mp4
» 技术掌握　VRay太阳

　　室外阳光效果如图7-71所示。

**01** 打开学习资源中的"场景文件>CH07>04.max"文件，如图7-72所示。

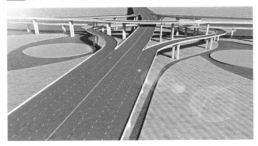

图7-71　　　　　　　　　　　　　　　　图7-72

**02** 设置灯光类型为VRay，然后在前视图中创建一盏VRay太阳，接着在弹出的对话框中单击"是"按钮 是(Y)，其位置如图7-73所示。

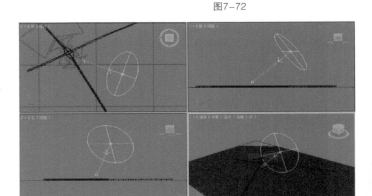

图7-73

**03** 选择上一步创建的VRay太阳，然后在"VRay太阳参数"卷展栏下设置"强度倍增"为0.075，"大小倍增"为10，"阴影细分"为10，具体参数设置如图7-74所示。

**04** 按C键切换到摄影机视图之后，接着再按F9键渲染当前场景，最终渲染效果如图7-75所示。

图7-74　　　　　　　　　　　　图7-75

由于在3ds Max中制作光晕特效比较麻烦，而且比较耗费渲染时间，因此可以在渲染完成后在Photoshop中来制作光晕。光晕的制作方法如下。

第1步：启动Photoshop，然后打开前面渲染好的图像，如图7-76所示。

第2步：按快捷键Shift+Ctrl+N新建一个"图层1"，然后设置前景色为黑色，接着按快捷键Alt+Delete用前景色填充"图层1"，如图7-77所示。

图7-76

图7-77

第3步：执行"滤镜>渲染>镜头光晕"菜单命令，如图7-78所示，然后在弹出的"镜头光晕"对话框中将光晕中心拖曳到左上角，如图7-79所示，效果如图7-80所示。

图7-78

图7-79

图7-80

第4步：在"图层"面板中将"图层1"的"混合模式"调整为"滤色"模式，如图7-81所示。

第5步：为了增强光晕效果，可以按快捷键Ctrl+J复制一些光晕，如图7-82所示，效果如图7-83所示。

图7-81

图7-82

图7-83

## 7.3 综合练习

前面介绍了常用灯光的基础知识和使用方法，而在实际工作中，都是多种灯光搭配使用，从而制作出特定的灯光效果。下面通过两个综合练习介绍具体方法。

## 🖵 综合练习 制作工业产品灯光

» 场景位置　场景文件>CH07>05.max
» 实例位置　实例文件>CH07>综合练习：制作工业产品灯光.max
» 视频名称　综合练习：制作工业产品灯光.mp4
» 技术掌握　三点照明原理、VRay灯光

工业产品灯光场景效果如图7-84所示。

**01** 打开学习资源中的"场景文件>CH07>05.max"文件，如图7-85所示。

图7-84　　　　　　　　　　　　　图7-85

**02** 在"创建"面板中单击"灯光"按钮，然后设置灯光类型为VRay，接着单击"VRay灯光"按钮 VR灯光，最后在左视图中创建一盏VRay灯光，其位置如图7-86所示。

**03** 选择上一步创建的VRay灯光，然后进入"修改"面板，接着展开"参数"卷展栏，具体参数设置如图7-87所示。

**设置步骤**

① 在"常规"选项组下设置"类型"为"平面"。

② 在"强度"选项组下设置"倍增"为10，然后设置"颜色"为（红:255，绿:251，蓝:243）。

③ 在"大小"选项组下设置"1/2长"为2.45m，"1/2宽"为3.229m。

④ 在"选项"选项组下勾选"不可见"选项。

⑤ 在"采样"选项组下设置"细分"为25。

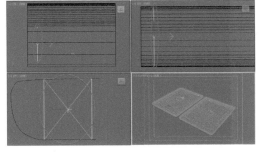

图7-86

**04** 继续在左视图中创建一盏VRay灯光，其位置如图7-88所示。

图7-87

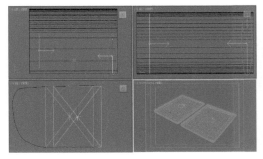

图7-88

**05** 选择上一步创建的VRay灯光，然后进入"修改"面板，接着展开"参数"卷展栏，具体参数设置如图7-89所示。

**设置步骤**

① 在"常规"选项组下设置"类型"为"平面"。

② 在"强度"选项组下设置"倍增"为8，然后设置"颜色"为（红:226，绿:234，蓝:235）。

③ 在"大小"选项组下设置"1/2长"为2.45m，"1/2宽"为3.229m。

④ 在"选项"选项组下勾选"不可见"选项。

⑤ 在"采样"选项组下设置"细分"为25。

**06** 在顶视图中创建一盏VRay灯光，其位置如图7-90所示。

图7-89

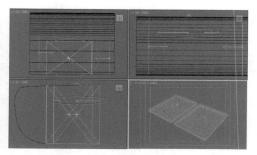

图7-90

提示

让VRay灯光朝上进行照射，可以使光照效果更加柔和，同时在补光时可以避免曝光现象（当反光板使用）。

**07** 选择上一步创建的VRay灯光，然后进入"修改"面板，接着展开"参数"卷展栏，具体参数设置如图7-91所示。

设置步骤

① 在"常规"选项组下设置"类型"为"平面"。

② 在"强度"选项组下设置"倍增"为10，然后设置"颜色"为（红:255，绿:255，蓝:255）。

③ 在"大小"选项组下设置"1/2长"为2.45m，"1/2宽"为3.229m。

④ 在"选项"选项组下勾选"不可见"选项。

⑤ 在"采样"选项组下设置"细分"为25。

**08** 按F9键渲染当前场景，最终效果如图7-92所示。

图7-91

图7-92

提示

本例是一个很典型的三点照明实例，左侧的是主光源，右侧的是辅助光源，顶部的是反光板，如图7-93所示。这种布光方法很容易表现物体的细节，很适合用于工业产品的布光。

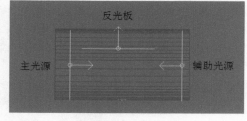

图7-93

## 综合练习 制作简约卧室日光效果

» 场景位置　场景文件>CH07>06.max
» 实例位置　实例文件>CH07>综合练习：制作简约卧室日光效果.max
» 视频名称　综合练习：制作简约卧室日光效果.mp4
» 技术掌握　VRay太阳模拟太阳光、VRay平面灯光充当补光简约卧室日光效果如图7-94所示。

**01** 打开学习资源中的"场景文件>CH07>06.max"文件，如图7-95所示，然后按F9键渲染摄影机视图，效果如图7-96所示，可以发现场景很黑。

图7-94

图7-95

图7-96

— 提示

从上面的渲染效果中可以发现，室内几乎是没有光照的，但是室外却有光照。准确地说，室外的光照不能定义为灯光产生的光照，而是因为在室外有一个环境面片，这个面片的材质是"VRay灯光"材质，将环境贴图附在面片上，就可以起到一定的照明作用，如图7-97所示。在制作室外环境时，一般都是采用这种方法来制作。

图7-97

**02** 设置灯光类型为VRay，然后在场景中创建一盏VRay太阳，这盏灯光的作用是用来模拟太阳光穿过落地窗照射到室内场景的效果，其位置如图7-98所示。

— 提示

注意，本例在创建"VRay太阳"的时候，就不需要再添加"VRay天空"环境贴图了，因为在室外已经用了一个面片来模拟环境。

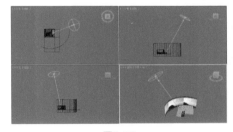

图7-98

**03** 选择上一步创建的VRay太阳，然后在"参数"卷展栏下设置"强度倍增"为0.01，"大小倍增"为3，"阴影细分"为24，具体参数设置如图7-99所示。

**04** 按C键切换到摄影机视图，然后按F9键渲染当前场景，效果如图7-100所示。可以发现场景已经有太阳光照了。

**05** 在场景的观景阳台处创建一盏VRay灯光作为补光，让灯光向内照射卧室空间，以达到补充照射室内的目的，其具体位置如图7-101所示。

图7-99

图7-100

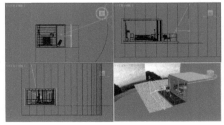

图7-101

按照真实世界的光照原理，如果不考虑室内灯光，那么此时场景的布光就应该结束了。但是从上面的渲染效果来看，室内的光照明显是不足的，所以接下来还要使用补光来照亮场景。

**06** 选择上一步创建的VRay灯光，展开"参数"卷展栏，具体参数设置如图7-102所示。

**设置步骤**

① 在"常规"选项组下设置"类型"为"平面"。

② 在"强度"选项组下设置"倍增"为10，然后设置"颜色"为（红:206，绿:223，蓝:255）。

③ 在"大小"选项组下设置"1/2长"为3000mm，"1/2宽"为1625mm。

④ 在"选项"选项组下勾选"不可见"选项，然后关闭"影响反射"选项。

⑤ 在"采样"选项组下设置"细分"为24。

**07** 按C键切换到摄影机视图，然后再按F9键渲染当前场景，最终效果如图7-103所示。

图7-102　　　　　　　图7-103

# 7.4 课后习题

本课安排了两个课后习题供读者练习，这两个习题的难度不大，希望读者能好好完成，掌握常用灯光的使用方法以及布光的基本思路。

**课后习题** 制作简约卧室夜景效果

» 场景位置　场景文件>CH07>07.max
» 实例位置　实例文件>CH07>课后习题：制作简约卧室夜景效果.max
» 视频名称　课后习题：制作简约卧室夜景效果.mp4
» 技术掌握　目标灯光模拟筒灯、VRay平面灯光模拟装饰灯、VRay穹顶灯光充当补光

简约卧室夜景效果如图7-104所示。

本场景与前面的日光效果场景是同一场景，本习题需要制作夜景效果，所以在室外光源和室内光照上会与日光效果有差别，即此时主光源为室内筒灯和灯带，室外光的强度可用穹顶光来引入，布光如图7-105所示。

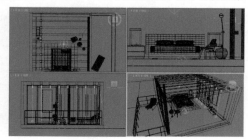

图7-104　　　　　　　图7-105

» 场景位置　场景文件>CH07>08.max
» 实例位置　实例文件>CH07>课后习题：制作卧室日光.max
» 视频名称　课后习题：制作卧室日光.mp4
» 技术掌握　目标平行光、VRay灯光

卧室日光效果如图7-106所示。

**制作分析**

本习题是一个室内空间的灯光练习，使用"目标平行光"来模拟太阳光，同时在窗户处使用"VRay灯光"的平面光作为补光即可完成本场景的布光，灯光位置如图7-107所示。

 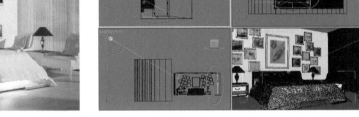

图7-106　　　　　　　　　　　　　　　　　图7-107

## 7.5　本课笔记

第 8 课

# 材质与贴图

物体的表面具有各式各样的物理属性，如颜色、透明度、表面纹理等。在实际工作中，不仅要制作物体的模型，同时还要表现其表面的物理特性。材质和贴图的作用就是表现物体的表面特性。本课将重点介绍常用材质和贴图的使用方法以及常见材质的制作方法。

学习要点

- » 掌握材质编辑器的使用方法
- » 掌握材质球的创建和指定
- » 掌握常用材质和贴图的使用方法
- » 掌握使用VRayMtl材质球制作材质的方法

# 8.1 材质的基础知识

材质主要用于表现物体的颜色、质地、纹理、透明度和光泽等特性，依靠各种类型的材质可以制作出现实世界中的任何物体，如图8-1~图8-3所示。

图8-1

图8-2

图8-3

通常，在制作新材质并将其应用于对象时，应该遵循以下步骤。

第1步：指定材质的名称。

第2步：选择材质的类型。

第3步：对于标准或光线追踪材质，应选择着色类型。

第4步：设置漫反射颜色、光泽度和不透明度等各种参数。

第5步：将贴图指定给要设置贴图的材质通道，并调整参数。

第6步：将材质应用于对象。

第7步：如有必要，应调整UV贴图坐标，以便正确定位对象的贴图。

第8步：保存材质。

---

提示

---

在3ds Max中，创建材质是一件非常简单的事情，任何模型都可以被赋予栩栩如生的材质。图8-4中是一个白模场景，设置好了灯光以及正常的渲染参数，但是渲染出来的光感和物体质感都非常"平淡"，一点也不真实。而图8-5就是添加了材质后的场景效果，同样的场景、同样的灯光、同样的渲染参数，无论从哪个角度来看，这张图都比白模更具有欣赏性。

图8-4

图8-5

## 8.1.1 材质编辑器

"材质编辑器"对话框非常重要，因为所有的材质都在这里完成。打开"材质编辑器"对话框的方法主要有以下两种。

第1种：执行"渲染>材质编辑器>精简材质编辑器"菜单命令或"渲染>材质编辑器>Slate材质编辑器"菜单命令，如图8-6所示。

第2种：在"主工具栏"中单击"材质编辑器"按钮■或直接按M键。

在"材质编辑器"对话框中执行"模式>精简材质编辑器"命令，可以切换如图8-7所示的"材质编辑器"对话框，该对话框分为4大部分，最顶端为菜单栏，充满材质球的窗口为示例窗，示例窗左侧和下部的两排按钮为工具栏，其余的是参数控制区，如图8-7所示。

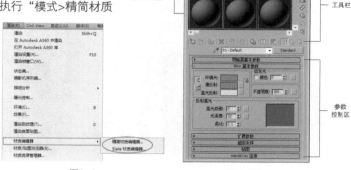

图8-6　　　　　　　　　　图8-7

## 8.1.2 新建材质球

创建材质球的方法很简单，在"材质编辑器"对话框中，首先单击材质球通道按钮 Standard ，然后在弹出的"材质/贴图浏览器"对话框中双击目标材质球即可，如图8-8所示，这里新建的是一个VRayMtl材质，新建成功后，其按钮名变为VRayMtl，如图8-9所示。

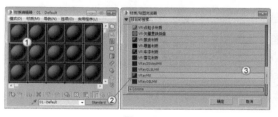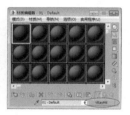

图8-8　　　　　　　　　　图8-9

## 8.1.3 为对象指定材质

在将材质球制作好以后，需要将材质球指定给模型对象。首先在视图中选中模型对象，然后选择材质球，接着单击"将材质指定给选定对象"按钮■，如图8-10所示。为对象指定了材质后，可以激活"视图中显示明暗处理材质"按钮 ■，这样就可以观察材质在模型上的效果，如图8-11所示。

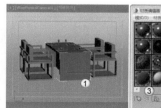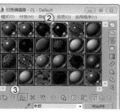

图8-10

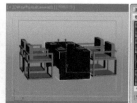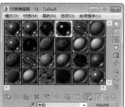

图8-11

## 8.1.4 从对象获取材质

在材质名称的左侧有一个工具叫"从对象获取材质" ，这是一个比较重要的工具。见图8-12，有一个指定了材质的球体，但是在材质示例窗中却没有显示出球体的材质，可以将球体的材质吸取出来。首先选择一个空白材质，然后单击"从对象获取材质"工具 ，接着在视图中单击球体，这样就可以获取球体的材质，并在材质示例窗中显示出来，如图8-13所示。

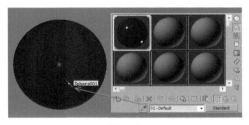

图8-12　　　　　　　　　　　　　　　　　　图8-13

## 8.1.5 材质球窗口的运用

默认情况下，材质球示例窗口中一共有12个材质球，可以拖曳滚动条显示出不在窗口中的材质球，同时也可以使用鼠标中键来旋转材质球，这样可以观看到材质球其他位置的效果，如图8-14所示。

按住鼠标左键可以将一个材质球拖曳到另一个材质球上，这样当前材质就会覆盖掉原有的材质，如图8-15所示。

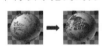

图8-14

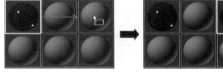

图8-15

按住鼠标左键可以将材质球中的材质拖曳到场景中的物体上（即将材质指定给对象），如图8-16所示。将材质指定给物体后，材质球上会显示4个缺角的符号，如图8-17所示。

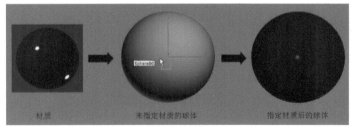

材质　　　　　　未指定材质的球体　　　　　指定材质后的球体

图8-16

图8-17

## 8.2 常用材质

安装好VRay渲染器以后，材质类型大致可分为34种。单击Standard（标准）按钮 Standard ，在弹出的"材质/贴图浏览器"对话框中可以观察到这34种材质类型，如图8-18所示。

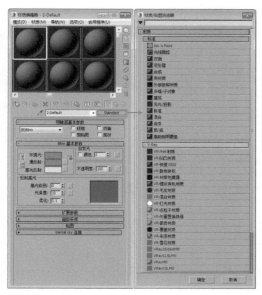

图8-18

# 8.2.1 标准材质

"标准"材质是3ds Max默认的材质，也是使用频率非常高的材质之一，它几乎可以模拟真实世界中的任何材质，其参数设置面板如图8-19所示。

图8-19

### 1.明暗器基本参数卷展栏

在"明暗器基本参数"卷展栏下可以选择明暗器的类型，还可以设置"线框""双面""面贴图"和"面状"等参数，如图8-20所示。

图8-20

**常用参数介绍**

明暗器列表：在该列表中包含了8种明暗器类型，如图8-21所示。

各向异性：这种明暗器通过调节两个垂直于正向上可见高光尺寸之间的差值来提供一种"重折光"的高光效果，这种渲染属性可以很好地表现毛发、玻璃和被擦拭过的金属等物体。

Blinn：这种明暗器是以光滑的方式来渲染物体表面，是较常用的一种明暗器。

Oren-Nayar-Blinn：这种明暗器适用于无光表面（如纤维或陶土），与Blinn明暗器几乎相同，通过它附加的"漫反射色级别"和"粗糙度"两个参数可以实现无光效果。

Phong：这种明暗器可平滑面与面之间的边缘，也能真实地渲染有光泽和规则曲面的高光，适用于高强度的表面和具有圆形高光的表面。

线框：以线框模式渲染材质，用户可以在"扩展参数"卷展栏下设置线框的"大小"参数，如图8-22所示。

图8-21

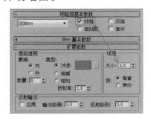

图8-22

### 2.Blinn基本参数卷展栏

下面以Blinn明暗器来讲解明暗器的基本参数。展开"Blinn基本参数"卷展栏，在这里可以设置材质的"环境光""漫反射""高光反射""自发光""不透明度""高光级别""光泽度"和"柔化"等属性，如图8-23所示。

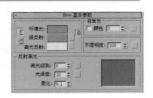

图8-23

**常用参数介绍**

环境光：用于模拟间接光，也可以用来模拟光能传递。

漫反射："漫反射"是在光照条件较好的情况下（如在太阳光和人工光直射的情况下）物体反射出来的颜色，又被称作物体的"固有色"，也就是物体本身的颜色。

高光反射：物体发光表面高亮显示部分的颜色。

自发光：使用"漫反射"颜色替换曲面上的任何阴影，从而创建出白炽效果。

不透明度：控制材质的不透明度。

高光级别：控制"反射高光"的强度。数值越大，反射强度越强。

光泽度：控制镜面高亮区域的大小，即反光区域的大小。数值越大，反光区域越小。

柔化：设置反光区和无反光区衔接的柔和度。0表示没有柔化效果；1表示应用最大量的柔化效果。

## 🖐 操作练习 ┃ 制作发光材质

» 场景位置　场景文件>CH08>01.max
» 实例位置　实例文件>CH08>操作练习：制作发光材质.max
» 视频名称　操作练习：制作发光材质.mp4
» 技术掌握　标准材质、漫反射、自发光

发光材质效果如图8-24所示。

**01** 打开学习资源中的"场景文件>CH08>01.max"文件，如图8-25所示。

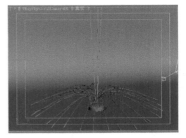

图8-24　　　　　　　　　　　　　图8-25

**02** 选择一个空白材质球，然后设置材质类型为"标准"材质，接着将其命名为"发光材质"，具体参数设置如图8-26所示，制作好的材质球效果如图8-27所示。

**设置步骤**

① 设置"漫反射"颜色为（红:65，绿:138，蓝:228）。

② 在"自发光"选项组下勾选"颜色"选项，然后设置颜色为（红:183，绿:209，蓝:248）。

③ 在"不透明度"贴图通道中加载一张"衰减"程序贴图。

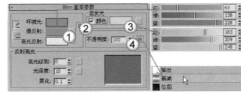

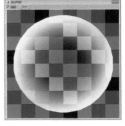

图8-26　　　　　　　　　　　　　图8-27

**03** 在视图中选择发光条模型，然后在"材质编辑器"对话框中单击"将材质指定给选定对象"按钮🖾，如图8-28所示。

**04** 按F9键渲
染当前场景，最
终渲染效果如图
8-29所示。

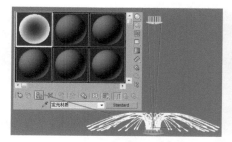

图8-28

图8-29

---

提示

由于本例是材质的第1个实例，因此介绍了如何将材质指定给对象。后面的实例中，这个步骤会省去。

## 8.2.2 VR灯光材质

"VR灯光材质"主要用来模拟自发光效果。当设置渲染器为VRay渲染器后，在"材质/贴图浏
览器"对话框中可以找到"VR灯光材质"，其参数设置面板如图8-30所示。

### 常用参数介绍

颜色：设置对象自发光的颜色，后面的输入框用来设置自发光的
"强度"。通过后面的贴图通道可以加载贴图来代替自发光的颜色。

不透明度：用贴图来指定发光体的透明度。

背面发光：当勾选该选项时，它可以让材质光源双面发光。

图8-30

---

✋ 操作练习 | 制作灯管材质

» 场景位置　场景文件>CH08>03.max
» 实例位置　实例文件>CH08>操作练习：制作灯管材质.max
» 视频名称　操作练习：制作灯管材质.mp4
» 技术掌握　VR灯光材质

灯管材质的
渲染效果如图
8-31所示。

**01** 打开学习资
源中的"场景文
件>CH08>03.
max"文件，如图
8-32所示。

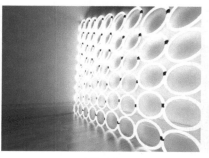

图8-31

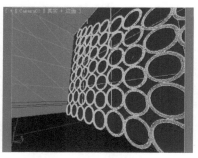

图8-32

**02** 下面制作灯管材质。选择一个空白材质球，然后设置材质类型为"VR灯光材质"，接着在"参数"卷展栏下设置发光的"强度"为2.5，如图8-33所示，制作好的材质球效果如图8-34所示。

图8-33

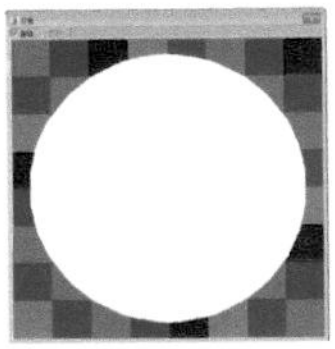

图8-34

**03** 下面制作地板材质。选择一个空白材质球，然后设置材质类型为"VRayMtl材质"，具体参数设置如图8-35所示，制作好的材质球效果如图8-36所示。

**设置步骤**

① 在"漫反射"贴图通道中加载一张学习资源中的"实例文件>CH08>操作练习：制作灯管材质>地板.jpg"文件，然后在"坐标"卷展栏下设置"瓷砖"的U和V为5。

② 设置"反射"颜色为（红:64，绿:64，蓝:64），然后设置"反射光泽度"为0.8。

**04** 将制作好的材质分别指定给相应的模型，然后按F9键渲染当前场景，最终效果如图8-37所示。

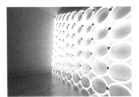

图8-35

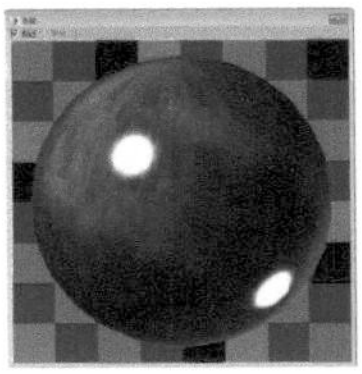

图8-36

图8-37

## 8.2.3 VRayMtl材质

VRayMtl材质是使用频率很高的一种材质，也是使用范围非常广的一种材质，常用于制作室内外效果图。VRayMtl材质除了能完成一些反射和折射效果外，还能出色地表现出SSS及BRDF等效果，其参数设置面板如图8-38所示。

图8-38

### 1.基本参数卷展栏

展开"基本参数"卷展栏，如图8-39所示。

**常用参数介绍**

（1）漫反射选项组

漫反射：物体的漫反射用来决定物体的表面颜色。通过单击它的色块，可以调整自身的颜色。单击右边的■按钮可以选择不同的贴图类型。

（2）反射选项组

反射：这里的反射是靠颜色的灰度来控制，颜色越白反射越亮，越黑反射越弱；而这里选择的颜色则是反射出来的颜色，和反射的强度是分开来计算的。单击旁边的■按钮，可以使用贴图的灰度来控制反射的强弱。

菲涅耳反射：勾选该选项后，反射强度会与物体的入射角度有关系，入射角度越小，反射越强烈。当垂直入射的时候，反射强度最弱。同时，菲涅耳反射的效果也和下面的"菲涅耳折射率"有关。当"菲涅耳折射率"为0或100时，将产生完全反射；而当"菲涅耳折

图8-39

射率"从1变化到0时，反射将越来越强烈；同样，当"菲涅耳折射率"从1变化到100时，反射也将越来越强烈。

—— 提示

"菲涅耳反射"是模拟真实世界中的一种反射现象，反射的强度与摄影机的视点和具有反射功能的物体的角度有关。角度值接近0时，反射最强；当光线垂直于表面时，反射功能最弱，这也是物理世界中的现象。

菲涅耳折射率：在"菲涅耳反射"中，菲涅耳现象的强弱衰减率可以用该选项来调节。

高光光泽度：控制材质的高光大小，默认情况下和"反射光泽度"一起关联控制，可以通过单击旁边的L按钮L来解除锁定，从而可以单独调整高光的大小。

反射光泽度：通常也被称为"反射模糊"。物理世界中所有的物体都有反射光泽度，只是或多或少而已。默认值1表示没有模糊效果，而越小的值表示模糊效果越强烈。单击右边的█按钮，可以通过贴图的灰度来控制反射模糊的强弱。

细分：用来控制"反射光泽度"的品质，较高的值可以取得较平滑的效果，而较低的值可以让模糊区域产生颗粒效果。注意，细分值越大，渲染速度越慢。

最大深度：是指反射的次数，数值越高效果越真实，但渲染时间也越长。

—— 提示

渲染室内的玻璃或金属物体时，反射次数需要设置大一些，渲染地面和墙面时，反射次数可以设置少一些，这样可以提高渲染速度。

（3）折射选项组

折射：和反射的原理一样，颜色越白，物体越透明，进入物体内部产生折射的光线也就越多；颜色越黑，物体越不透明，产生折射的光线也就越少。单击右边的█按钮，可以通过贴图的灰度来控制折射的强弱。

折射率：设置透明物体的折射率。

光泽度：用来控制物体的折射模糊程度。值越小，模糊程度越明显；默认值1不产生折射模糊。单击右边的按钮█，可以通过贴图的灰度来控制折射模糊的强弱。

最大深度：和反射中的最大深度原理一样，用来控制折射的最大次数。

细分：用来控制折射模糊的品质，较高的值可以得到比较光滑的效果，但是渲染速度会变慢；而较低的值可以使模糊区域产生杂点，但是渲染速度会变快。

影响阴影：这个选项用来控制透明物体产生的阴影。勾选该选项时，透明物体将产生真实的阴影。注意，这个选项仅对"VRay灯光"和"VRay阴影"有效。

影响通道：设置折射效果是否影响对应图像通道，通常保持默认的设置即可。

烟雾颜色：这个选项可以让光线通过透明物体后变少，就好像物理世界中的半透明物体一样。这个颜色值和物体的尺寸有关，厚的物体颜色需要设置淡一点才有效果。

—— 提示

默认情况下的"烟雾颜色"为白色，是不起任何作用的，也就是说白色的雾对不同厚度的透明物体的效果是一样的。在图8-40中，"烟雾颜色"为淡绿色，"烟雾倍增"为0.08，由于玻璃的侧面比正面尺寸厚，所以侧面的颜色就会深一些，这样的效果与现实中的玻璃效果是一样的。

图8-40

烟雾倍增：可以理解为烟雾的浓度。值越大，雾越浓，光线穿透物体的能力越差。不推荐使用大于1的值。

（4）半透明选项组

类型：半透明效果（也叫3S效果）的类型有3种，一种是"硬（蜡）模型"，如蜡烛；另一种是"软（水）模型"，如海水；还有一种是"混合模型"。

背面颜色：用来控制半透明效果的颜色。

厚度：用来控制光线在物体内部被追踪的深度，也可以理解为光线的最大穿透能力。较大的值，会让整个物体都被光线穿透；较小的值，可以让物体比较薄的地方产生半透明现象。

散布系数：物体内部的散射总量。0表示光线在所有方向被物体内部散射；1表示光线在一个方向被物体内部散射，而不考虑物体内部的曲面。

正/背面系数：控制光线在物体内部的散射方向。0表示光线沿着灯光发射的方向向前散射；1表示光线沿着灯光发射的方向向后散射；0.5表示这两种情况各占一半。

灯光倍增：设置光线穿透能力的倍增值。值越大，散射效果越强。

---
提示
---

半透明参数所产生的效果通常也叫3S效果。半透明参数产生的效果与雾参数所产生的效果有一些相似，很多用户分不太清楚。其实半透明参数所得到的效果包括了雾参数所产生的效果，更重要的是它还能得到光线的次表面散射效果，也就是说当光线直射到半透明物体时，光线会在半透明物体内部进行分散，然后会从物体的四周发散出来。也可以理解为半透明物体为二次光源，能模拟现实世界中的效果，如图8-41所示。

图8-41

（5）自发光选项组

自发光：通过设置相关颜色将材质设定为一个带有该颜色的"发光体"。

全局照明：让材质参与全局照明。

倍增：设置自发光颜色的强度。

## 2.双向反射分布函数卷展栏

展开"双向反射分布函数"卷展栏，如图8-42所示。

**常用参数介绍**

明暗器列表（反射、多面、沃德）：包含3种明暗器类型，分别是反射、多面和沃德。反射适合硬度很高的物体，高光区很

图8-42

小；多面适合大多数物体，高光区适中；沃德适合表面柔软或粗糙的物体，高光区最大。

各向异性（-1..1）：控制高光区域的形状，可以用该参数来设置拉丝效果。

旋转：控制高光区的旋转方向。

UV矢量源：控制高光形状的轴向，也可以通过贴图通道来设置。

局部轴：有 $x$、$y$、$z$ 这3个轴可供选择。

贴图通道：可以使用不同的贴图通道与UVW贴图进行关联，从而实现一个物体在多个贴图通道中使用不同的UVW贴图，这样可以得到各自相对应的贴图坐标。

关于双向反射现象，在物理世界中随处可见。例如，在图8-43中，我们可以看到不锈钢锅底的高光形状是由两个锥形构成的，这就是双向反射现象。这是因为不锈钢表面是一个有规律的均匀的凹槽（如常见的拉丝不锈钢效果），当光反射到这样的表面上就会产生双向反射现象。

图8-43

## 3.选项卷展栏

展开"选项"卷展栏，如图8-44所示，该选项组常用的是"跟踪反射"选项，用于控制光线是否追踪反射。如果不勾选该选项，VRay将不渲染反射效果。

图8-44

## 4.贴图卷展栏

展开"贴图"卷展栏，如图8-45所示。

**常用数介绍**

凹凸：主要用于制作物体的凹凸效果，在后面的通道中可以加载一张凹凸贴图。

置换：主要用于制作物体的置换效果，在后面的通道中可以加载一张置换贴图。

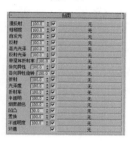

图8-45

不透明度：主要用于制作透明物体，如窗帘、灯罩等。

环境：主要是针对上面的一些贴图而设定的，如反射、折射等，只是在其贴图的效果上加入了环境贴图效果。

如果制作场景中的某个物体不存在环境效果，就可以用"环境"贴图通道来完成。例如，在图8-46中，如果在"环境"贴图通道中加载一张位图贴图，那么就需要将"坐标"类型设置为"环境"才能正确使用，如图8-47所示。

另外，在每个贴图通道后面都有一个数值输入框，该输入框内的数值主要有以下两个功能。

图8-46

第1个：用于调整参数的强度。如在"凹凸"贴图通道中加载了凹凸贴图，那么该参数值越大，所产生的凹凸效果就越强烈。

第2个：用于调整参数颜色通道与贴图通道的混合比例。如在"漫反射"通道中既调整了颜色，又加载了贴图，如果此时数值为100，就表示只有贴图产生作用；如果数值调整为50，则两者各作用一半；如果数值为0，则贴图将完全失效，只表现为调整的颜色效果。

图8-47

---

## 🖑 操作练习 制作玻璃材质

- » 场景位置　场景文件>CH08>04.max
- » 实例位置　实例文件>CH08>操作练习：制作玻璃材质.max
- » 视频名称　操作练习：制作玻璃材质.mp4
- » 技术掌握　VRayMtl材质、制作有色玻璃的方法、制作无色玻璃的方法

玻璃材质渲染效果如图8-48所示。

**01** 打开学习资源中的"场景文件>CH08>04.max"文件，如图8-49所示。

图8-48

图8-49

**02** 下面制作酒瓶材质（杯子的材质与酒瓶材质相同）。选择一个空白材质球，然后设置材质类型为VRayMtl材质，接着将其命名为"酒瓶"，具体参数设置如图8-50所示，制作好的材质球效果如图8-51所示。

**设置步骤**

① 设置"漫反射"颜色为黑色。

② 在"反射"贴图通道中加载一张"衰减"程序贴图，然后在"衰减参数"卷展栏下设置"衰减类型"为Fresnel，接着设置"反射光泽度"为0.98，"细分"为3。

③ 设置"折射"颜色为（红:252，绿:252，蓝:252），然后设置"折射率"为1.5，"细分"为50，"烟雾倍增"为0.1，再勾选"影响阴影"选项。

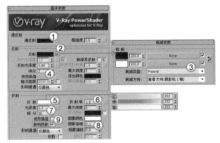
图8-50

图8-51

**03** 下面制作花瓶材质。选择一个空白材质球，然后设置材质类型为VRayMtl材质，接着将其命名为"花瓶"，具体参数设置如图8-52所示，制作好的材质球效果如图8-53所示。

**设置步骤**

① 设置"漫反射"颜色为（红:36，绿:54，蓝:34）。

② 设置"反射"颜色为（红:129，绿:129，蓝:129），然后勾选"菲涅耳反射"选项，接着设置"菲涅耳折射率"为1.1。

③ 设置"折射"颜色为（红:252，绿:252，蓝:252），然后设置"烟雾颜色"为（红:195，绿:102，蓝:56），并设置"烟雾倍增"为0.15，接着勾选"影响阴影"选项，最后设置"影响通道"为"颜色+Alpha"。

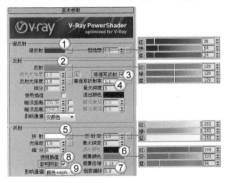
图8-52

**04** 将制作好的材质分别指定给场景中相应的模型，然后按F9键渲染当前场景，最终渲染的效果如图8-54所示。

图8-53

图8-54

## 8.3 常用贴图

贴图主要用于表现物体材质表面的纹理，利用贴图可以不用增加模型的复杂程度就可以表现对象的细节，并且可以创建反射、折射、凹凸和镂空等多种效果。通过贴图可以增强模型的质感，完善模型的造型，使三维场景更加接近真实的环境，如图8-55和图8-56所示。

图8-55

图8-56

展开VRayMtl材质的"贴图"卷展栏，在该卷展栏下有很多贴图通道，在这些贴图通道中可以加载贴图来表现物体的相应属性，如图8-57所示。

随意单击一个通道，在弹出的"材质/贴图浏览器"对话框中可以观察到很多贴图，主要包括"标准"贴图和VRay贴图，如图8-58所示。

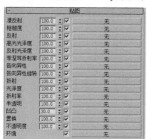

图8-57

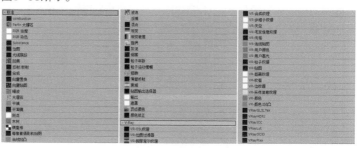

图8-58

## 8.3.1 位图贴图

位图贴图是一种基本的贴图类型，也是较常用的贴图类型。位图贴图支持很多种格式，包括AVI、BMP、GIF、JPEG、PNG、PSD和TIFF等主流图像格式，如图8-59所示，图8-60~图8-62所示是一些常见的位图贴图。

图8-59

图8-60

图8-61

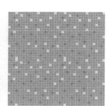

图8-62

在所有的贴图通道中都可以加载位图贴图。在"漫反射"贴图通道中加载一张木质位图贴图，如图8-63所示，然后将材质指定给一个模型，接着按F9键渲染当前场景，效果如图8-64所示。

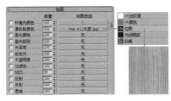

图8-63

图8-64

加载位图后，3ds Max会自动弹出位图的参数设置面板，如图8-65所示。这里的参数主要用来设置位图的"偏移"值、"瓷砖"（即位图的平铺数量）值和"角度"值，如图8-66所示是"瓷砖"的U为3、V为1时的渲染效果。

图8-65

图8-66

勾选"镜像"选项后，贴图就会变成镜像方式，当贴图不是无缝贴图时，建议勾选"镜像"选项，如图8-67所示是勾选该选项时的渲染效果。

当设置"模糊"为0.01时，可以在渲染时得到最精细的贴图效果，如图8-68所示；如果设置为1或更大的值（注意，数值低于1并不表示贴图不模糊，只是模糊效果不是很明显），则可以得到模糊的贴图效果，如图8-69所示。

在"位图参数"卷展栏下勾选"应用"选项，然后单击后面的"查看图像"按钮 查看图像 ，在弹出的对话框中可以对位图的应用区域进行调整，如图8-70所示。

图8-67

图8-68

图8-69

图8-70

---

🖐 **操作练习** 制作书本材质

» 场景位置　场景文件>CH08>05.max
» 实例位置　实例文件>CH08>操作练习：制作书本材质.max
» 视频名称　操作练习：制作书本材质.mp4
» 技术掌握　VRayMtl材质、位图贴图

书本材质渲染效果如图8-71所示。

**01** 打开学习资源中的"场景文件>CH08>05.max"文件，如图8-72所示。

图8-71

图8-72

**02** 选择一个空白材质球，然后设置材质类型为VRayMtl材质，接着将其命名为"书页"，具体参数设置如图8-73所示，制作好的材质球效果如图8-74所示。

**设置步骤**

① 在"漫反射"贴图通道中加载一张学习资源中的"实例文件>CH08>操作练习：制作书本材质>贴图>011.jpg"文件。

② 设置"反射"颜色为（红:80，绿:80，蓝:80），然后设置"细分"为20，接着勾选"菲涅耳反射"选项。

**03** 用相同的方法制作出另外两个书页材质，然后将制作好的材质分别指定给相应的模型，接着按F9键渲染当前场景，最终效果如图8-75所示。

图8-73

图8-74

图8-75

## 8.3.2 衰减贴图

"衰减"程序贴图可以用来控制材质强烈到柔和的过渡效果，使用频率比较高，其参数设置面板如图8-76所示。

**常用参数介绍**

衰减类型：设置衰减的方式，常用的共以下两种。

垂直/平行：在与衰减方向相垂直的面法线和与衰减方向相平行的法线之间设置角度衰减范围。

Fresnel：基于IOR（折射率）在面向视图的曲面上产生暗淡反射，而在有角的面上产生较明亮的反射。

衰减方向：设置衰减的方向。

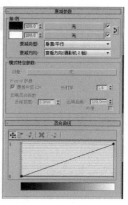
图8-76

---

🖐 **操作练习** 制作水墨材质

» 场景位置　场景文件>CH08>06.max
» 实例位置　实例文件>CH08>操作练习：制作水墨材质.max
» 视频名称　操作练习：制作水墨材质.mp4
» 技术掌握　VRayMtl材质、衰减贴图

水墨材质渲染效果如图8-77所示。

**01** 打开学习资源中的"场景文件>CH08>06.max"文件，如图8-78所示。

图8-77

图8-78

**02** 选择一个空白材质球，然后设置材质类型为"标准"材质，接着将其命名为"鱼"，具体参数设置如图8-79所示，制作好的材质球效果如图8-80所示。

**设置步骤**

① 在"漫反射"贴图通道中加载一张"衰减"程序贴图，然后在"混合曲线"卷展栏下调节好曲线的形状，接着设置"高光级别"为50，"光泽度"为30。

② 展开"贴图"卷展栏，然后按住鼠标左键将"漫反射颜色"通道中的贴图拖曳到"高光颜色"和"不透明度"通道上。

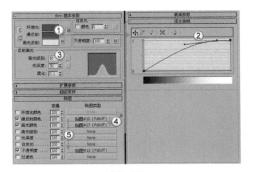

图8-79

图8-80

— 提示 ——————

在"材质编辑器"对话框的工具栏上有一个"转换到父对象"按钮，单击该按钮即可返回到父层级，如图8-81所示。

图8-81

**03** 将制作好的材质指定给场景中的鱼模型，然后用3ds Max默认的扫描线渲染器渲染当前场景，效果如图8-82所示。

— 提示 ——————

在渲染完场景以后，需要将图像保存为PNG格式，这样可以很方便地在Photoshop中合成背景。

图8-82

**04** 启动Photoshop，打开学习资源中的"实例文件>CH08>操作练习：制作水墨材质>背景.jpg"文件，如图8-83所示。

**05** 导入前面渲染好的水墨鱼图像，然后将其放在合适的位置，最终效果如图8-84所示。

图8-83                          图8-84

## 8.3.3 噪波贴图

使用"噪波"程序贴图可以将噪波效果添加到物体的表面，以突出材质的质感。"噪波"程序贴图通过应用分形噪波函数来扰动像素的UV贴图，从而表现出非常复杂的物体材质，其参数设置面板如图8-85所示。

**常用参数介绍**

噪波类型：共有3种类型，分别是"规则""分形"和"湍流"。

规则：生成普通噪波，如图8-86所示。

分形：使用分形算法生成噪波，如图8-87所示。

图8-85

湍流：生成应用绝对值函数来制作故障线条的分形噪波，如图8-88所示。

大小：以3ds Max为单位设置噪波函数的比例。

图8-86　　　　图8-87　　　　图8-88

## 操作练习　制作绒布材质

» 场景位置　场景文件>CH08>07.max
» 实例位置　实例文件>CH08>操作练习：制作绒布材质.max
» 视频名称　操作练习：制作绒布材质.mp4
» 技术掌握　VRayMtl材质、噪波贴图

绒布材质的渲染效果如图8-89所示。

**01** 打开学习资源中的"场景文件>CH08>07.max"文件，如图8-90所示。

图8-89

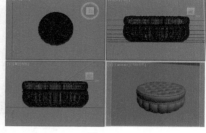

图8-90

**02** 在"材质编辑器"对话框中新建一个VRayMtl材质球，将其命名为"绒布"，其参数设置如图8-91和图8-92所示，材质球效果如图8-93所示。

**设置步骤**

① 在"漫反射"贴图通道中加载一张"衰减"程序贴图，然后设置"前"通道的颜色为(红:49, 绿:39, 蓝:40)，"侧"通道的颜色为(红:243, 绿:228, 蓝:255)，以此模拟绒布表面呈现的颜色渐变，暗部区域主要表现为第1个通道颜色，高光亮部主要表现为第2个通道颜色。

② 展开"贴图"卷展栏，然后在"凹凸"贴图通道中加载一张"噪波"程序贴图，接着设置"大小"为3，最后设置"凹凸"为200，以此模拟绒布表面颗粒的凹凸效果。

**03** 将材质指定给坐垫模型，然后切换到摄影机视图，接着按F9键渲染视图，渲染效果如图8-94所示。

图8-91

图8-92　　　　　　图8-93　　　　　　图8-94

# 8.4 综合练习

前面介绍了常用材质球和程序贴图的功能和使用方法，在实际工作中，VRayMtl材质球是比较常用的，下面重点介绍使用VRayMtl材质球制作不同材质的方法。

## 综合练习 | 制作窗纱材质

- » 场景位置 场景文件>CH08>08.max
- » 实例位置 实例文件>CH08>综合练习：制作窗纱材质.max
- » 视频名称 综合练习：制作窗纱材质.mp4
- » 技术掌握 VRayMtl材质、窗纱材质的制作方法

窗纱材质的渲染效果如图8-95所示。

**01** 打开学习资源中的"场景文件>CH08>08.max"文件，如图8-96所示。

**02** 下面制作窗纱材质。选择一个空白材质球，然后设置材

图8-95　　　　　　　　　图8-96

质类型为VRayMtl材质，接着将其命名为"窗纱"，具体参数设置如图8-97所示，制作好的材质球效果如图8-98所示。

### 设置步骤

① 设置"漫反射"颜色为（红:232，绿:232，蓝:232）。

② 在"折射"颜色通道中加载一张"衰减"程序贴图，然后设置"前"通道的颜色为（红:120，绿:120，蓝:120），"侧"通道的颜色为黑色，接着设置"折射率"为1.001，再设置"光泽度"为0.98，"细分"为20，最后勾选"影响阴影"选项。

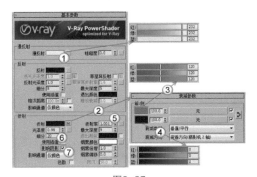

图8-97　　　　　　　　　图8-98

**03** 下面制作窗帘布材质。选择一个空白材质球，然后设置材质类型为VRayMtl材质，接着将其命名为"窗帘布"，具体参数设置如图8-99所示。

### 设置步骤

① 在"漫反射"贴图通道中加载一张学习资源中的"实例文件>CH08>综合练习:制作窗纱材质>贴图>7454-600.jpg"文件。

② 设置"反射"颜色为（红:10，绿:10，蓝:10），然后设置"高光光泽度"为0.5，"反射光泽度"为0.7。

图8-99

**04** 展开"贴图"卷展栏，然后在"凹凸"贴图通道中加载一张学习资源中的"实例文件>CH08>综合练习：制作窗纱材质>贴图>arch25_fabric_Gbump.jpg"文件，然后设置"瓷砖"的U和V都为5，如图8-100所示，制作好的材质球效果如图8-101所示。

**05** 将制作好的材质分别指定给场景中的模型，按F9键渲染当前场景，最终效果如图8-102所示。

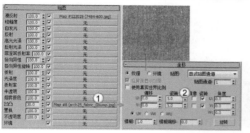  

图8-100　　　　　　　　　图8-101　　　　　　　　　图8-102

---

**综合练习** 制作卫生间材质

» 场景位置　场景文件>CH08>09.max
» 实例位置　实例文件>CH08>综合练习：制作卫生间材质.max
» 视频名称　综合练习：制作卫生间材质.mp4
» 技术掌握　VRayMtl材质，水材质、不锈钢材质、马赛克材质的制作方法

卫生间材质的渲染效果如图8-103所示。

**01** 打开学习资源中的"场景文件>CH08>09.max"文件，如图8-104所示。

图8-103　　　　　　　　　图8-104

**02** 下面制作水材质。选择一个空白材质球，然后设置材质类型为VRayMtl材质，接着将其命名为"水"，具体参数设置如图8-105所示，制作好的材质球效果如图8-106所示。

**设置步骤**

① 设置"漫反射"的颜色为（红:186，绿:186，蓝:186）。

② 设置"反射"颜色为白色。

③ 设置"折射"的颜色为白色，然后设置"折射率"为1.33。

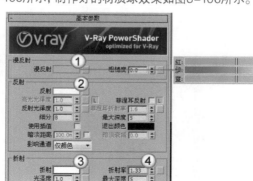

图8-105　　　　　　　　　图8-106

**03** 下面制作不锈钢材质。选择一个空白材质球，然后设置材质类型为VRayMtl材质，接着将其命名为"不锈钢"，具体参数设置如图8-107所示，制作好的材质球效果如图8-108所示。

**设置步骤**

① 设置"漫反射"颜色为黑色。

② 设置"反射"的颜色为（红:192，绿:197，蓝:205），然后设置"高光光泽度"为0.75，"反射光泽度"为0.83，"细分"为30。

图8-107

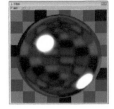
图8-108

提示

在默认情况下，"高光光泽度""菲涅耳折射率"等选项都处于锁定状态，是不能改变其数值的。如果要修改参数值，需要单击后面的L按钮 L 对其解锁后才能修改其数值。

**04** 下面制作墙面（马赛克）材质。选择一个空白材质球，然后设置材质类型为VRayMtl材质，接着将其命名为"马赛克"，具体参数设置如图8-109所示。

**设置步骤**

① 在"漫反射"贴图通道中加载一张学习资源中的"实例文件>CH08>综合练习：制作卫生间材质>材质>马赛克.bmp"文件，然后在"坐标"卷展栏下设置"瓷砖"的U为10，V为2，接着设置"模糊"为0.01。

② 在"反射"贴图通道中加载一张"衰减"程序贴图，然后在"衰减参数"卷展栏下设置"衰减类型"为Fresnel，接着设置"侧"通道的颜色为（红:100，绿:100，蓝:100），最后设置"高光光泽度"为0.7，然后设置"反射光泽度"为0.85。

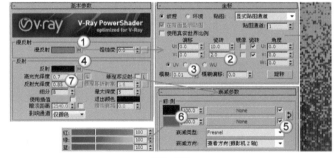
图8-109

**05** 展开"贴图"卷展栏，然后将"漫反射"贴图通道中的贴图拖曳到"凹凸"贴图通道上，接着在弹出的对话框中勾选"复制"或"实例"选项，如图8-110所示，制作好的材质球效果如图8-111所示。

**06** 将制作好的材质分别指定给场景中的模型，然后按F9键渲染当前场景，最终渲染效果如图8-112所示。

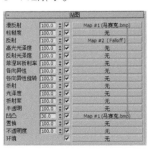

图8-110

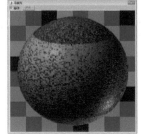
图8-111

图8-112

提示

如果用户按照步骤做的材质球效果与书中不同，如图8-113所示，这是因为勾选了"启用Gamma/LUT校正"。执行"自定义>首选项"命令，打开"首选项设置"对话框，然后单击"Gamma和LUT"选项卡，接着关闭"启用Gamma/LUT校正"选项、"影响颜色选择器"和"影响材质选择器"选项，如图8-114所示。关闭以后材质球的效果就会恢复正常。

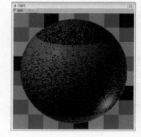

图8-113

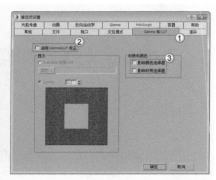

图8-114

# 8.5 课后习题

下面提供了两个VRayMtl材质球的习题，希望读者认真练习。关于材质的学习，不仅要掌握各个参数的含义，还要对不同的材质进行归类，因为同一类材质的设置原理是相同的。

## 课后习题 制作不锈钢材质

» 场景位置　场景文件>CH08>10.max
» 实例位置　实例文件>CH08>课后习题：制作不锈钢材质.max
» 视频名称　课后习题：制作不锈钢材质.mp4
» 技术掌握　VRayMtl材质、不锈钢材质的制作方法

镜面不锈钢材质和磨砂不锈钢材质效果如图8-115所示。

### 制作分析

本例共需要制作两种不锈钢材质，分别是镜面不锈钢材质和磨砂不锈钢材质，均使用VRayMtl材质球制作，镜面不锈钢材质的参考参数如图8-116所示，磨砂不锈钢材质的参考参数如图8-117所示。

图8-115

图8-116

图8-117

» 场景位置　场景文件>CH08>11.max
» 实例位置　实例文件>CH08>课后习题：制作皮材质.max
» 视频名称　课后习题：制作皮材质.mp4
» 技术掌握　VRayMtl材质、位图

皮材质的效果如图8-118所示。

**制作分析**

选择一个空白材质球，然后设置材质类型为VRayMtl材质，接着将其命名为"皮材质"，参考
参数设置如图8-119所示。

图8-118

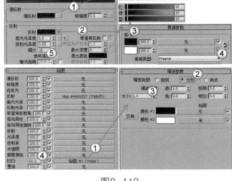

图8-119

# 8.6　本课笔记

# 环境与效果

本课主要讲解环境与效果的用法，为下一课学习渲染做准备。"环境和效果"功能可以为场景添加真实的环境以及一些诸如火、雾、体积光和镜头效果等特效。本课的内容相对比较简单，大多数技术是相通的，只要掌握了其中一种技术，其他的就可以无师自通了。

## 学习要点

- » 掌握添加室外环境的方法
- » 掌握环境贴图的使用方法
- » 掌握火、雾、体积光的制作方法
- » 掌握镜头效果、模糊效果等的使用方法

# 9.1 环境

在现实世界中，所有物体都不是独立存在的，周围都存在相对应的环境。比较常见的环境有闪电、大风、沙尘、雾、光束等，如图9-1~图9-3所示。环境对场景的氛围起着至关重要的作用。在3ds Max中，可以为场景添加云、雾、火、体积雾和体积光等环境效果。

图9-1

图9-2

图9-3

## 9.1.1 背景与全局照明

一幅优秀的作品，不仅要有精细的模型、真实的材质和合理的渲染参数，同时还要有符合当前场景的背景和全局照明效果，这样才能烘托出场景的气氛。在3ds Max中，背景与全局照明都在"环境和效果"对话框中进行设置。

打开"环境和效果"对话框的方法主要有以下3种。

第1种：执行"渲染>环境"菜单命令。

第2种：执行"渲染>效果"菜单命令。

第3种：按大键盘上的8键。

打开的"环境和效果"对话框如图9-4所示。

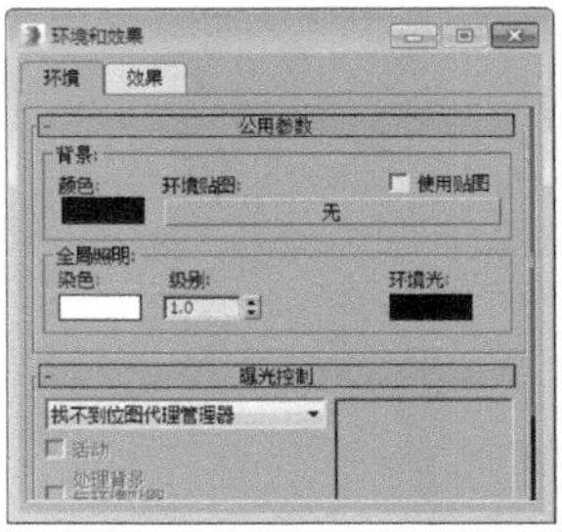

**常用参数介绍**

颜色：设置环境的背景颜色。

环境贴图：在其贴图通道中加载一张"环境"贴图来作为背景。

使用贴图：使用一张贴图作为背景。

图9-4

---

👆 **操作练习** 添加室外环境

» 场景位置　场景文件>CH09>01.max
» 实例位置　实例文件>CH09>操作练习：添加室外环境.max
» 视频名称　操作练习：添加室外环境.mp4
» 技术掌握　环境贴图、位图程序贴图

为效果图添加的环境贴图效果如图9-5所示。

图9-5

**01** 打开学习资源中的"场景文件>CH09>01.max"文件，如图9-6所示，然后按F9键测试渲染当前场景，效果如图9-7所示。

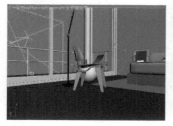
图9-6

图9-7

— 提示 —

在默认情况下，背景颜色都是黑色，也就是说渲染出来的背景颜色是黑色。如果更改背景颜色，则渲染出来的背景颜色也会跟着改变。而图9-7中的背景是天蓝色的，这是因为加载了"VRay天空"环境贴图。

**02** 按大键盘上的8键打开"环境和效果"对话框，然后在"环境贴图"选项组下单击"无"按钮 无 ，接着在弹出的"材质/贴图浏览器"对话框中单击"位图"选项，最后在弹出的"选择位图图像文件"对话框中选择学习资源中的"实例文件>CH09>操作练习：添加室外环境>材质>背景.jpg文件"，如图9-8所示。

**03** 按C键切换到摄影机视图，然后按F9键渲染当前场景，最终效果如图9-9所示。

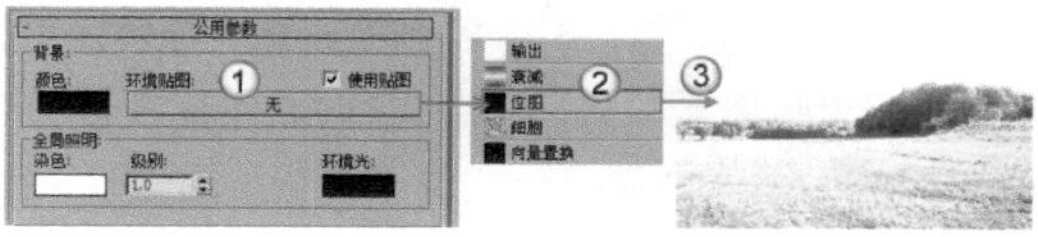

图9-8

图9-9

— 提示 —

背景图像可以直接渲染出来，当然也可以在Photoshop中进行合成，不过这样比较麻烦，能在3ds Max中完成的尽量在3ds Max中完成。

## 9.1.2 大气

3ds Max中的大气环境效果可以用来模拟自然界中的云、雾、火和体积光等环境效果。使用这些特殊环境效果可以逼真地模拟出自然界的各种气候，同时还可以增强场景的景深感，使场景显得更为广阔，有时还能起到烘托场景气氛的作用，其参数设置面板如图9-10所示。

图9-10

**常用参数介绍**

效果：显示已添加的效果名称。

名称：为列表中的效果自定义名称。

添加 添加... ：单击该按钮可以打开"添加大气效果"对话框，在该对话框中可以添加大气效果，如图9-11所示。

删除 删除 ：在"效果"列表中选择效果以后，单击该按钮可以删除

活动：勾选该选项可以启用添加的大气效果。

上移 上移 /下移 下移 ：更改大气效果的应用顺序。

合并 合并 ：合并其他3ds Max场景文件中的效果。

图9-11

## 1.火效果

使用"火效果"环境可以制作出火焰、烟雾和爆炸等效果，如图9-12和图9-13所示。

"火效果"不产生任何照明效果，其参数设置面板如图9-14所示。若要模拟产生的灯光效果，需要添加灯光来实现。

图9-12

**常用参数介绍**

拾取Gizmo 拾取 Gizmo ：单击该按钮可以拾取场景中要产生火效果的Gizmo对象。

图9-13

图9-14

移除Gizmo 移除 Gizmo ：单击该按钮可以移除列表中所选的Gizmo。移除Gizmo后，Gizmo仍在场景中，但是不再产生火效果。

内部颜色：设置火焰中最密集部分的颜色。

外部颜色：设置火焰中最稀薄部分的颜色。

烟雾颜色：当勾选"爆炸"选项时，该选项才可用，主要用来设置爆炸的烟雾颜色。

火焰类型：共有"火舌"和"火球"两种类型。"火舌"是沿着中心使用纹理创建带方向的火焰，这种火焰类似于篝火，其方向沿着火焰装置的局部$z$轴；"火球"是创建圆形的爆炸火焰。

拉伸：将火焰沿着装置的$z$轴进行缩放，该选项最适合创建"火舌"火焰。

规则性：修改火焰填充装置的方式，取值范围为1~0。

火焰大小：设置装置中各个火焰的大小。装置越大，需要的火焰也越大，使用15~30范围内的值可以获得最佳的火效果。

火焰细节：控制每个火焰中显示的颜色更改量和边缘的尖锐度，取值范围为0~10。

密度：设置火焰效果的不透明度和亮度。

相位：控制火焰效果的速率。

漂移：设置火焰沿着火焰装置的$z$轴的渲染方式。

爆炸：勾选该选项后，火焰将产生爆炸效果。

设置爆炸 设置爆炸... ：单击该按钮可以打开"设置爆炸相位曲线"对话框，在该对话框中可以调整爆炸的"开始时间"和"结束时间"。

烟雾：控制爆炸是否产生烟雾。

## 2.雾

使用3ds Max的"雾"环境可以创建出雾、烟雾和蒸汽等特殊环境效果，如图9-15和图9-16所示。

"雾"效果的类型分为"标准"和"分层"两种，其参数设置面板如图9-17所示。

图9-15

**常用参数介绍**

颜色：设置雾的颜色。

环境颜色贴图：从贴图导出雾的颜色。

使用贴图：使用贴图来产生雾效果。

图9-16

图9-17

环境不透明度贴图：使用贴图来更改雾的密度。

雾化背景：将雾应用于场景的背景。

标准：使用标准雾。

## 3.体积光

"体积光"环境可以用来制作带有光束的光线，可以指定给灯光（部分灯光除外，如VRay太阳）。这种体积光可以被物体遮挡，从而形成光芒透过缝隙的效果，常用来模拟树与树之间的缝隙中透出的光束，如图9-18和图9-19所示，其参数设置面板如图9-20所示。

图9-18

图9-19

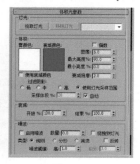

图9-20

**常用参数介绍**

拾取灯光 拾取灯光 ：拾取要产生体积光的光源。

移除灯光 移除灯光 ：将灯光从列表中移除。

雾颜色：设置体积光产生的雾的颜色。

衰减颜色：体积光随距离而衰减。

使用衰减颜色：控制是否开启"衰减颜色"功能。

指数：随距离按指数增大密度。

密度：设置雾的密度。

最大亮度%/最小亮度%：设置可以达到的最大和最小的光晕效果。

衰减倍增：设置"衰减颜色"的强度。

使用灯光采样范围：根据灯光阴影参数中的"采样范围"值来使体积光中投射的阴影变模糊。

采样体积%：控制体积的采样率。

自动：自动控制"采样体积%"的参数。

开始%/结束%：设置灯光效果开始和结束衰减的百分比。

启用噪波：控制是否启用噪波效果。

数量：应用于雾的噪波的百分比。

链接到灯光：将噪波效果链接到灯光对象。

## 操作练习 制作炉火

» 场景位置　场景文件>CH09>02.max

» 实例位置　实例文件>CH09>操作练习：制作炉火.max

» 视频名称　操作练习：制作炉火.mp4

» 技术掌握　球体Gizmo、火效果

壁炉火焰效果如图9-21所示。

图9-21

**01** 打开学习资源中的"场景文件>CH09>02.max"文件，如图9-22所示，然后按F9键测试渲染当前场景，效果如图9-23所示。

图9-22　　　　　　　　图9-23

**02** 在"创建"面板中单击"辅助对象"按钮 ，设置辅助对象类型为"大气装置"，然后单击"球体Gizmo"按钮 球体 Gizmo ，如图9-24所示，接着在顶视图中创建一个球体Gizmo（放在壁炉的干柴上），最后在"球体Gizmo参数"卷展栏下设置"半径"为150mm，并勾选"半球"选项，如图9-25所示。

**03** 按R键选择"选择并均匀缩放"工具 ，然后将球体Gizmo调整成如图9-26所示的形状。

图9-24

图9-25

图9-26

**04** 按大键盘上的8键打开"环境和效果"对话框，然后在"大气"卷展栏下单击"添加"按钮 添加... ，接着在弹出的"添加大气效果"对话框中选择"火效果"选项，并单击"确定"按钮，如图9-27所示。

图9-27

**05** 在"效果"列表框中选择"火效果"选项，然后在"火效果参数"卷展栏下单击"拾取Gizmo"按钮 拾取 Gizmo ，接着在视图中拾取球体Gizmo，最后设置"火舌类型"为"火舌"，"规则性"为0.5，"火焰大小"为25，"火焰细节"为6，"密度"为8，"采样"为50，"相位"为5，"漂移"为0.5，具体参数设置如图9-28所示。

**06** 按F9键渲染当前场景，最终效果如图9-29所示。

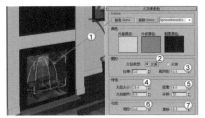

图9-28

图9-29

## 9.2 效果

在"效果"面板中可以为场景添加"毛发和毛皮""镜头效果""模糊""亮度和对比度""色彩平衡""景深""文件输出""胶片颗粒""照明分析图像叠加""运动模糊"和"VR-镜头效果"效果，如图9-30所示。

图9-30

— 提示

本节仅对"镜头效果""模糊"和"胶片颗粒"效果进行讲解。

## 9.2.1 镜头效果

使用"镜头效果"可以模拟照相机拍照时镜头所产生的光晕效果，这些效果包括"光晕""光环""射线""自动二级光斑""手动二级光斑""星形"和"条纹"，如图9-31所示。

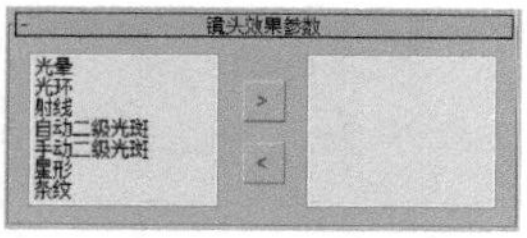

— 提示

在"镜头效果参数"卷展栏下选择镜头效果，单击 › 按钮可以将其加载到右侧的列表中，以应用镜头效果；单击 ‹ 按钮可以移除加载的镜头效果。

图9-31

"镜头效果"包含一个"镜头效果全局"卷展栏，该卷展栏分为"参数"和"场景"两大面板，如图9-32和图9-33所示。

**常用参数介绍**

（1）参数面板

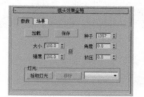

图9-32　　　　　　图9-33

加载 **加载**：单击该按钮可以打开"加载镜头效果文件"对话框，在该对话框中可选择要加载的LZV文件。

保存 **保存**：单击该按钮可以打开"保存镜头效果文件"对话框，在该对话框中可以保存LZV文件。

大小：设置镜头效果的总体大小。

强度：设置镜头效果的总体亮度和不透明度。值越大，效果越亮，越不透明；值越小，效果越暗，越透明。

种子：为"镜头效果"中的随机数生成器提供不同的起点，并创建略有不同的镜头效果。

角度：当效果与摄影机的相对位置发生改变时，该选项用来设置镜头效果从默认位置的旋转参数。

挤压：在水平方向或垂直方向挤压镜头效果的总体大小。

拾取灯光 **拾取灯光**：单击该按钮可以在场景中拾取灯光。

移除 **移除**：单击该按钮可以移除所选择的灯光。

（2）场景面板

影响Alpha：如果图像以32位文件格式来渲染，那么该选项用来控制镜头效果是否影响图像的Alpha通道。

影响Z缓冲区：存储对象与摄影机的距离。Z缓冲区用于光学效果。

距离影响：控制摄影机或视图的距离对光晕效果的大小和强度的影响。

偏心影响：产生摄影机或视图偏心的效果，影响其大小和强度。

方向影响：聚光灯相对于摄影机的方向，影响其大小和强度。

内径：设置效果周围的内径，另一个场景对象必须与内径相交才能完全阻挡效果。

外半径：设置效果周围的外径，另一个场景对象必须与外径相交才能开始阻挡效果。

大小：减小所阻挡的效果的大小。

强度：减小所阻挡的效果的强度。

受大气影响：控制是否允许大气效果阻挡镜头效果。

---

👆 **操作练习** 制作镜头特效

» 场景位置　场景文件>CH09>03.max

» 实例位置　实例文件>CH09>操作练习：制作镜头特效.max

» 视频名称　操作练习：制作镜头特效.mp4

» 技术掌握　各种镜头特效

**各种镜头特效**
如图9-34所示。

图9-34

**01** 打开学习资源中的"场景文件>CH09>03.max"文件，如图9-35所示。

**02** 按大键盘上的8键打开"环境和效果"对话框，然后在 "效果"选项卡下单击"添加"按钮 添加... ，接着在弹出的"添加效果"对话框中选择"镜头效果"选项，如图9-36所示。

**03** 选择"效果"列表框中的"镜头效果"选项，然后在"镜头效果参数"卷展栏下的左侧列表中选择"光晕"选项，接着单击 ▷ 按钮将其加载到右侧的列表中，如图9-37所示。

图9-35　　　　　　　　　　图9-36　　　　　　　　　　图9-37

**04** 展开"镜头效果全局"卷展栏,然后单击"拾取灯光"按钮 拾取灯光 ,接着在视图中拾取两盏泛光灯,如图9-38所示。

**05** 展开"光晕元素"卷展栏,然后在"参数"选项卡下设置"强度"为60,接着在"径向颜色"选项组下设置"边缘颜色"为(红:255,绿:144,蓝:0),具体参数设置如图9-39所示。

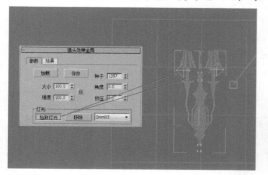

**06** 返回到"镜头效果参数"卷展栏,然后将左侧的条纹效果加载到右侧的列表中,接着在"条纹元素"卷展栏下设置"强度"为5,如图9-40所示。

图9-38　　　　　　　　图9-39　　　　　　　　图9-40

**07** 在"镜头效果参数"卷展栏中,将左侧的"射线"效果加载到右侧的列表中,在"射线元素"卷展栏下设置"强度"为28,如图9-41所示。

**08** 在"镜头效果参数"卷展栏中,将左侧的"手动二级光斑"效果加载到右侧的列表中,在"手动二级光斑元素"卷展栏下设置"强度"为35,如图9-42所示,然后按F9键渲染当前场景,效果如图9-43所示。

— 提示 —

前面的步骤是制作各种镜头效果的叠加效果,下面制作单个镜头特效。

图9-41　　　　　　　　图9-42　　　　　　　　图9-43

**09** 将前面制作好的场景文件保存好,然后重新打开学习资源中的"场景文件>CH09>03.max"文件,下面制作射线特效。在"效果"卷展栏下加载一个"镜头效果",然后在"镜头效果参数"卷展栏下将"射线"效果加载到右侧的列表中,接着在"射线元素"卷展栏下设置"强度"为80,具体参数设置如图9-44所示,最后按F9键渲染当前场景,效果如图9-45所示。

— 提示 —

注意,这里省略了一个步骤,在加载"镜头效果"以后,同样要拾取两盏泛光灯,否则不会生成射线效果。

图9-44　　　　　　　　图9-45

183

**10** 下面制作手动二级光斑特效。将上一步制作好的场景文件保存好，然后重新打开学习资源中的"场景文件>CH09>03.max"文件。在"效果"卷展栏下加载一个"镜头效果"，然后在"镜头效果参数"卷展栏下将"手动二级光斑"效果加载到右侧的列表中，接着在"手动二级光斑元素"卷展栏下设置"强度"为400，"边数"为"六"，具体参数设置如图9-46所示，最后按F9键渲染当前场景，效果如图9-47所示。

**11** 下面制作条纹特效。将上一步制作好的场景文件保存好，然后重新打开学习资源中的"场景文件>CH09>03.max"文件。在"效果"卷展栏下加载一个"镜头效果"，然后在"镜头效果参数"卷展栏下将"条纹"效果加载到右侧的列表中，接着在"条纹元素"卷展栏下设置"强度"为300，"角度"为45，具体参数设置如图9-48所示，最后按F9键渲染当前场景，效果如图9-49所示。

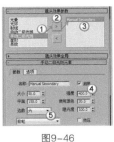   

图9-46　　　　　　图9-47　　　　　　图9-48　　　　　　图9-49

**12** 下面制作星形特效。将上一步制作好的场景文件保存好，然后重新打开学习资源中的"场景文件>CH09>03.max"文件。在"效果"卷展栏下加载一个"镜头效果"，然后在"镜头效果参数"卷展栏下将"星形"效果加载到右侧的列表中，接着在"星形元素"卷展栏下设置"强度"为250，"宽度"为1，具体参数设置如图9-50所示，最后按F9键渲染当前场景，效果如图9-51所示。

**13** 下面制作自动二级光斑特效。将上一步制作好的场景文件保存好，然后重新打开学习资源中的"场景文件>CH09>03.max"文件。在"效果"卷展栏下加载一个"镜头效果"，然后在"镜头效果参数"卷展栏下将"自动二级光斑"效果加载到右侧的列表中，接着在"自动二级光斑元素"卷展栏下设置"最大"为80，"强度"为200，"数量"为4，具体参数设置如图9-52所示，最后按F9键渲染当前场景，效果如图9-53所示。

 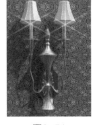 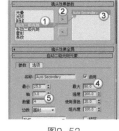 

图9-50　　　　　　图9-51　　　　　　图9-52　　　　　　图9-53

## 9.2.2 模糊效果

使用"模糊"效果可以通过3种不同的方法使图像变得模糊，分别是"均匀型""方向型"和"径向型"。"模糊"效果根据"像素选择"选项卡下所选择的对象来应用各个像素，使整个图像变模糊，其参数包含"模糊类型"和"像素选择"两大部分，如图9-54和图9-55所示。

**常用参数介绍**

（1）模糊类型面板

均匀型：将模糊效果均匀应用在整个渲染图像中。

像素半径：设置模糊效果的半径。

影响Alpha：启用该选项时，可以将"均匀型"模糊效果应用于Alpha通道。

图9-54

方向型：按照"方向型"参数指定的任意方向应用模糊效果。

U/V向像素半径（%）：设置模糊效果的水平/垂直强度。

U/V向拖痕（%）：通过为U/V轴的某一侧分配更大的模糊权重来为模糊效果添加方向。

旋转（度）：通过"U向像素半径（%）"和"V向像素半径（%）"来应用模糊效果的U向像素和V向像素的轴。

影响Alpha：启用该选项时，可以将"方向型"模糊效果应用于Alpha通道。

径向型：以径向的方式应用模糊效果。

像素半径（%）：设置模糊效果的半径。

拖痕（%）：通过为模糊效果的中心分配更大或更小的模糊权重来为模糊效果添加方向。

X/Y原点：以"像素"为单位，对渲染输出的尺寸指定模糊的中心。

无 **无** ：指定以中心作为模糊效果中心的对象。

"清除"按钮 **清除** ：移除对象名称。

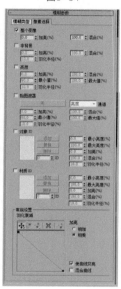

影响Alpha：启用该选项时，可以将"径向型"模糊效果应用于Alpha通道。

图9-55

使用对象中心：启用该选项后，"无"按钮 **无** 指定的对象将作为模糊效果的中心。

（2）像素选择面板

整个图像：启用该选项后，模糊效果将影响整个渲染图像。

加亮（%）：加亮整个图像。

混合（%）：将模糊效果和"整个图像"参数与原始的渲染图像进行混合。

非背景：启用该选项后，模糊效果将影响除背景图像或动画以外的所有元素。

羽化半径（%）：设置应用于场景的非背景元素的羽化模糊效果的百分比。

亮度：影响亮度值介于"最小值（%）"和"最大值（%）"微调器之间的所有像素。

最小/大值（%）：设置每个像素要应用模糊效果所需的最小和最大亮度值。

贴图遮罩：通过在"材质/贴图浏览器"对话框选择的通道和应用的遮罩来应用模糊效果。

对象ID：如果对象匹配过滤器设置，会将模糊效果应用于对象或对象中具有特定对象ID的部分（在G缓冲区中）。

材质ID：如果材质匹配过滤器设置，会将模糊效果应用于该材质或材质中具有特定材质效果通道的部分。

羽化衰减：使用曲线来确定基于图形的模糊效果的羽化衰减区域。

- » 场景位置　场景文件>CH09>04.max
- » 实例位置　实例文件>CH09>操作练习：制作太空飞船特效.max
- » 视频名称　操作练习：制作太空飞船特效.mp4
- » 技术掌握　模糊、多维/子对象材质、材质通道

奇幻太空飞船特效效果如图9-56所示。

图9-56

**01** 打开学习资源中的"场景文件>CH09>04.max"文件，如图9-57所示，然后按F9键测试渲染当前场景，效果如图9-58所示。

图9-57　　　　　　　　　　　　　　　　图9-58

**02** 按大键盘上的8键打开"环境和效果"对话框，然后在"效果"卷展栏下加载一个"模糊"效果，如图9-59所示。

**03** 展开"模糊参数"卷展栏，单击"像素选择"选项卡，然后勾选"材质ID"选项，接着设置ID为8。单击"添加"按钮 添加 （添加材质ID 8），再设置"最小亮度"为60%，"加亮"为100%，"混合"为50%，"羽化半径"为30%，最后在"常规设置"选项组下将曲线调节成"抛物线"形状，如图9-60所示。

 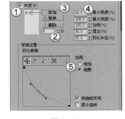

图9-59　　　　　　　　　　　　　　　　图9-60

**04** 按M键打开"材质编辑器"对话框，然后选择第1个材质，接着在"多维/子对象基本参数"卷展栏下单击ID 2材质通道，再单击"材质ID通道"按钮回，最后设置ID为8，如图9-61所示。

**05** 选择第2个材质，然后在"多维/子对象基本参数"卷展栏下单击ID 2材质通道，接着单击"材质ID通道"按钮回，最后设置ID为8，如图9-62所示。

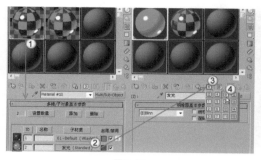

图9-61                    图9-62

提示

设置物体的"材质ID通道"为8，并设置"模糊"效果的"材质ID"为8，这样对应之后，在渲染时"材质ID"为8的物体将会被渲染出模糊效果。

06 按F9键渲染当前场景，最终效果如图9-63所示。

## 9.2.3 胶片颗粒

"胶片颗粒"效果主要用于在渲染场景中重新创建胶片颗粒，同时还可以作为背景的源材质与软件中创建的渲染场景相匹配，其参数设置面板如图9-64所示。

**常用参数介绍**

颗粒：设置添加到图像中的颗粒数，其取值范围为0~1。

忽略背景：屏蔽背景，使颗粒仅应用于场景中的几何体对象。

图9-63

图9-64

# 9.3 综合练习：制作体积光

» 场景位置    场景文件>CH09>05.max
» 实例位置    实例文件>CH09>综合练习：制作体积光.max
» 视频名称    综合练习：制作体积光.mp4
» 技术掌握    体积光、对象属性、VRay太阳、VRay灯光

CG场景体积光效果如图9-65所示。

01 打开学习资源中的"场景文件>CH09>05.max"文件，如图9-66所示。

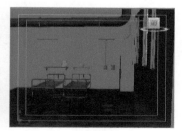

图9-65                    图9-66

**02** 设置灯光类型为VRay，然后在天空中创建一盏VRay太阳，其位置如图9-67所示。

**03** 选择VRay太阳，然后在"VRay太阳参数"卷展栏下设置"强度倍增"为0.06，"阴影细分"为8，"光子发射半径"为495 mm，具体参数设置如图9-68所示，接着按F9键测试渲染当前场景，效果如图9-69所示。

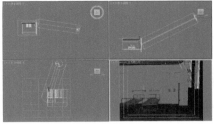

图9-67　　　　　　　　　　图9-68

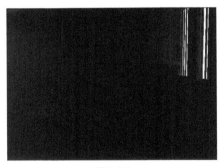

图9-69

— 提示

此时渲染出来的场景非常黑，这是因为窗户外面有个面片将灯光遮挡住了，如图9-70所示。如果不修改这个面片的属性，灯光就不会射进室内。

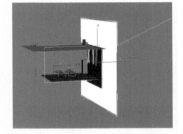

图9-70

**04** 选择窗户外面的面片，然后单击鼠标右键，在弹出的菜单中选择"对象属性"命令，接着在弹出的"对象属性"对话框中关闭"投射阴影"选项，如图9-71所示。

**05** 按F9键测试渲染当前场景，效果如图9-72所示。

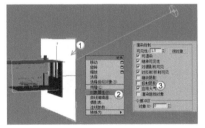

图9-71

图9-72

**06** 在前视图中创建一盏VRay灯光作为辅助光源，其位置如图9-73所示。

**07** 选择上一步创建的VRay灯光，然后进入"修改"面板，接着展开"参数"卷展栏，具体参数设置如图9-74所示。

**设置步骤**

① 在"常规"选项组下设置"类型"为"平面"。

② 在"大小"选项组下设置"1/2长"为975mm，"1/2宽"为550mm。

③ 在"选项"选项组下勾选"不可见"选项。

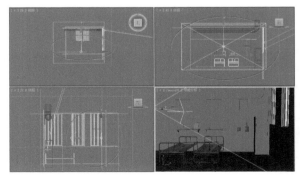

图9-73

**08** 设置灯光类型为"标准"，然后在天空中创建一盏目标平行光，其位置如图9-75所示（与VRay太阳的位置相同）。

**09** 选择上一步创建的目标平行光，然后进入"修改"面板，具体参数设置如图9-76所示。

**设置步骤**

① 展开"常规参数"卷展栏，然后设置阴影类型为"VR-阴影"。

② 展开"强度/颜色/衰减"卷展栏，然后设置"倍增"为0.9。

③ 展开"平行光参数"卷展栏，然后设置"聚光区/光束"为150mm，"衰减区/区域"为300mm。

④ 展开"高级效果"卷展栏，然后在"投影贴图"通道中加载一张学习资源中的"实例文件>CH09>综合练习：制作体积光>材质>55.jpg"文件。

图9-74

图9-75

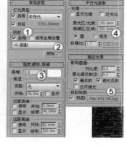

图9-76

**10** 按F9键测试渲染当前场景，效果如图9-77所示。

**11** 按大键盘上的8键打开"环境和效果"对话框，然后展开"大气"卷展栏，接着单击"添加"按钮 [添加...]，最后在弹出的"添加大气效果"对话框中选择"体积光"选项，如图9-78所示。

---- 提示 ----

虽然在"投影贴图"通道中加载了黑白贴图，但是灯光还没有产生体积光束效果。

图9-77

图9-78

**12** 在"效果"列表中选择"体积光"选项，在"体积光参数"卷展栏下单击"拾取灯光"按钮 [拾取灯光]，然后在场景中拾取目标平行灯光，接着设置"雾颜色"为（红:247，绿:232，蓝:205），再勾选"指数"选项，并设置"密度"为3.8，最后设置"过滤阴影"为"中"，具体参数设置如图9-79所示。

**13** 按F9键渲染当前场景，最终效果如图9-80所示。

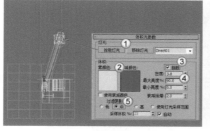

图9-79

图9-80

# 9.4 课后习题：制作海底烟雾

» 场景位置　场景文件>CH09>06.max
» 实例位置　实例文件>CH09>课后习题：制作海底烟雾.max
» 视频名称　课后习题：制作海底烟雾.mp4
» 技术掌握　雾效果

海底烟雾效果如图9-81所示。

**制作分析**

第1步：按大键盘上的8键打开"环境和效果"对话框，然后在"大气"卷展栏下单击"添加"按钮 添加... ，接着在弹出的"添加大气效果"对话框中选择"雾"选项，如图9-82所示。

图9-82

图9-81

── 提示 ──

本场景文件中已经加载了一个"雾"效果，其作用是让潜艇产生尾气。而再加载一个"雾"效果，是为了雾化场景。

第2步：选择加载的"雾"效果，然后单击两次"上移"按钮 上移 ，使其产生的效果处于画面的最前面，如图9-83所示，接着展开"雾参数"卷展栏，最后在"标准"选项组下设置参数，如图9-84所示。

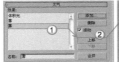

图9-83

图9-84

# 9.5 本课笔记

第10课

# 渲染技术

本课将进入制作静帧作品的最后一个环节——渲染。本课的重要性不言而喻，即使有良好的光照，精美的材质，如果没有合理的渲染参数，依然得不到优秀的渲染作品。本课主要介绍VRay渲染技术，并结合两个综合练习来全面介绍VRay灯光、VRay材质和VRay渲染参数的综合运用。

## 学习要点

» 掌握渲染的基础知识

» 掌握VRay渲染器的使用方法

» 掌握渲染参数的设置原理和方法

# 10.1 渲染的基础知识

使用3ds Max创作作品时，一般都遵循"建模→灯光→材质→渲染"这个基本的步骤，渲染是最后一道工序（后期处理除外）。渲染的英文为Render，翻译为"着色"，也就是对场景进行着色的过程，它是通过复杂的运算，将虚拟的三维场景投射到二维平面上，这个过程需要对渲染器进行复杂的设置，图10-1和图10-2所示是一些比较优秀的渲染作品。

图10-1                                 图10-2

## 10.1.1 渲染器的类型

渲染场景的引擎有很多种，如VRay渲染器、Renderman渲染器、mental ray渲染器、Brazil渲染器、FinalRender渲染器、Maxwell渲染器和Lightscape渲染器等。

3ds Max 2016默认的渲染器有iray渲染器、mental ray渲染器、"Quicksilver硬件渲染器""VUE文件渲染器"和"默认扫描线渲染器"，在安装好VRay渲染器之后也可以使用VRay渲染器来渲染场景，如图10-3所示。当然也可以安装一些其他的渲染插件，如Renderman、Brazil、FinalRender、Maxwell和Lightscape等。

图10-3

## 10.1.2 渲染工具

在"主工具栏"右侧提供了多个渲染工具，如图10-4所示。

**常用工具介绍**

渲染设置：单击该按钮可以打开"渲染设置"对话框，基本上所有的渲染参数都在该对话框中完成。

图10-4

渲染帧窗口：单击该按钮可以打开"渲染帧窗口"对话框，在该对话框中可以选择渲染区域、切换通道和储存渲染图像等任务。

渲染产品：单击该按钮可以使用当前的产品级渲染设置来渲染场景。

渲染迭代：单击该按钮可以在迭代模式下渲染场景。

单击"渲染帧窗口"按钮图，3ds Max会弹出"渲染帧窗口"对话框，如图10-5所示。

图10-5

## 10.1.3 默认扫描线渲染器

"默认扫描线渲染器"是一种多功能渲染器，可以将场景渲染为从上到下生成的一系列扫描线，如图10-6所示。"默认扫描线渲染器"的渲染速度特别快，但是渲染功能不强。

按F10键打开"渲染设置"对话框，3ds Max默认的渲染器就是"默认扫描线渲染器"，如图10-7所示。

图10-6

图10-7

"默认扫描线渲染器"的参数共有"公用"、"渲染器"、 Render Elements（渲染元素）、"光线跟踪器"和"高级照明"5个选项卡。在一般情况下，都不会用到该渲染器，因为其渲染质量不高，并且渲染参数也特别复杂，因此这里不讲解其参数，用户只需要知道有这样一个渲染器即可。

## 10.2 VRay渲染器

VRay渲染器参数主要包括"公用"、V-Ray、GI、"设置"和Render Elements（渲染元素）5个选项卡，如图10-8所示。下面重点讲解V-Ray、GI和"设置"这3个选项卡的参数。

图10-8

# 10.2.1 V-Ray选项卡

V-Ray选项卡下包含9个卷展栏,如图10-9所示。下面重点讲解"帧缓冲区""全局开关""图像采样器(抗锯齿)""自适应图像采样器""环境"和"颜色贴图"7个卷展栏下的参数。

图10-9

## 1.帧缓冲区卷展栏

"帧缓冲区"卷展栏下的参数可以代替3ds Max自身的帧缓存窗口。在这里可以设置渲染图像的大小以及保存渲染图像等,如图10-10所示。

图10-10

**常用参数介绍**

启用内置帧缓冲区:当选择这个选项的时候,用户就可以使用VRay自身的渲染窗口。同时需要注意,应该在"公用"卷展栏下关闭3ds Max默认的"渲染帧窗口"选项,这样可以节约一些内存资源,如图10-11所示。

图10-11

--- 提示 ---

在"帧缓存"卷展栏下勾选"启用内置帧缓存"选项后,按F9键渲染场景,3ds Max会弹出V-Ray frame buffer(V-Ray帧缓冲区)对话框,如图10-12所示。

图10-12

内存帧缓冲区:当勾选该选项时,可以将图像渲染到内存中,然后再由帧缓冲窗口显示出来,这样可以方便用户观察渲染的过程;当关闭该选项时,不会出现渲染框,而直接保存到指定的硬盘文件夹中,这样的好处是可以节约内存资源。

从MAX获取分辨率:当勾选该选项时,将从"公用"选项卡的"输出大小"选项组中获取渲染尺寸;当关闭该选项时,将从VRay渲染器的"输出分辨率"选项组中获取渲染尺寸。

图像纵横比:设置图像的长宽比例,单击后面的L按钮![L]可以锁定图像的长宽比。

像素纵横比:控制渲染图像的像素长宽比。

交换![交换]:交换"宽度"和"高度"的数值。

宽度:设置像素的宽度。

长度:设置像素的长度。

194

## 2.全局开关卷展栏

"全局开关"卷展栏下的参数主要用来对场景中的灯光、材质、置换等进行全局设置，如是否使用默认灯光、是否开启阴影、是否开启模糊等，如图10-13所示。

### 常用参数介绍

光泽效果：是否开启反射或折射模糊效果。当关闭该选项时，场景中带模糊的材质将不会渲染出反射或折射模糊效果。

图10-13

覆盖材质：是否给场景赋予一个全局材质。当在下面的"无" 无 通道中设置了一个材质后，那么场景中所有的物体都将使用该材质进行渲染，这在测试阳光效果及检查模型完整度时非常有用。另外，单击"排除"按钮 排除... 可以选择不需要覆盖的对象。

二次光线偏移：这个选项主要用来控制有重面的物体在渲染时不会产生黑斑。如果场景中有重面，在默认值0的情况下将会产生黑斑，一般通过设置一个比较小的值来纠正渲染错误，如

0.0001。但是如果这个值设置得比较大，如10，那么场景中的全局照明将变得不正常。例如，在图10-14中，地板上放了一个长方体，它的位置刚好和地板重合，当"二次光线偏移"数值为0的时候渲染结果不正确，出现黑块；当"二次光线偏移"数值为0.001的时候，渲染结果正常，没有黑斑，如图10-15所示。

图10-14

图10-15

## 3.图像采样器（抗锯齿）卷展栏

抗锯齿在渲染设置中是一个必须调整的参数，其数值的大小决定了图像的渲染精度和渲染时间，但抗锯齿与全局照明精度的高低没有关系，只作用于场景物体的图像和物体的边缘精度，其参数设置面板如图10-16所示。

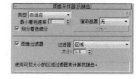

### 常用参数介绍

图10-16

类型：用来设置"图像采样器"的类型，包括"固定""自适应""自适应细分"和"渐进"4种类型。

固定：对每个像素使用一个固定的细分值。该采样方式适合拥有大量的模糊效果（如运动模糊、景深模糊、反射模糊、折射模糊等）或者具有高细节纹理贴图的场景。在这种情况下，使用"固定"方式能够兼顾渲染品质和渲染时间。

自适应：这是最常用的一种采样器，在下面的内容中还要单独介绍，其采样方式可以根据每个像素以及与它相邻像素的明暗差异来使不同像素使用不同的样本数量。在角落部分使用较高的样本数量，在平坦部分使用较低的样本数量。该采样方式适合用于拥有少量的模糊效果或者具有高细节的纹理贴图以及具有大量几何体面的场景。

自适应细分：这个采样器具有负值采样的高级抗锯齿功能，适用于在没有或者有少量的模糊效果的场景中，在这种情况下，它的渲染速度最快，但是在具有大量细节和模糊效果的场景中，它的渲染速度会非常慢，渲染品质也不高，这是因为它需要去优化模糊和大量的细节，这样就需要对模糊和大量细节进行预计算，从而降低了渲染速度。同时该采样方式是4种采样类型中最占内存资源的一种，而"固定"采样器占的内存资源最少。

渐进：此采样器逐渐采样至整个图像。

图像过滤器：当勾选选项以后，可以从后面的下拉列表之中选择一个图像过滤器来对场景进行抗锯齿处理；如果不勾选选项，那么渲染时将使用纹理图像过滤器。图像过滤器的类型有16种，下面介绍常用的3种。

区域：用区域的大小来计算抗锯齿，常用于测试渲染。如图10-17所示。

Catmull-Rom：一种具有边缘增强的过滤器，可以产生较清晰的图像效果，常用于室外建筑或大型场景渲染，如图10-18所示。

Mitchell-Netra vali：一种常用的过滤器，能产生微量模糊的图像效果，常用于大部分室内场景的最终渲染，如图10-19所示。

大小：设置过滤器的大小。

圆环化／模糊：在一般情况下，这两个选项都应该保持默认设置。

图10-17 　　　　　　　图10-18 　　　　　　　图10-19

## 4.自适应图像采样器卷展栏

　　"自适应图像采样器"是一种高级抗锯齿图像采样器。展开"图像采样器（抗锯齿）"卷展栏，然后设置图像采样器的"类型"为"自适应"，此时会增加一个"自适应图像采样器"卷展栏，如图10-20所示。

图10-20

**常用参数介绍**

最小细分：定义每个像素使用样本的最小数量。

最大细分：定义每个像素使用样本的最大数量。

使用确定性蒙特卡洛采样器阈值：如果勾选了该选项，"颜色阈值"选项将不起作用。

颜色阈值：色彩的最小判断值，当色彩的判断达到这个值以后，就停止对色彩的判断。具体一点就是分辨哪些是平坦区域，哪些是角落区域。这里的色彩应该理解为色彩的灰度。

## 5.全局确定性蒙特卡洛卷展栏

　　"全局确定性蒙特卡洛"卷展栏下的参数可以用来控制整体的渲染质量和速度，其参数设置面板如图10-21所示。

图10-21

**常用参数设置：**

自适应数量：主要用来控制适应的百分比。

噪波阈值：控制渲染中所有产生噪点的极限值，包括灯光细分、抗锯齿等。数值越小，渲染品质越高，渲染速度就越慢。

时间独立：控制是否在渲染动画时对每一帧都使用相同的"全局确定性蒙特卡洛"参数设置。

最小采样：设置样本及样本插补中使用的最少样本数量。数值越小，渲染品质越低，速度越快。

## 6.环境卷展栏

"环境"卷展栏下的参数主要用于设置天光的亮度、反射、折射和颜色等，如图10-22所示。

图10-22

## 7.颜色贴图卷展栏

"颜色贴图"卷展栏下的参数主要用来控制整个场景的颜色和曝光方式，如图10-23所示。

图10-23

**常用参数介绍**

类型：提供不同的曝光模式，包括"线性倍增""指数""HSV指数""强度指数""伽马校正""强度伽马"和"菜因哈德"7种模式，下面介绍常用的3种。

线性倍增：这种模式将基于最终色彩亮度来进行线性的倍增，可能会导致靠近光源的点过分明亮，如图10-24所示。"线性倍增"模式包括3个局部参数，"暗度倍增"是对暗部的亮度进行控制，加大该值可以提高暗部的亮度；"明度倍增"是对亮部的亮度进行控制，加大该值可以提高亮部的亮度；"伽马"主要用来控制图像的伽马值。

指数：这种曝光是采用指数模式，它可以降低靠近光源处表面的曝光效果，同时场景颜色的饱和度会降低，如图10-25所示。"指数"模式的局部参数与"线性倍增"一样。

图10-24  图10-25

菜因哈德：这种曝光方式可以把"线性倍增"和"指数"曝光混合起来。它包括一个"加深值"局部参数，主要用来控制"线性倍增"和"指数"曝光的混合值，0表示"线性倍增"不参与混合，

如图10-26所示；1表示"指数"不参加混合，如图10-27所示；0.5表示"线性倍增"和"指数"曝光效果各占一半，如图10-28所示。

图10-26  图10-27  图10-28

197

子像素贴图：在实际渲染时，物体的高光区与非高光区的界限处会有明显的黑边，而开启"子像素贴图"选项后就可以缓解这种现象。

钳制输出：当勾选这个选项后，在渲染图中有些无法表现出来的色彩会通过限制来自动纠正。但是当使用HDRI（高动态范围贴图）的时候，如果限制了色彩的输出会出现一些问题。

影响背景：控制是否让曝光模式影响背景。当关闭该选项时，背景不受曝光模式的影响。

模式：通常不进行设置，仅在使用HDRI（高动态范围贴图）和VRay灯光材质时，选择"无（不适用任何东西）"选项。

线性工作流：当使用线性工作流时，可以勾选该选项。

## 🖐 操作练习　测试图像采样器的采样类型

- » 场景位置　场景文件>CH10>01.max
- » 实例位置　实例文件>CH10>操作练习：测试图像采样器的采样类型.max
- » 视频名称　操作练习：测试图像采样器的采样类型.mp4
- » 技术掌握　图像采样器类型的区别

图像采样指的是VRay渲染器在渲染时对渲染图像中每个像素使用的采样方式，VRay渲染器共有"固定""自适应细分"以及"自适应"3种采样方式，其生成的效果与耗时对比如图10-29~图10-31所示，接下来了解各采样器的特点与使用方法。

图10-29　　　　　　　　　　图10-30　　　　　　　　　　图10-31

`01` 打开学习资源中的"场景文件>CH10>01.max"文件，如图10-32所示。

`02` 下面测试"固定"采样器的作用。在"图像采样器（抗锯齿）"卷展栏下设置"图像采样器"类型为"固定"采样器，如图10-33所示。该采样器是VRay最简单的采样器，对于每一个像素它使用一个固定数量的样本，选择该采样方式后将自动添加一个"固定图像采样器"卷展栏，如图10-34所示。

图10-32　　　　　　　　　　图10-33　　　　　　　　　　图10-34

提示

"固定"采样器的效果由"固定图像采样器"卷展栏下的"细分"数值控制，设定的"细分"值表示每个像素使用的样本数量。

198

**03** 保持"细分"值为1,按F9键测试渲染当前场景,效果如图10-35所示,细节放大效果如图10-36所示。可以观察到图像中的锯齿现象比较明显,但对于材质与灯光的查看并没有影响,耗时约为1分27秒。

图10-35　　　　　　　　　　　　　图10-36

**04** 在"固定图像采样器"卷展栏下将"细分"值修改为2,然后按F9键测试渲染当前场景,效果如图10-37所示,细节放大效果如图10-38所示。可以观察到图像中的锯齿现象虽然得到了改善,但图像细节反而变得更模糊,而耗时则增加到约3分56秒。

图10-37　　　　　　　　　　　　　图10-38

---
提示

　　经过上面的测试可以发现,在使用"固定"采样器并保持默认的"细分"值为1时,可以快速渲染出用于观察材质与灯光效果的图像,但如果增大"细分"值则会使图像变得模糊,同时大幅增加渲染时间。因此,通常用默认设置的"固定"采样器来测试灯光效果,而如果需要渲染大量的模糊特效(如运动模糊、景深模糊、反射模糊和折射模糊),则可以考虑提高"细分"值,以达到质量与耗时的平衡。

---

**05** 下面测试"自适应细分"采样器的作用。在"图像采样器(抗锯齿)"卷展栏下设置"图像采样器"类型为"自适应细分"采样器,如图10-39所示。该采样器是用得最多的采样器,对于模糊和细节要求不太高的场景,它可以得到速度和质量的平衡,在室内效果图的制作中,这个采样器几乎可以适用于所有场景。选择该采样方式后将自动添加一个"自适应细分图像采样器"卷展栏,如图10-40所示。

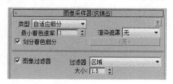

图10-39

**06** 保持默认的"自适应细分"采样器设置,按F9键测试渲染当前场景,效果如图10-41所示。可以观察到图像没有明显的锯齿现象,材质与灯光的表现也比较理想,耗时约为3分27秒。

**07** 在"自适应细分图像采样器"卷展栏下将"最小速率"修改为0,然后测试渲染当前场景,效果如图10-42所示。可以观察到图像并没有产生明显的变化,而耗时则增加到约3分58秒。

图10-40

图10-41　　　　　　　　　　　　　图10-42

**08** 将"最小速率"数值还原为–1，然后将"最大速率"修改为3，接着再测试渲染当前场景，效果如图10–43所示。可以观察到图像效果并没有明显的变化，而耗时则增加到约5分24秒。

— 提示

经过上面的测试可以发现，使用"自适应细分"采样器时，通常情况下"最小速率"为–1、"最大速率"为2时就能得到较好的效果。而提高"最小速率"或"最大速率"并不会明显改善图像的质量，但渲染时间会大幅增加，因此在使用该采样器时保持默认设置即可。

**09** 下面测试"自适应"采样器的作用。在"图像采样器(抗锯齿)"卷展栏下设置"图像采样器"类型为"自适应"采样器，如图10–44所示。该采样器是最为复杂的采样器，它根据每个像素和它相邻像素的明暗差异来产生不同数量的样本，从而使需要表现细节的地方使用更多的采样，使效果更为精细，而在细节较少的地方减少采样，以缩短计算时间。选择该采样方式后将自动添加一个"自适应图像采样器"卷展栏，如图10–45所示。

图10–43 　　　　　　　　　　　图10–44 　　　　　　　　　　图10–45

**10** 保持默认的"自适应"采样器设置，按F9键测试渲染当前场景，效果如图10–46所示。可观察到图像没有明显的锯齿效果，材质与灯光的表达也比较理想，耗时约为2分59秒。

**11** 在"自适应图像采样器"卷展栏下将"最小细分"修改为2，然后测试渲染当前场景，效果如图10–47所示。可以观察到图像效果并没有明显的变化，而耗时则增加到约3分24秒。

**12** 将"最小细分"数值还原为1，然后将"最大细分"修改为5，接着测试渲染当前场景，效果如图10–48所示。可以观察到图像效果并没有明显的变化，而耗时则增加到约3分51秒。

图10–46 　　　　　　　　　　　图10–47 　　　　　　　　　　图10–48

— 提示

经过以上的测试并对比"自适应细分"采样器的渲染质量与时间可以发现，"自适应"采样器在取得相近的图像质量的前提下，所耗费的时间相对更少，因此当场景具有大量微小细节，如在具有VRay毛发或模糊效果（景深和运动模糊等）的场景中，为了尽可能提高渲染速度，该采样器是最佳选择。

👆 **操作练习**　测试颜色贴图的曝光类型

» 场景位置　场景文件>CH10>02.max

» 实例位置　实例文件>CH10>操作练习：测试颜色贴图的曝光类型.max

» 视频名称　操作练习：测试颜色贴图的曝光类型.mp4

» 技术掌握　线性倍增、指数、莱因哈德

在"颜色贴图"卷展栏下有一个曝光（"类型"选项）功能，利用该功能可以快速改变场景的曝光效果，从而达到调整渲染图像亮度和对比度的目的，常用的曝光类型有"线性倍增""指数"以及"莱因哈德"3种，其在相同灯光与相同渲染参数（除曝光方式不同外）下的效果对比如图10-49~图10-51所示。

图10-49　　　　　　　　　　图10-50　　　　　　　　　　图10-51

01 打开学习资源中的"场景文件>CH10>02.max"文件，如图10-52所示。

02 下面测试"线性倍增"曝光模式。展开"颜色贴图"卷展栏，然后设置"类型"为"线性倍增"，如图10-53所示。"线性倍增"曝光模式是基于最终图像色彩的亮度来进行简单的亮度倍增，太亮的颜色成分将会被限制，但是这种模式可能会导致靠近光源的点过于明亮。

03 按F9键测试渲染当前场景，效果如图10-54所示。可以观察到使用"线性倍增"曝光模式产生的图像很明亮，色彩也比较艳丽。

图10-53

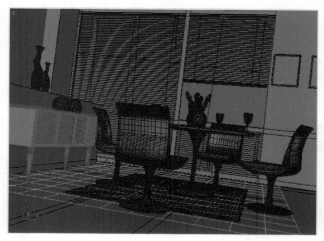

图10-52

图10-54

04 如果要提高图像的亮部与暗部的对比，可以在降低"暗度倍增"数值的同时提高"明亮倍增"的数值，如图10-55所示，然后测试渲染当前场景，效果如图10-56所示。可以观察到图像的明暗对比加强了一些，但窗口的一些区域却出现了曝光过度的现象。

—— 提示

经过上面的测试可以发现，"线性倍增"模式所产生的曝光效果整体明亮，但容易在局部产生曝光过度的现象。此外，"暗度倍增"与"明亮倍增"选项分别控制着图像亮部与暗部的亮度。

图10-55

图10-56

**05** 下面测试"指数"曝光模式。"指数"曝光模式与"线性倍增"曝光模式相比，不容易曝光，而且明暗对比也没有那么明显。该模式基于亮度来使图像更加饱和，这对防止非常明亮的区域产生过度曝光十分有效，但是这个模式不会钳制颜色范围，而是代之以让它们更饱和（降低亮度）。在"颜色贴图"卷展栏下设置"类型"为"指数"，如图10-57所示。

图10-57

图10-58

**06** 测试渲染当前场景，效果如图10-58所示。可以观察到使用"指数"曝光模式产生的图像整体较暗，色彩也比较平淡。

**07** 如果要增大图像的亮部与暗部的对比，可以在降低"暗度倍增"数值的同时提高"明亮倍增"的数值，如图10-59所示，然后测试渲染当前场景，效果如图10-60所示。可以观察到场景的明暗对比加强了，但是整体的色彩还是不如"线性倍增"曝光模式的艳丽。

图10-59

图10-60

> 提示
>
> 经过上面的测试可以发现，"指数"曝光模式所产生的曝光效果整体偏暗，通过"暗度倍增"与"明亮倍增"选项的调整可以改善亮度与对比效果（该模式下数值的变动幅度需要大一些才能产生较明显的效果），但在色彩的表现力上还是不如"线性倍增"曝光模式。

**08** 下面测试"莱因哈德"曝光模式。展开"颜色贴图"卷展栏，然后设置"类型"为"莱因哈德"，如图10-61所示。这种曝光模式是"线性倍增"曝光模式与"指数"曝光模式的结合模式，在该模式下主要通过调整"伽马值"参数来校正图像的亮度与对比度细节。

**09** 测试渲染当前场景，效果如图10-62所示。可以观察到使用"莱因哈德"曝光模式产生的图像亮度适中，明暗对比较强，色彩表现力也较理想。

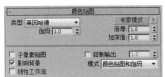

图10-61

图10-62

**10** 在"颜色贴图"卷展栏下将"伽马值"提高为1.4，如图10-63所示，然后测试渲染当前场景，效果如图10-64所示。可以看到图像的整体亮度提高了，而明暗对比度则变弱了。

图10-63

图10-64

**11** 在"颜色贴图"卷展栏下将"伽马值"降低为0.6，如图10-65所示，然后测试渲染当前场景，效果如图10-66所示。可以看到图像的整体亮度降低了，而明暗对比度则变强了。

图10-65　　　　　　　　　　　　图10-66

―― 提示 ――

经过上面的测试可以发现，"莱因哈德"曝光模式是一种比较灵活的曝光模式，如果场景室外灯光亮度很高，为了防止过度曝光并保持图像的色彩效果，这种模式是最佳选择。

# 10.2.2　GI选项卡

GI选项卡包含4个卷展栏，如图10-67所示。下面重点讲解"全局照明""发光图""灯光缓存"和"焦散"卷展栏下的参数。

图10-67

―― 提示 ――

在默认情况下是没有"灯光缓存"卷展栏的，要调出这个卷展栏，需要先在"全局照明"卷展栏下将"二次引擎"设置为"灯光缓存"，如图10-68所示。

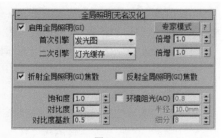

图10-68

## 1.全局卷展栏

在VRay渲染器中，没有开启全局照明时的效果就是直接照明效果，开启后就可以得到全局照明效果。开启全局照明后，光线会在物体与物体间互相反弹，因此光线计算会更加准确，图像也更加真实，其参数设置面板如图10-69所示。

**常用参数介绍**

启用全局照明（GI）：勾选该选项可开启全局照明。

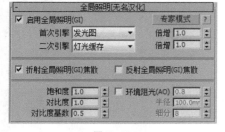

图10-69

首次引擎：设置首次反弹的GI引擎，包括"发光图""光子图""BF算法"和"灯光缓存"4种。

倍增：控制首次反弹的光的倍增值。值越高，首次反弹的光的能量越强，渲染场景越亮，默认情况下为1。

二次引擎：设置二次反弹的GI引擎，包括"无"（表示不使用引擎）、"光子图""BF算法"和"灯光缓存"4种。

倍增：控制二次反弹的光的倍增值。值越高，二次反弹的光的能量越强，渲染场景越亮，最大值为1，默认情况下也为1。

—— 提示 ——

在真实世界中，光线具有反弹效果，而且反弹一次比一次减弱。在VRay渲染器，全局照明有"首次引擎"和"二次引擎"，分别用来设置直接照明的光线反弹引擎和全局照明的反弹引擎，但这并不是说光线只反弹两次。"首次引擎"可以理解为直接照明的反弹，光线照射到A物体后反射到B物体，B物体所接收到的光就是"首次引擎"，B物体再将光线反射到C物体，C物体再将光线反射到D物体……，C物体以后的物体所得到的光的反射就是"二次引擎"，如图10-70所示。

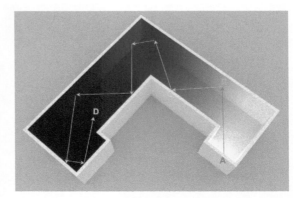

图10-70

## 2.发光图卷展栏

"发光图"中的"发光"描述了三维空间中的任意一点以及全部可能照射到这点的光线，它是一种常用的全局光引擎，只存在于"首次引擎"中，其参数设置面板如图10-71所示。

**常用参数介绍**

当前预设：设置发光图的预设类型，共有以下8种。

自定义：选择该模式时，可以手动调节参数。

非常低：这是一种非常低的精度模式，主要用于测试阶段。

低：一种比较低的精度模式，不适合用于保存光子贴图。

中：是一种中级品质的预设模式。

中-动画：用于渲染动画效果，可以解决动画闪烁的问题。

高：一种高精度模式，一般用在光子贴图中。

高-动画：比中等品质效果更好的一种动画渲染预设模式。

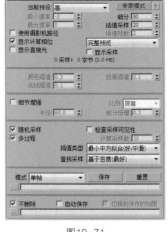

图10-71

非常高：是预设模式中精度最高的一种，可以用来渲染高品质的效果图。

最小速率：控制场景中平坦区域的采样数量。0表示计算区域的每个点都有样本；-1表示计算区域的1/2是样本；-2表示计算区域的1/4是样本，图10-72和图10-73所示是"最小速率"为-2和-5时的对比效果。

图10-72

图10-73

最大速率：控制场景中的物体边线、角落、阴影等细节的采样数量。0表示计算区域的每个点都有样本；–1表示计算区域的1/2是样本；–2表示计算区域的1/4是样本，图10–74和图10–75所示是"最大速率"为0和–1时的效果对比。

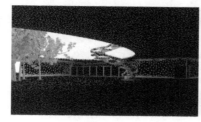 

图10–74　　　　　　　　　　　　　　　　　　图10–75

细分：因为VRay采用的是几何光学，所以它可以模拟光线的条数。这个参数就是用来模拟光线的数量，值越高，表现的光线越多，那么样本精度也就越高，渲染的品质也越好，同时渲染时间也会增加，图10–76和图10–77所示是"细分"为20和100时的效果对比。

图10–76　　　　　　　　　　　　　　　　　　图10–77

插值采样：这个参数是对样本进行模糊处理，较大的值可得到比较模糊的效果，较小的值可得到比较锐利的效果，图10–78和图10–79所示是"插值采样"为2和20时的效果对比。

图10–78　　　　　　　　　　　　　　　　　　图10–79

显示计算相位：勾选这个选项后，用户可以看到渲染帧里的GI预计算过程，同时会占用一定的内存资源。

显示直接光：在预计算的时候显示直接照明，以方便用户观察直接光照的位置。在后面的下拉菜单中可以选择预览的方式。

细节增强：控制是否开启"细节增强"功能。

比例：细分半径的单位依据，有"屏幕"和"世界"两个单位选项。"屏幕"是指用渲染图的最后尺寸来作为单位，"世界"是用3ds Max中的单位来定义。

半径：表示细节部分有多大区域使用"细节增强"功能。"半径"值越大，使用"细节增强"功能的区域也就越大，同时渲染时间也越长。

细分倍增：控制细节的细分，但是这个值和"发光图"中的"细分"有关系，0.3表示是"细分"的30%，1表示与"细分"的值一样。值越低，细部就会产生杂点，渲染速度会比较快；值越高，细部的杂点就越少，但是会增加渲染时间。

　　"灯光缓存"与"发光图"比较相似，都是将最后的光发散到摄影机后得到最终图像，只是"灯光缓存"与"发光图"的光线路径是相反的，"发光图"的光线追踪方向是从光源发射到场景的模型中，最后再反弹到摄影机，而"灯光缓存"是从摄影机开始追踪光线到光源，摄影机追踪光线的数量就是"灯光缓存"的最后精度。由于"灯光缓存"是从摄影机方向开始追踪的光线的，所以最后的渲染时间与渲染的图像的像素没有关系，只与其中的参数有关，一般适用于"二次引擎"，其参数设置面板如图10-80所示。

图10-80

**常用参数介绍**

　　细分：用来决定"灯光缓存"的样本数量。值越高，样本总量越多，渲染效果越好，渲染时间越慢，图10-81和图10-82所示是"细分"值为200和800时的渲染效果对比。

图10-81

图10-82

　　采样大小：用来控制"灯光缓存"的样本大小，比较小的样本可以得到更多的细节，但是同时需要更多的样本，如图10-83和图10-84所示是"采样大小"为0.04和0.01时的渲染效果对比。

图10-83

图10-84

　　存储直接光：勾选该选项以后，"灯光缓存"将保存直接光照信息。当场景中有很多灯光时，使用这个选项会提高渲染速度。因为它已经把直接光照信息保存到"灯光缓存"里，在渲染出图的时候，不需要对直接光照再进行采样计算。

　　使用摄影机路径：该参数主要用于渲染动画，用于解决动画渲染中闪烁问题。

　　显示计算相位：勾选该选项以后，可以显示"灯光缓存"的计算过程，方便观察。

　　预滤器：当勾选该选项以后，可以对"灯光缓存"样本进行提前过滤，它主要是查找样本边界，然后对其进行模糊处理。后面的值越高，对样本进行模糊处理的程度越深，图10-85和图10-86所示是"预滤器"为10和50时的对比渲染效果。

图10-85

图10-86

👆 **操作练习** 测试全局照明（GI）

» 场景位置　场景文件>CH10>03.max
» 实例位置　实例文件>CH10>操作练习：测试全局照明（GI）.max
» 视频名称　操作练习：测试全局照明（GI）.mp4
» 技术掌握　全局照明

　　在现实生活中，光源所产生的光照有"直接照明"与"间接照明"之分。"直接照明"指的是光线直接照射在对象上产生的直接照明效果，而"间接照明"指的是光线被阻挡（如墙面、沙发）后不断反弹所产生的额外照明，这也是真实物理世界中存在的现象，两者合成为全局照明。但由于计算间接照明效果十分复杂，因此不是每款渲染器都能产生理想的模拟效果，有的渲染器甚至只计算"直接光照"（如3ds Max自带的扫描线渲染器），而VRay渲染器则可以计算全局照明（即直接照明+间接照明），图10-87~图10-89所示是在同一场景未开启间接照明、开启间接照明与调整了间接照明强度的效果对比。

图10-87

图10-88

图10-89

01 打开学习资源中的"场景文件>CH10>03.max"文件，如图10-90所示。本场景只创建了一盏太阳光。

02 单击GI选项卡，然后展开"全局照明"卷展栏，可以观察在默认情况下没有开启"启用间接照明（GI）"功能，也就是说此时场景中没有间接照明效果，如图10-91所示。

03 测试渲染当前场景，效果如图10-92所示。可以观察到由于没有间接照明反弹光线，此时仅阳光投射的区域产生了较明亮的亮度，而在其他区域则变得十分昏暗，甚至看不到一点光亮。

图10-90

图10-91

图10-92

04 在"全局照明"卷展栏下勾选"启用全局照明（GI）"选项，然后设置"首次引擎"为"发光图"，"二次引擎"为"灯光缓存"，如图10-93所示。

图10-93

**05** 测试渲染当前场景，效果如图10-94所示。可以观察到由于间接照明反弹光线，此时整体室内空间都获得了一定的亮度，但整体效果还需要进一步调整。

**06** 将"首次引擎"的"倍增"值提高为2，如图10-95所示，然后测试渲染当前场景，效果如图10-96所示。可以观察到此时的光照得到了一定的改善。

图10-94

图10-95

图10-96

**07** 将"首次引擎"的"倍增"值还原为1，然后将"二次引擎"的"倍增"值设置为0.5（注意，该值最大为1，如果降低数值将减弱间接照明的反弹强度），如图10-97所示，接着测试渲染当前场景，效果如图10-98所示。可以观察到由于减弱了间接照明的反弹强度，场景又变得非常昏暗。

图10-97

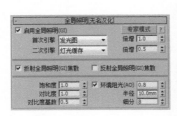

图10-98

--- 提示 ---

在"全局照明"卷展栏下有一个比较常用的"环境阻光（AO）"选项组，这个选项组下的3个选项可以用来刻画模型交接面（如墙面交线）以及角落处的暗部细节效果，如图10-99所示，渲染后得到的效果如图10-100所示。可以观察到在墙线等位置产生了较明显的阴影细节。

图10-99

图10-100

## 10.2.3 设置选项卡

"设置"选项卡下包含"默认置换"和"系统"两个卷展栏，如图10-101所示。

图10-101

"系统"卷展栏下的参数不仅对渲染速度有影响，而且还会影响渲染的显示和提示功能，同时还可以完成联机渲染，其参数设置面板如图10-102所示。

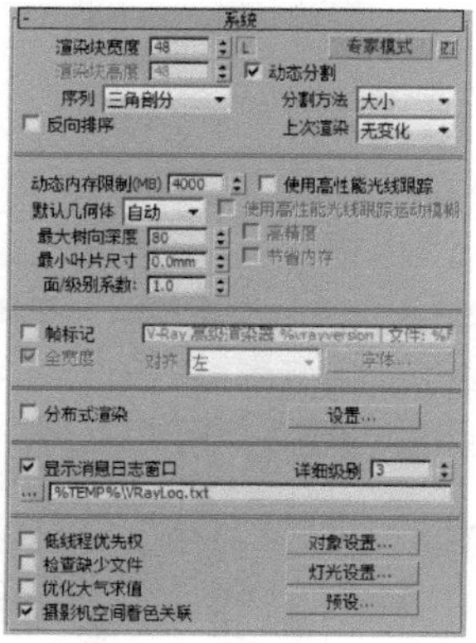

**常用参数介绍**

渲染块宽度：表示水平方向一共有多少个渲染块。

渲染块高度：表示垂直方向一共有多少个渲染块。

序列：控制渲染块的渲染顺序，共有以下6种方式。

上→下：渲染块将按照从上到下的渲染顺序渲染。

左→右：渲染块将按照从左到右的渲染顺序渲染。

棋格：渲染块将按照棋格方式的渲染顺序渲染。

螺旋：渲染块将按照从里到外的渲染顺序渲染。

图10-102

三角剖分：这是VRay默认的渲染方式，它将图形分为两个三角形依次进行渲染。

希耳伯特：渲染块将按照"希耳伯特曲线"方式的渲染顺序渲染。

动态内存限制（MB）：控制动态内存的总量。注意，这里的动态内存被分配给每个线程，如果是双线程，那么每个线程各占一半的动态内存。如果这个值较小，那么系统经常在内存中加载并释放一些信息，这样就减慢了渲染速度。用户应该根据自己的内存情况来确定该值。

最大树向深度：控制根节点的最大分支数量。较高的值会加快渲染速度，同时会占用较多的内存。

最小叶片尺寸：控制叶节点的最小尺寸，当达到叶节点尺寸以后，系统停止计算场景。0mm表示考虑计算所有的叶节点，这个参数对速度的影响不大。

面/级别系数：控制一个节点中的最大三角面数量，当未超过临近点时计算速度较快；当超过临近点以后，渲染速度会减慢。所以，这个值要根据不同的场景来设定，进而提高渲染速度。

使用高性能光线跟踪：勾选该选项以后，下面的"使用高性能光线跟踪运动模糊"选项、"高精度"选项和"节省内存"选项才可用。如果要得到非常好的光线跟踪运动模糊效果，可以在这里进行设置。

帧标记：当勾选该选项后，就可以显示水印。

全宽度：水印的最大宽度。当勾选该选项后，它的宽度和渲染图像的宽度相当。

对齐：控制水印里的字体排列位置，有"左""中""右"3个选项。

字体 字体... ：修改水印里的字体属性。

分布式渲染：当勾选该选项后，可以开启"分布式渲染"功能。

显示消息日志窗口：勾选该选项后，可以显示VRay日志的窗口。

详细级别：控制"显示消息日志窗口"的显示内容，分别4个级别。1表示仅显示错误信息；2表示显示错误和警告信息；3表示显示错误、警告和情报信息；4表示显示错误、警告、情报和调试信息。

# 10.3 综合练习：检查场景模型

» 场景位置　场景文件>CH10>04.max
» 实例位置　实例文件>CH10>综合练习：检查场景模型.max
» 视频名称　综合练习：检查场景模型.mp4
» 技术掌握　覆盖材质、设置测试渲染参数的方法

检测效果如图10-103所示。

**01** 打开学习资源中的"场景文件>CH10>04.max"文件，如图10-104所示，场景中已经设置好了摄影机。

**02** 在"材质编辑器"中新建一个VRayMtl材质球，然后将其命名为test，接着设置其"漫反射"颜色为（红:220，绿:220，蓝:220），如图10-105所示。

图10-103

图10-104

图10-105

提示

这里创建的test材质非常简单，是为了提高测试的渲染速率，所以不必去模拟真实材质。

**03** 按F10键打开"渲染设置"对话框，然后在"公用参数"卷展栏下设置"输出大小"为512×384，如图10-106所示。

**04** 切换到VRay选项卡，然后打开"全局开关"卷展栏，再勾选"覆盖材质"选项，接着将"材质编辑器"中的test材质球拖曳到"覆盖材质"的通道中，并在弹出的"实例（副本）材质"对话框中选择"实例"，最后单击"确定"按钮，如图10-107所示。

**05** 打开"图像采样器（抗锯齿）卷展栏"，然后设置其"类型"为"固定"，同时取消勾选"图像过滤器"选项，如图10-108所示。

图10-106

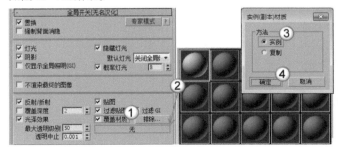

图10-107

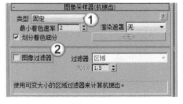

图10-108

**06** 切换到GI选项卡，然后打开"全局照明"卷展栏，接着设置"首次引擎"和"二次引擎"分别为"发光图"和"灯光缓存"，如图10-109所示。

**07** 打开"发光图"卷展栏，然后设置"当前预设"为"非常低"，"细分"为30，如图10-110所示。

**08** 打开"灯光缓冲"卷展栏，然后设置其"细分"值为300，如图10-111所示。

图10-109

图10-110

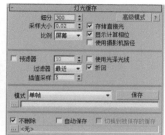

图10-111

**09** 切换至顶视图，然后在场景中创建一个穹顶光，模拟自然光照明，如图10-112所示。

**10** 选择创建的灯光，然后设置"倍增"为20，并勾选"不可见"选项，如图10-113所示。

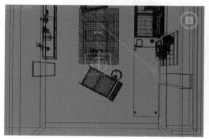

图10-112

图10-113

**11** 切换到VRay选项卡，然后在"颜色贴图"中设置"模式"为"颜色贴图和伽马"，如图10-114所示。

**12** 按F9键渲染摄影机视图，如图10-115所示，在测试效果图中，未出现漏光、破面、重面的现象，所以模型是没有问题的。

图10-114

图10-115

## 10.4 课后习题：设置最终渲染参数

- » 场景位置　场景文件>CH10>05.max
- » 实例位置　实例文件>CH10>课后习题：设置最终渲染参数.max
- » 视频名称　课后习题：设置最终渲染参数.mp4
- » 技术掌握　发光图、灯光缓存、自适应DMC

最终渲染效果如图10-116所示。

**制作分析**

在设置最终渲染参数的时候，我们力求渲染效果画质细腻、噪点少、画面清晰、光感好等，所以在设置参数的时候应注意哪些参数影响哪些效果。另外，在设置参数的时候，要结合计算机硬件设施的实际情况，在质量和速度上有一个合理的取舍。

图10-116

## 10.5 本课笔记

第11课

# 动画技术

本课将介绍3ds Max 2016的动画技术，主要介绍基础动画的制作方法，即关键帧动画、路径动画、变形动画等，其中会涉及常用的动画制作工具，如曲线编辑器、路径约束、变形器、路径变形（WSM）修改器等。

## 学习要点

- » 掌握设置关键帧的方法
- » 掌握关键帧动画的制作方法
- » 掌握常用动画工具的使用方法
- » 掌握常见动画的制作方法

# 11.1 动画的基础知识

动画是一门综合艺术，它是集绘画、漫画、电影、数字媒体、摄影、音乐、文学等众多艺术门类于一身的艺术表现形式，将多张连续的单帧画面连在一起就形成了动画，如图11-1所示。

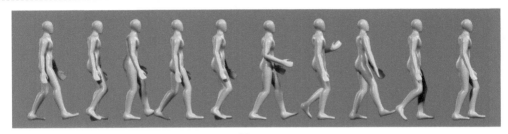

图11-1

3ds Max作为优秀的三维软件，为用户提供了一套非常强大的动画系统，包括基本动画系统和骨骼动画系统。无论采用哪种方法制作动画，都需要动画师对角色或物体的运动有着细致的观察和深刻的体会，抓住了运动的"灵魂"才能制作出生动逼真的动画作品，图11-2~图11-4所示是一些非常优秀的动画作品。

图11-2　　　　　　　　　　图11-3　　　　　　　　　　图11-4

本节主要介绍制作动画的一些基本工具，如关键帧设置工具、播放控制器和"时间配置"对话框。掌握好了这些基本工具的用法，就可以制作出一些简单动画了。

## 11.1.1 关键帧设置

3ds Max界面的右下角是一些设置动画关键帧的相关工具，如图11-5所示。

图11-5

**常用工具介绍**

设置关键点 ━: 如果对当前的效果比较满意，可以单击该按钮（快捷键为K键）设置关键点。

自动关键点 自动关键点: 单击该按钮或按N键可以自动记录关键帧。在该状态下，物体的模型、材质、灯光和渲染都将被记录为不同属性的动画。启用"自动关键点"功能后，时间尺会变成红色，拖曳时间线滑块可以控制动画的播放范围和关键帧等，如图11-6所示。

图11-6

设置关键点 设置关键点：在"设置关键点"动画模式中，可以使用"设置关键点"工具 设置关键点 和"关键点过滤器"这一组合为选定对象的各个轨迹创建关键点。与"自动关键点"模式不同，利用"设置关键点"模式可以控制设置关键点的对象以及时间。它可以设置角色的姿势（或变换任何对象），如果满意的话，可以使用该姿势创建关键点。如果移动到另一个时间点而没有设置关键点，那么该姿势将被放弃。

—— 提示 ——

设置关键点的常用方法主要有以下两种。

第1种：自动设置关键点。当开启"自动关键点"功能后，就可以通过定位当前帧的位置来记录下动画。例如，图11-7中有一个球体和一个长方体，并且当前时间线滑块处于第0帧位置，下面为球体制作一个位移

动画。将时间线滑块拖曳到第11帧位置，然后移动球体的位置，这时系统会在第0帧和第11帧自动记录下动画信息，如图11-8所示。单击"播放动画"按钮▶或拖曳时间线滑块就可以观察到球体的位移动画。

图11-7　　　　　　　　　　图11-8

第2种：手动设置关键点（同样以图11-7中的球体和长方体为例来讲解如何设置球体的位移动画）。单击"设置关键点"按钮 设置关键点，开启"设置关键点"功能，然后单击"设置关键点"按钮 或按K键在第0帧设置一个关键点，如图11-9所示，接着将时间线滑块拖曳到第11帧，再移动球体的位置，最后按K键在第11帧设置一个关键点，如图11-10所示。单击"播放动画"按钮▶或拖曳时间线滑块同样可以观察到球体产生了位移动画。

图11-9　　　　　　　　　　图11-10

新建关键点的默认入/出切线 ：为新的动画关键点提供快速设置默认切线类型的方法，这些新的关键点是用"设置关键点"模式或"自动关键点"模式创建的。

关键点过滤器 关键点过滤器...：单击该按钮可以打开"设置关键点过滤器"对话框，在该对话框中可以选择要设置关键点的轨迹，如图11-11所示。

图11-11

---

🖑 **操作练习** 制作风车旋转动画

» 场景位置　场景文件>CH11>01.max
» 实例位置　实例文件>CH11>操作练习：制作风车旋转动画.max
» 视频名称　操作练习：制作风车旋转动画.mp4
» 技术掌握　自动关键点、时间轴

风车旋转动画效果如图11-12所示。

图11-12

**01** 打开学习资源中的"场景文件>CH11>01.max"文件，如图11-13所示。

**02** 选择一个风叶模型后，单击"自动关键点"按钮 自动关键点 ，接着将时间线滑块拖曳到第100帧，最后使用"选择并旋转"工具 沿z轴将风叶旋转-2000°，如图11-14所示。

图11-13 　　　　　　　　　图11-14

**03** 采样相同的方法将另外3个风叶也设置一个旋转动画，然后单击"播放动画"按钮 ，效果如图11-15所示。

图11-15

**04** 选择动画效果最明显的一些帧，然后按F9键渲染出这些单帧动画，最终效果如图11-16所示。

图11-16

## 11.1.2 播放控制器

在关键帧设置工具的旁边是一些控制动画播放的相关工具，如图11-17所示。

**常用工具介绍**

图11-17

转至开头 ：如果当前时间线滑块没有处于第0帧位置，那么单击该按钮可以跳转到第0帧。

上一帧 ：将当前时间线滑块向前移动一帧。

播放动画 /播放选定对象 ：单击"播放动画"按钮 可以播放整个场景中的所有动画；单击"播放选定对象"按钮 可以播放选定对象的动画，而未选定的对象将静止不动。

下一帧 ：将当前时间线滑块向后移动一帧。

转至结尾 ：如果当前时间线滑块没有处于结束帧位置，那么单击该按钮可以跳转到最后一帧。

关键点模式切换 ◄►：单击该按钮可以切换到关键点设置模式。

时间跳转输入框 ：在这里可以输入数字来跳转时间线滑块，如输入60，按Enter键就可以将时间线滑块跳转到第60帧。

时间配置 ：单击该按钮可以打开"时间配置"对话框。该对话框中的参数将在下面的内容中进行讲解。

## 11.1.3　时间配置

使用"时间配置"对话框可以设置动画时间的长短及时间显示格式等。单击"时间配置"按钮 ，打开"时间配置"对话框，如图11-18所示。

**常用参数介绍**

（1）帧速率选项组

帧速率：共有NTSC（30帧/秒）、PAL（25帧/秒）、电影（24帧/秒）和"自定义"4种方式可供选择，但一般情况都采用PAL（25帧/秒）方式。

FPS（每秒帧数）：采用每秒帧数来设置动画的帧速率。视频使用30FPS的帧速率、电影使用24FPS的帧速率，而Web和媒体动画则使用更低的帧速率。

（2）时间显示选项组

帧/SMPTE/帧:TICK/分:秒:TICK：指定在时间线滑块及整个3ds Max中显示时间的方法。

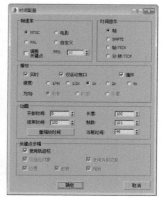

图11-18

（3）播放选项组

实时：使视图中播放的动画与当前"帧速率"的设置保持一致。

仅活动视口：使播放操作只在活动视图中进行。

循环：控制动画只播放一次或者循环播放。

速度：选择动画的播放速度。

方向：选择动画的播放方向。

（4）动画选项组

开始时间/结束时间：设置在时间线滑块中显示的活动时间段。

长度：设置显示活动时间段的帧数。

帧数：设置要渲染的帧数。

重缩放时间 重缩放时间 ：拉伸或收缩活动时间段内的动画，以匹配指定的新时间段。

当前时间：指定时间线滑块的当前帧。

（5）关键点步幅选项组

使用轨迹栏：启用该选项后，可以使关键点模式遵循轨迹栏中的所有关键点。

仅选定对象：在使用"关键点步幅"模式时，该选项仅考虑选定对象的变换。

使用当前变换：禁用"位置""旋转""缩放"选项时，该选项可以在关键点模式中使用当前变换。

位置/旋转/缩放：指定关键点模式所使用的变换模式。

# 11.2 常用动画工具

前面学习了动画制作的基础知识后，相信读者现在已经能制作简单的关键帧动画了。在实际的工作中，要制作常规动画，还涉及许多工具，如曲线编辑器、变形器、约束等。

## 11.2.1 曲线编辑器

"曲线编辑器"是制作动画时经常使用到的一个编辑器。使用"曲线编辑器"可以快速地调节曲线来控制物体的运动状态。单击"主工具栏"中的"曲线编辑器（打开）"按钮，打开"轨迹视图-曲线编辑器"对话框，如图11-19所示。

图11-19

为物体设置动画属性以后，在"轨迹视图-曲线编辑器"对话框中就会有与之相对应的曲线，如图11-20所示。

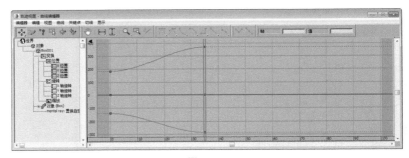

图11-20

--- 提示 ---

在"轨迹视图-曲线编辑器"对话框中，$x$轴默认使用红色曲线来表示，$y$轴默认使用绿色曲线来表示，$z$轴默认使用紫色曲线来表示，这3条曲线与坐标轴的3条轴线的颜色相同，图11-21所示的$x$轴曲线是上升的曲线，且曲线斜率的绝对值先增大后减小，这代表物体在$x$轴正方向上发生了移动，且速度是先增大，然后减小。

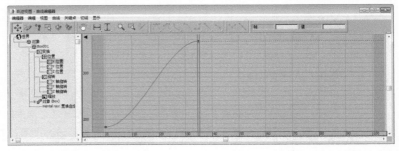

图11-21

图11-22中的y轴曲线表示物体在y轴的负方向上正处于先加速后减速的运动状态。

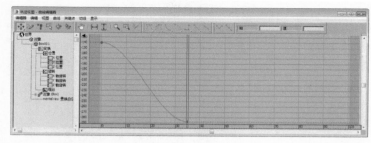

图11-22

图11-23中的z轴曲线为水平直线，表示物体在z轴方向未发生位置移动。

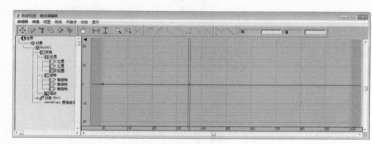

图11-23

## 操作练习 制作蝴蝶飞舞动画

» 场景位置 场景文件>CH11>02.max
» 实例位置 实例文件>CH11>操作练习：制作蝴蝶飞舞动画.max
» 视频名称 操作练习：制作蝴蝶飞舞动画.mp4
» 技术掌握 曲线编辑器、自动关键点

蝴蝶飞舞动画效果如图11-24所示。

图11-24

**01** 打开学习资源中的"场景文件>CH11>02.max"文件，如图11-25所示。

**02** 选择蝴蝶模型，然后单击"自动关键点"按钮 自动关键点，接着使用"选择并移动"工具 ❖ 和"选择并旋转"工具 ○ 分别在第0帧（第0帧位置不动）、第25帧、第46帧、第74帧和第100帧调整蝴蝶的飞行位置和翅膀扇动的角度，如图11-26所示。

图11-25

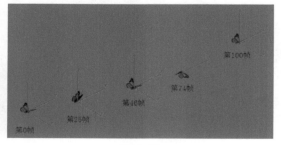

图11-26

**03** 选择蝴蝶模型，然后在"主工具栏"中单击"曲线编辑器（打开）"按钮，打开"轨迹视图–曲线编辑器"对话框，接着在属性列表中选择"*x*位置"曲线，最后将曲线调节成如图11–27所示的形状。

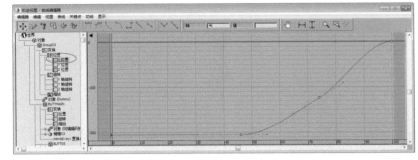

图11–27

**04** 在属性列表中选择"*y*位置"曲线，然后将曲线调节成如图11–28所示的形状。

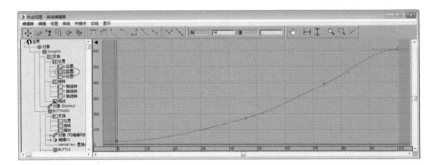

图11–28

**05** 在属性列表中选择"*z*位置"曲线，然后将曲线调节成如图11–29所示的形状。

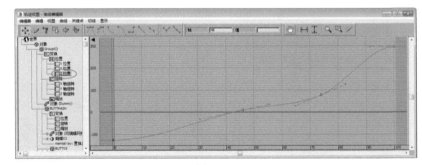

图11–29

**06** 选择动画效果最明显的一些帧，然后再按F9键渲染出这些单帧动画，最终效果如图11–30所示。

图11–30

── 提示 ─────────

在本例中可以只渲染出蝴蝶，然后在Photoshop中合成背景，也可以直接在3ds Max中按大键盘上的8键，打开"环境和效果"对话框，接着在"环境贴图"通道上加载一张背景贴图进行渲染。

## 11.2.2 路径约束

使用"路径约束"（这是约束里面最重要的一种）可以将一个对象沿着样条线进行移动。选中对象，执行"动画>约束>路径约束"菜单命令即打开其参数设置面板，如图11-31和图11-32所示。

**常用参数介绍**

图11-31　　　　　　　　　图11-32

**添加路径** 添加路径 ：添加一个新的样条线路径使之对约束对象产生影响。

**删除路径** 删除路径 ：从目标列表中移除一个路径。

**目标/权重**：该列表用于显示样条线路径及其权重值。

**权重**：为每个目标指定并设置动画。

**%沿路径**：设置对象沿路径的位置百分比。

── 提示 ─────────

注意，"%沿路径"的值基于样条线路径的U值。一个NURBS曲线可能没有均匀的空间U值，因此如果"%沿路径"的值为50可能不会直观地转换为NURBS曲线长度的50%。

**跟随**：在对象跟随轮廓运动的同时将对象指定给轨迹。

**倾斜**：当对象通过样条线的曲线时允许对象倾斜（滚动）。

**倾斜量**：调整这个量使倾斜从一边或另一边开始。

**平滑度**：当对象在经过路径中的转弯时，控制翻转角度改变的快慢程度。

**允许翻转**：启用该选项后，可以避免在对象沿着垂直方向的路径行进时有翻转的情况。

**恒定速度**：启用该选项后，可以沿着路径提供一个恒定的速度。

**循环**：在一般情况下，当约束对象到达路径末端时，它不会越过末端点。而"循环"选项可以改变这一行为，当约束对象到达路径末端时会循环回起始点。

**相对**：启用该选项后，可以保持约束对象的原始位置。

**轴**：定义对象的轴与路径轨迹对齐。

🖑 **操作练习** 制作气球漂浮动画

» 场景位置　场景文件>CH11>03.max
» 实例位置　实例文件>CH11>操作练习：制作气球漂浮动画.max
» 视频名称　操作练习：制作气球漂浮动画.mp4
» 技术掌握　约束路径、运动面板、线工具

气球漂浮动画效果如图11-33所示。

图11-33

**01** 打开学习资源中的"场景文件>CH11>03.max"文件,如图11-34所示。

**02** 使用"线"工具 线 在顶视图中绘制一条如图11-35所示的样条线。

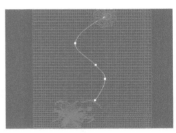

图11-34
图11-35

**03** 切换到左视图,选择上一步创建的样条线,然后调整好顶点的位置,如图11-36所示,调整完成后的效果如图11-37所示。

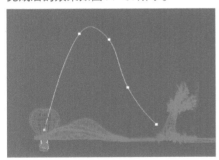

图11-36

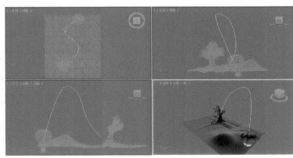

图11-37

提示

不需要绘制得一模一样,其形状可以根据用户自己的需要来定。

**04** 选择气球对象,然后执行"动画>约束>路径约束"菜单命令,如图11-38所示,接着在视图中拾取样条线作为路径,如图11-39所示。

图11-38

图11-39

05 拖曳时间线滑块，可以发现气球会沿着样条线路径进行运动。选择动画效果最明显的一些帧，然后按F9键渲染出这些单帧动画，最终效果如图11-40所示。

图11-40

# 11.2.3 注视约束

使用"注视约束"可以控制对象的方向，并使它一直注视另一个对象。选中对象，执行"动画>约束>注视约束"菜单命令可打开其参数设置面板，如图11-41和图11-42所示。

**常用参数介绍**

添加注视目标 `添加注视目标`：用于添加影响约束对象的新目标。

删除注视目标 `删除注视目标`：用于移除影响约束对象的目标对象。

图11-41          图11-42

权重：用于为每个目标指定权重值并设置动画。

保持初始偏移：将约束对象的原始方向保持为相对于约束方向上的一个偏移。

视线长度：定义从约束对象轴到目标对象轴所绘制的视线长度。

绝对视线长度：启用该选项后，3ds Max仅使用"视线长度"设置主视线的长度。

设置方向 `设置方向`：允许对约束对象的偏移方向进行手动定义。

重置方向 `重置方向`：将约束对象的方向设置回默认值。

选择注视轴：用于定义注视目标的轴。

选择上方向节点：选择注视的上部节点，默认设置为"世界"。

上方向节点控制：允许在注视的上部节点控制器和轴对齐之间快速翻转。

源轴：选择与上部节点轴对齐的约束对象的轴。

对齐到上部节点轴：选择与选中的源轴对齐的上部节点轴。

---

🖑 **操作练习** 制作人物眼神动画

» 场景位置　场景文件>CH11>04.max
» 实例位置　实例文件>CH11>操作练习：制作人物眼神动画.max
» 视频名称　操作练习：制作人物眼神动画.mp4
» 技术掌握　约束注视、辅助对象

人物眼神动画效果如图11-43所示。

图11-43

01 打开学习资源中的"场景文件>CH11>04.max"文件，如图11-44所示。

02 在"创建"面板中单击"辅助对象"按钮，然后使用"点"工具 点 在两只眼睛的正前方

创建一个点Point001，如图
11-45所示。

—— 提示

这里创建点辅助对象的目
的是通过移动点的位置来控制
眼球的注视角度，从而让眼球
产生旋转效果。

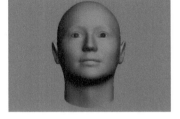

图11-44

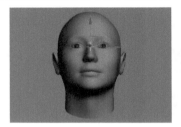

图11-45

03 选择点辅助对象，展开"参数"卷展栏，然后在"显示"
选项组下勾选"长方体"选项，接着设置"大小"1000mm，
如图11-46所示。

04 选择两只眼球，然后执行"动画>约束>
注视约束"菜单命令，接着将眼球的约束虚线
拖曳到点Point001上，如图11-47所示。

图11-46

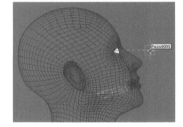

图11-47

05 为点Point001设置一
个简单的位移动画，如图
11-48所示。

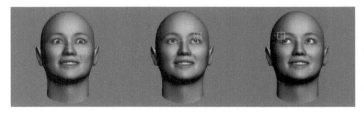

图11-48

06 选择动画效果最明显的
一些帧，然后按F9键渲染出
这些单帧动画，最终效果如
图11-49所示。

图11-49

## 11.2.4 变形器

"变形器"可以用来改变网格、面片和NURBS模型的形状，同时还支持材质变形，一般用于制作3D角色的口型动画和与其同步的面部表情动画。"变形器"的参数设置面板包含5个卷展栏，如图11-50所示。

图11-50

### 1.通道颜色图例卷展栏

展开"通道颜色图例"卷展栏，如图11-51所示。

**常用参数介绍**

灰色■：表示通道为空且尚未编辑。

橙色■：表示通道已在某些方面更改，但不包含变形数据。

绿色■：表示通道处于活动状态。通道包含变形数据，且目标对象仍然存在于场景中。

图11-51

蓝色■：表示通道包含变形数据。

深灰色■：表示通道已被禁用。

### 2.全局参数卷展栏

展开"全局参数"卷展栏，如图11-52所示。

**常用参数介绍**

（1）全局设置选项组

使用限制：为所有通道使用最小和最大限制。

最小值：设置最小限制。

最大值：设置最大限制。

使用顶点选择 使用顶点选择：启用该按钮后，可以限制选定顶点的变形。

（2）通道激活选项组

全部设置 全部设置：单击该按钮可以激活所有通道。

不设置 不设置：单击该按钮可以取消激活所有通道。

（3）变形材质选项组

指定新材质 指定新材质：单击按钮可以将"变形器"材质指定给基础对象。

图11-52

### 3.通道列表卷展栏

展开"通道列表"卷展栏，如图11-53所示。

**常用参数介绍**

标记下拉列表 ：在该列表中可以选择以前保存的标记。

图11-53

保存标记 保存标记：在"标记下拉列表"中输入标记名称后，单击该按钮可保存标记。

删除标记 删除标记：从下拉列表中选择要删除的标记名，然后单击该按钮可以将其删除。

加载多个目标  单击该按钮可以打开"加载多个目标"对话框，如图11-54所示。在该对话框中可以选择对象，并将多个变形目标加载到空通道中。

重新加载所有变形目标 重新加载所有变形目标 ：单击该按钮可以重新加载所有变形目标。

活动通道值清零 活动通道值清零 ：如果已启用"自动关键点"功能，那么单击该按钮可以为所有活动变形通道创建值为0的关键点。

自动重新加载目标：启用该选项后，可以允许"变形器"自动更新动画目标。

图11-54

## 4.通道参数卷展栏

展开"通道参数"卷展栏，如图11-55所示。

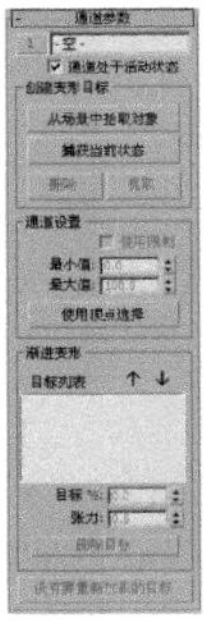

**常用参数介绍**

通道编号 1 ：单击通道图标会弹出一个菜单。使用该菜单中的命令可以分组和组织通道，还可以查找通道。

通道名 -空- ：显示当前目标的名称。

通道处于活动状态：切换通道的启用和禁用状态。

从场景中拾取对象 从场景中拾取对象 ：使用该按钮在视图中单击一个对象，可以将变形目标指定给当前通道。

捕获当前状态 捕获当前状态 ：单击该按钮可以创建使用当前通道值的目标。

图11-55

删除 删除 ：删除当前通道的目标。

提取 提取 ：选择蓝色通道并单击该按钮，可以使用变形数据创建对象。

使用顶点选择 使用顶点选择 ：仅变形当前通道上的选定顶点。

目标%：指定选定的中间变形目标在整个变形解决方案中所占的百分比。

张力：指定中间变形目标之间的顶点变换的整体线性。

删除目标 删除目标 ：从目标列表中删除选定的中间变形目标。

没有要重新加载的目标 没有要重新加载的目标 ：将数据从当前目标重新加载到通道中。

## 5.高级参数卷展栏

展开"高级参数"卷展栏，如图11-56所示。

**常用参数介绍**

微调器增量：指定微调器增量的大小。5为大增量，0.1为小增量，默认值为1。

精简通道列表 精简通道列表 ：通过填充指定通道之间的所有空通道来精简通道列表。

近似内存使用情况：显示当前的近似内存使用情况。

图11-56

## 操作练习 制作露珠变形动画

» 场景位置　场景文件>CH11>05.max

» 实例位置　实例文件>CH11>操作练习：制作露珠变形动画.max

» 视频名称　操作练习：制作露珠变形动画.mp4

» 技术掌握　变形器、FFD修改器

露珠变形动画效果如图11-57所示。

01 打开学习资源中的"场景文件>CH11>05.max"文件,如图11-58所示。

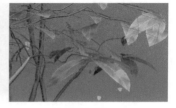

图11-57

图11-58

02 选择树叶上的球体,然后按快捷键Alt+Q进入孤立选择模式,接着复制(选择"复制"方式)一个
球体,如图11-59所示。

03 为复制出来的球体
加载一个FFD(长方体)
修改器,然后设置点数
为5×5×5,接着在"控
制点"次物体层级下将
球体调整成如图11-60
所示的形状。

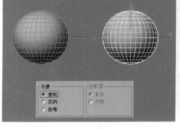

图11-59

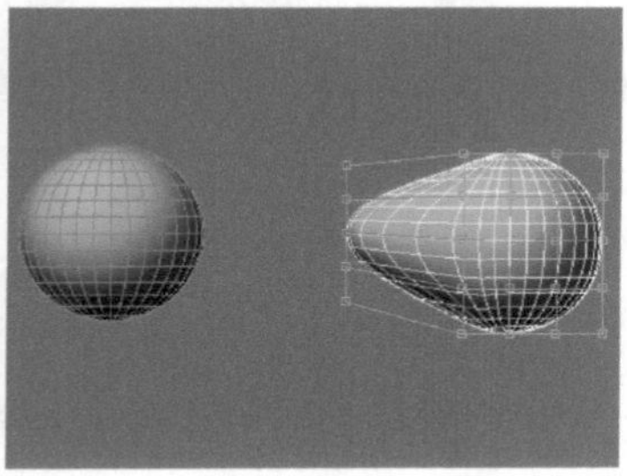

图11-60

04 为正常的球体加载一个"变形器",然后在"通道列表"卷展栏下的第1个"空"按钮
-空- 上单击鼠标右键,并在弹出的菜单中选择"从场景中拾取"命令,接着在场景中拾取调
整好形状的球体模型,
如图11-61所示。

05 先单击"自动关键
点"按钮 自动关键点,然后将
时间线滑块拖曳到第100
帧,接着在"通道列表"
卷展栏下设置变形值为
100,如图11-62所示。

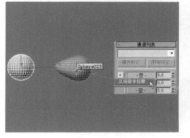

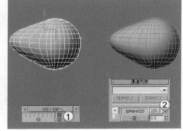

图11-61

图11-62

06 选择动画效果最明显的一些帧,然后按F9键渲染出这些单帧动画,最终效果如图11-63所示。

图11-63

# 11.2.5 路径变形（WSM）修改器

使用"路径变形（WSM）"修改器可以根据图形、样条线或NURBS曲线路径来变形对象，其参数设置面板如图11-64所示。

**常用参数介绍**

路径：显示选定路径对象的名称。

拾取路径 拾取路径 ：使用该按钮可以在视图中选择一条样条线或NURBS曲线作为路径使用。

图11-64

百分比：根据路径长度的百分比沿着Gizmo路径移动对象。

转到路径 转到路径 ：将对象从其初始位置转到路径的起点。

X/Y/Z：选择一条轴以旋转Gizmo路径，使其与对象的指定局部轴相对齐。

---

👆 **操作练习** 制作生物生长动画

» 场景位置　无
» 实例位置　实例文件>CH11>操作练习：制作生物生长动画.max
» 视频名称　操作练习：制作生物生长动画.mp4
» 技术掌握　路径变形（WSM）修改器、圆柱体

植物生长动画效果如图11-65所示。

**01** 使用"圆柱体"工具 圆柱体 在场景中创建一个圆柱体，然后在"参数"卷展栏下设置"半径"为12mm，"高度"为180mm，如图11-66所示。

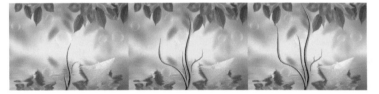

图11-65　　　　　　　　　　　　　　　　　　　　图11-66

**02** 将圆柱体转换为可编辑多边形，然后在"顶点"级别下将其调整成如图11-67所示的形状。

**03** 使用"线"工具 线 在前视图中绘制出如图11-68所示的样条线，然后选择底部的顶点，接着单击鼠标右键，最后在弹出的菜单中选择"设为首顶点"命令，如图11-69所示。

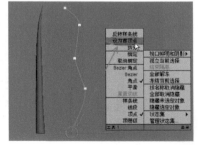

图11-67　　　　　图11-68　　　　　　　　图11-69

**04** 为树枝模型加载一个"路径变形（WSM）"修改器，然后在"参数"卷展栏下单击"拾取路径"按钮 拾取路径 ，接着在视图中拾取样条线，如图11-70所示，效果如图11-71所示。

**05** 在"参数"卷展栏下单击"转到路径"按钮 转到路径，效果如图11-72所示。

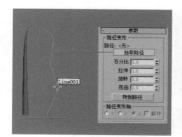

图11-70　　　　　　　　　图11-71　　　　　　　　图11-72

**06** 单击"自动关键点"按钮 自动关键点，然后在第0帧设置"拉伸"为0，如图11-73所示，接着在第100帧设置"拉伸"为1.1，如图11-74所示。

**07** 单击"播放动画"按钮 ▶ 播放生物生长动画，效果如图11-75所示。

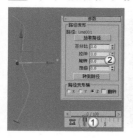
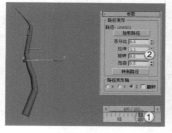

图11-73　　　　　　　　　图11-74　　　　　　　　图11-75

**08** 采用相同的方法制作出其他植物生长动画，完成后的效果如图11-76所示。

图11-76

**09** 选择动画效果最明显的一些帧，然后按F9键渲染出这些单帧动画，最终效果如图11-77所示。

图11-77

# 11.3 综合练习：制作写字动画

» 场景位置　场景文件>CH11>06.max
» 实例位置　实例文件>CH11>综合练习：制作写字动画.max
» 视频名称　综合练习：制作写字动画.mp4
» 技术掌握　路径变形（WSM）修改器、路径约束、自动关键点

写字动画效果如图11-78所示。

**01** 打开学习资源中的"场景文件>CH11>06.max"文件，如图11-79所示。

图11-78                                             图11-79

**02** 选择钢笔模型，然后执行"动画>约束>路径约束"菜单命令，接着将钢笔的约束虚线拖曳到文本样条线上，如图11-80所示，约束后的效果如图11-81所示。

**03** 选择钢笔模型，然后使用"选择并旋转"工具 将其调整到理想的执笔角度，如图11-82所示。

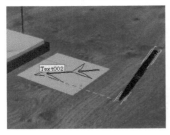

图11-80                        图11-81                        图11-82

**04** 使用"圆柱体"工具 圆柱体 在场景中创建一个圆柱体，然后在"参数"卷展栏下设置"半径"为3mm，"高度"为1850mm，"高度分段"为200，"端面分段"为1，"边数"为6，具体参数设置及圆柱体效果如图11-83所示。

**05** 为圆柱体加载一个"路径变形绑定（WSM）"修改器（注意，该修改器在修改器列表中显示为"路径变形（WSM）"），然后在"参数"卷展栏下单击"拾取路径"按钮 拾取路径 ，接着在视图中拾取样条线，如图11-84所示，效果如图11-85所示。

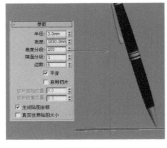

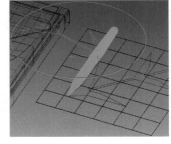

图11-83                        图11-84                        图11-85

— 提示 —

"路径变形绑定（WSM）"修改器属于世界空间修改器，它在"修改器列表"中的名称是"路径变形（WSM）"。

**06** 在"参数"卷展栏下单击"转到路径"按钮 转到路径 ，效果如图11-86所示。

**07** 单击"自动关键点"按钮 [自动关键点]，然后将时间线滑块拖曳到第1帧，接着在"参数"卷展栏下设置"拉伸"为0，如图11-87所示。

图11-86

图11-87

**08** 将时间线滑块拖曳到第10帧，然后在"参数"卷展栏下设置"拉伸"为0.455，如图11-88所示。

**09** 继续在第20帧设置"拉伸"为0.902，第30帧设置"拉伸"为1.377，在第40帧设置"拉伸"为1.855，在第50帧设置"拉伸"为2.339，在第60帧设置"拉伸"为2.812，在第70帧设置"拉伸"为

3.29，在第80帧设置"拉伸"为3.75，在第90帧设置"拉伸"为4.239，在第100帧设置"拉伸"为4.881，完成之后隐藏文字路径，效果如图11-89所示。

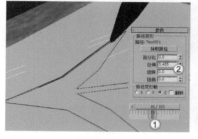
图11-88

图11-89

**10** 选择动画效果最明显的一些帧，然后按F9键渲染出这些单帧动画，最终效果如图11-90所示。

图11-90

## 11.4 课后习题：制作摄影机动画

» 场景位置　场景文件>CH11>07.max
» 实例位置　实例文件>CH11>课后习题：制作摄影机动画.max
» 视频名称　课后习题：制作摄影机动画.mp4
» 技术掌握　路径约束

摄影机动画效果如图11-91所示。

图11-91

**制作分析**

本题所涉及的动画工具是"路径约束"，通过其对摄影机运动路径进行控制，使摄影机在特定轨迹上运动，形成漫游动画。

第1步：使用"线"工具 | 线 | 在视图中绘制一条如图11-92所示的样条线。

第2步：选择摄影机，然后执行"动画>约束>路径约束"菜单命令，接着将摄影机的约束虚线拖曳到样条线上，如图11-93所示，接着在"路径参数"卷展栏下设置相关参数即可。

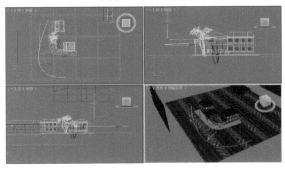

图11-92

图11-93

## 11.5  本课笔记

第 12 课

# 粒子系统与空间扭曲

本课将介绍3ds Max 2016的粒子系统和扭曲空间，其中粒子系统将作为重点进行讲解，包括粒子流源、喷射、雪和超级喷射的用法。另外，在综合练习中将介绍粒子特效的制作方法，并讲解空间扭曲的简单用法。本课的重点是粒子系统，至于空间扭曲，只需掌握其固定用法即可。

## 学习要点

- » 掌握粒子流源、超级喷射等常用粒子的使用方法
- » 掌握事件/操作符的基本操作方法
- » 掌握力、导向器的使用方法
- » 掌握粒子动画的制作方法

# 12.1 粒子系统

3ds Max 2016的粒子系统是一种很强大的动画制作工具,可以通过设置粒子系统来控制密集对象群的运动效果。粒子系统通常用于制作云、雨、雪、风、火、烟雾以及爆炸等动画效果,如图12-1~图12-3所示。

图12-1　　　　　　　　　　图12-2　　　　　　　　　　图12-3

粒子系统作为单一的实体来管理特定的成组对象,通过将所有粒子对象组合成单一的可控系统,可以很容易地使用一个参数来修改所有对象,而且拥有良好的"可控性"和"随机性"。在创建粒子时会占用很大的内存资源,而且渲染速度相当慢。

3ds Max 2016包含7种粒子,分别是"粒子流源""喷射""雪""超级喷射""暴风雪""粒子阵列"和"粒子云",如图12-4所示。这7种粒子在透视图中的显示效果如图12-5所示。

 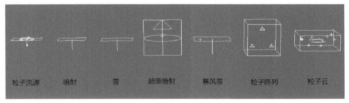

图12-4　　　　　　　　　　　　　　　　图12-5

## 12.1.1 粒子流源

"粒子流源"是每个流的视图图标,同时也可以作为默认的发射器。"粒子流源"作为常用的粒子发射器,可以模拟多种粒子效果,默认情况下,它显示为带有中心徽标的矩形,如图12-6所示。进入"修改"面板,可以观察到"粒子流源"的参数包括"设置""发射""选择""系统管理"和"脚本"5个卷展栏,如图12-7所示。

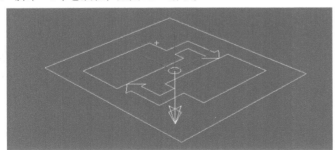

图12-6　　　　　　　　　　　　　　　　图12-7

## 1.设置卷展栏

展开"设置"卷展栏，如图12-8所示。

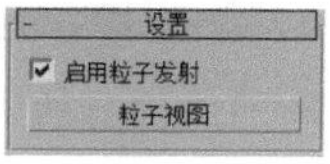

**常用参数介绍**

启用粒子发射：控制是否开启粒子系统。

图12-8

粒子视图 粒子视图 ：单击该按钮可以打开"粒子视图"对话框，如图12-9所示。

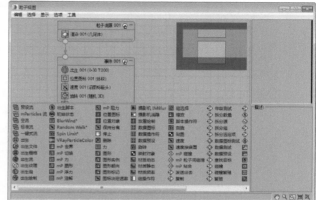

— 提示 —

关于"粒子视图"对话框的使用方法，在下一节中会详细介绍。

图12-9

## 2.发射卷展栏

展开"发射"卷展栏，如图12-10所示。

**常用参数介绍**

徽标大小：主用来设置粒子流中心徽标的尺寸，其大小对粒子的发射没有任何影响。

图标类型：主要用来设置图标在视图中的显示方式，有"长方形""长方体""圆形"和"球体"4种方式，默认为"长方形"。

图12-10

长度：当"图标类型"设置为"长方形"或"长方体"时，显示的是"长度"参数；当"图标类型"设置为"圆形"或"球体"时，显示的是"直径"参数。

宽度：用来设置"长方形"和"长方体"徽标的宽度。

高度：用来设置"长方体"徽标的高度。

显示：主要用来控制是否显示图标或徽标。

视口%：主要用来设置视图中显示的粒子数量，该参数的值不会影响最终渲染的粒子数量，其取值范围为0~10000。

渲染%：主要用来设置最终渲染的粒子的数量百分比，该参数的大小会直接影响到最终渲染的粒子数量，其取值范围为0~10000。

## 12.1.2 事件/操作符的基本操作

下面讲解在"粒子视图"对话框中对事件/操作符的基本操作方法。

## 1.新建操作符

如果要新建一个事件，可以在粒子视图中单击鼠标右键，然后在弹出的菜单中选择"新建"菜单下的事件命令，如图12-11所示。

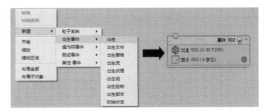

图12-11

## 2.附加/插入操作符

如果要附加操作符（附加操作符就是在原有操作符中再添加一个操作符），可以在面板上或操作符上单击鼠标右键，然后在弹出的菜单中选择"附加"下的子命令，如图12-12所示。另外，也可以直接在下面的操作符列表中选择操作符，然后按住鼠标左键将其拖曳到要添加的位置，如图12-13所示。

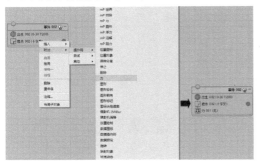

图12-12

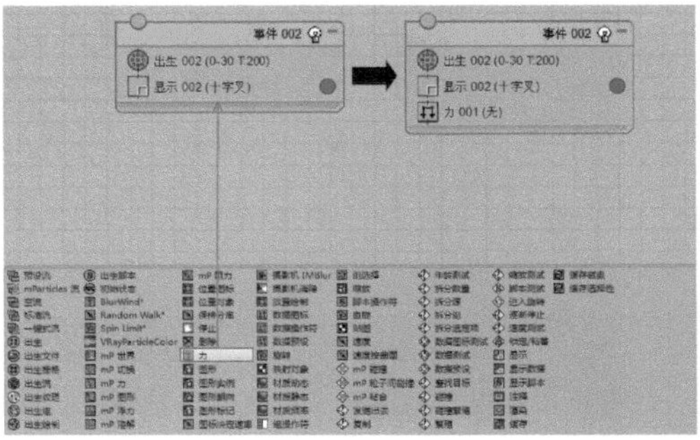

图12-13

插入操作符分为以下两种情况。

第1种：替换操作符。直接在下面的操作符列表中选择操作符，然后按住鼠标左键将其拖曳到要被替换的操作符上，如图12-14所示。

第2种：添加操作符。单击鼠标右键，在弹出的菜单中选择"插入"菜单下的子命令，会将操作符添加到事件面板中，如图12-15所示。

图12-14

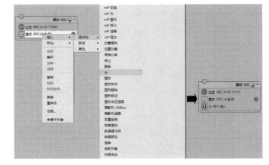

图12-15

## 3.调整操作符的顺序

如果要调整操作符的顺序，按住鼠标左键将操作符拖曳到要放置的位置即可，如图12-16所示。注意，如果将操作符拖曳到其他操作符上，将替换掉操作符，如图12-17所示。

图12-16                      图12-17

## 4.删除事件/操作符

如果要删除事件，可以在
事件面板上单击鼠标右键，然
后在弹出的菜单中选择"删
除"命令，如图12-18所示；
如果要删除操作符，可以在操
作符上单击鼠标右键，然后在
弹出的菜单中选择"删除"命
令，如图12-19所示。

图12-18                      图12-19

## 5.链接/打断操作符与事件

如果要将操作符链接到事
件上，可按住鼠标左键将事件
旁边的■□图标拖曳到事件面
板上的○图标上，如图12-20
所示；如果要打断链接，可以在
链接线上单击鼠标右键，然后
在弹出的菜单中选择"删除连
线"命令，如图12-21所示。

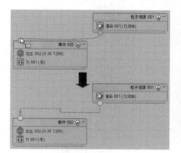

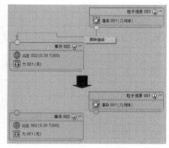

图12-20                      图12-21

---

### 👆 操作练习 | 制作影视包装文字动画

» 场景位置　场景文件>CH12>01.max
» 实例位置　实例文件>CH12>操作练习：制作影视包装文字动画.max
» 视频名称　操作练习：制作影视包装文字动画.mp4
» 技术掌握　粒子流源、时间/操作符的基本操作

影视包装文
字动画效果如图
12-22所示。

图12-22

**01** 打开学习资源中的"场景文件>CH12>01.max"文件，如图12-23所示。

**02** 在"创建"面板中单击"几何体"按钮◯，设置几何体类型为"粒子系统"，然后单击"粒子流源"按钮 粒子流源 ，接着在前视图中拖曳鼠标创建一个粒子流源，如图12-24所示。

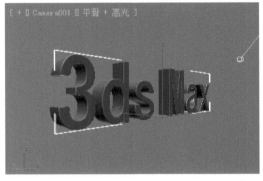

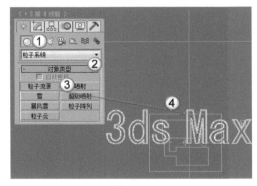

图12-23 　　　　　　　　　　　　　　　　　　　图12-24

**03** 进入"修改"面板，然后在"设置"卷展栏下单击"粒子视图"按钮 粒子视图 ，打开"粒子视图"对话框，接着单击"出生001"操作符，最后在"出生001"卷展栏下设置"发射停止"为50，"数量"为500，如图12-25所示。

**04** 单击"速度001"操作符，然后在"速度001"卷展栏下设置"速度"为7620mm，如图12-26所示。

**05** 单击"形状001"操作符，然后在"形状001"卷展栏下设置"大小"为254mm，如图12-27所示。

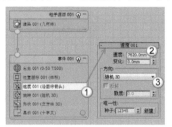

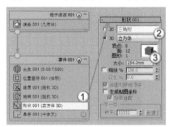

图12-25 　　　　　　　　　　图12-26 　　　　　　　　　　图12-27

**06** 单击"显示001"操作符，然后在"显示001"卷展栏下设置"类型"为"几何体"，接着设置显示颜色为(红:255，绿:182，蓝:26)，如图12-28所示。

**07** 在下面的操作符列表中选择"位置对象"操作符，然后按住鼠标左键将其拖曳到"显示001"操作符的下面，如图12-29所示。

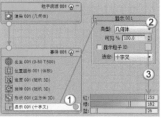

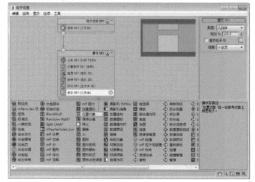

图12-28 　　　　　　　　　　　　　　　　　　　图12-29

08 单击"位置对象001"操作符,然后在"位置对象001"卷展栏下单击"添加"按钮添加,接着在视图中拾取文字模型,最后设置"位置"为"曲面",如图12-30所示。

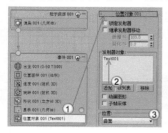

图12-30

09 选择动画效果最明显的一些帧,然后再单独渲染这些单帧动画,最终效果如图12-31所示。

图12-31

## 12.1.3 喷射

"喷射"粒子常用来模拟雨和喷泉等效果,其参数设置面板如图12-32所示。

**常用参数介绍**

（1）粒子选项组

视口计数:在指定的帧处,设置视图中显示的最大粒子数量。

渲染计数:在渲染某一帧时设置可以显示的最大粒子数量（与"计时"选项组下的参数配合使用）。

水滴大小:设置水滴粒子的大小。

速度:设置每个粒子离开发射器时的初始速度。

变化:设置粒子的初始速度和方向。数值越大,喷射越强,范围越广。

水滴/圆点/十字叉:设置粒子在视图中的显示方式。

（2）计时选项组

开始:设置第1个出现的粒子的帧编号。

寿命:设置每个粒子的寿命。

出生速率:设置每一帧产生的新粒子数。

图12-32

恒定:启用该选项后,"出生速率"选项将不可用,此时的"出生速率"等于最大可持续速率。

---

🖐 **操作练习** 制作下雨动画

» 场景位置　无

» 实例位置　实例文件>CH12>操作练习:制作下雨动画.max

» 视频名称　操作练习:制作下雨动画.mp4

» 技术掌握　喷射、环境贴图

下雨动画效果如图12-33所示。

图12-33

**01** 使用"喷射"工具 [喷射] 在顶视图中创建一个喷射粒子，然后在"参数"卷展栏下设置"视口计数"为1000，"渲染计数"为8000，"水滴大小"为127mm，"速度"为7，"变化"为0.56，接着设置"开始"为-50，"寿命"为60，具体参数设置如图12-34所示，粒子效果如图12-35所示。

**02** 按大键盘上的8键打开"环境和效果"对话框，然后在"环境贴图"通道中加载学习资源中的"实例文件>CH12>操作练习：制作下雨动画>材质>背景.jpg"文件，如图12-36所示。

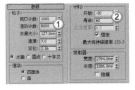

图12-34　　　　　　　图12-35　　　　　　　　　　图12-36

**03** 选择动画效果最明显的一些帧，然后再单独渲染出这些单帧动画，最终效果如图12-37所示。

图12-37

—— 提示 ——

这里需要制作水的材质，请参考第8课的知识或本案例的教学视频进行制作。

## 12.1.4 雪

"雪"粒子主要用来模拟飘落的雪花或洒落的纸屑等动画效果，其参数设置面板如图12-38所示。

**常用参数介绍**

雪花大小：设置粒子的大小。

翻滚：设置雪花粒子的随机旋转量。

翻滚速率：设置雪花的旋转速度。

雪花/圆点/十字叉：设置粒子在视图中的显示方式。

六角形：将粒子渲染为六角形。

三角形：将粒子渲染为三角形。

面：将粒子渲染为正方形面。

图12-38

—— 提示 ——

关于"雪"粒子的其他参数请参阅"喷射"粒子。

**操作练习** 制作雪花飘落动画

» 场景位置　无

» 实例位置　实例文件>CH12>操作练习：制作雪花飘落动画.max

» 视频名称　操作练习：制作雪花飘落动画.mp4

» 技术掌握　雪、环境贴图、雪材质的制作方法

雪花飘落动画效果
如图12-39所示。

图12-39

01 使用"雪"工具 [雪] 在顶视图中创建一个雪粒子，然后在"参数"卷展栏下设置"视口计数"为1000，"渲染计数"为2000，"雪花大小"为2mm，"速度"为6，"变化"为1，"翻滚"为0.5，接着设置"开始"为-30，"寿命"为30，具体参数设置如图12-40所示，粒子效果如图12-41所示。

02 按大键盘上的8键打开"环境和效果"对话框，然后在"环境贴图"通道中加载学习资源中的"实例文件>CH12>操作练习：制作雪花飘落动画>材质>背景.jpg"文件，如图12-42所示。

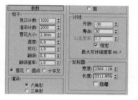

图12-40

图12-41

图12-42

03 选择动画效果最明显的一些帧，然后再单独渲染出这一些单帧动画，最终效果如图12-43所示。

图12-43

---

提示

下面介绍一些这种简单的雪材质的制作方法。

第1步：选择一个空白材质球（用默认的"标准"材质），展开"贴图"卷展栏，然后在"漫反射颜色"贴图通道中加载一张"衰减"程序贴图，接着在"衰减参数"卷展栏下设置"前"通道的颜色为白色，"侧"通道的颜色为黑色，最后在"混合曲线"卷展栏下调整好混合曲线的形状，如图12-44所示。

第2步：将"漫反射颜色"通道中的"衰减"程序贴图复制到"不透明度"贴图通道上，然后设置"不透明度"为70，如图12-45所示，制作好的材质球效果如图12-46所示。

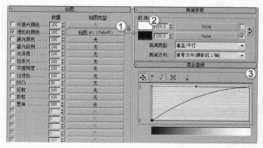

图12-44

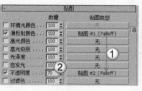

图12-45

图12-46

## 12.1.5 超级喷射

"超级喷射"粒子可以用来制作暴雨和喷泉等效果，若将其绑定到"路径跟随"空间扭曲上，还可以生成瀑布效果，其参数设置面板如图12-47所示。

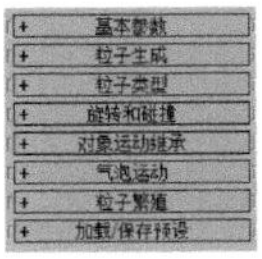

图12-47

### 1.基本参数卷展栏

展开"基本参数"卷展栏，如图12-48所示。

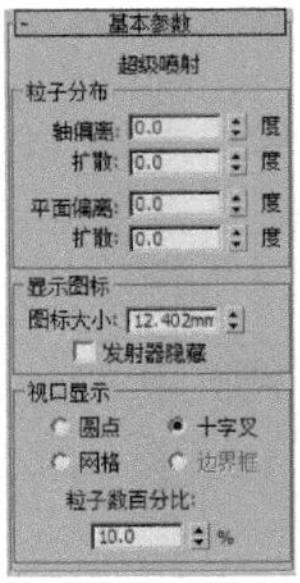

**常用参数介绍**

（1）粒子分布选项组

轴偏离：影响粒子流与$z$轴的夹角（沿着$x$轴的平面）。

扩散：影响粒子远离发射向量的扩散（沿着$x$轴的平面）。

平面偏离：影响围绕$z$轴的发射角度。如果设置为0，则该选项无效。

扩散：影响粒子围绕"平面偏离"轴的扩散。如果设置为0，则该选项无效。

（2）视口显示选项组

圆点/十字叉/网格/边界框：设置粒子在视图中的显示方式。

粒子数百分比：设置粒子在视图中的显示百分比。

图12-48

### 2.粒子生成卷展栏

展开"粒子生成"卷展栏，如图12-49所示。

**常用参数介绍**

（1）粒子数量选项组

使用速率：指定每帧发射的固定粒子数。

使用总数：指定在系统使用寿命内产生的总粒子数。

（2）粒子运动选项组

速度：设置粒子在出生时沿着法线的速度。

变化：对每个粒子的发射速度应用一个变化百分比。

（3）粒子计时选项组

发射开始/停止：设置粒子开始在场景中出现和停止的帧。

显示时限：指定所有粒子均将消失的帧（无论其他设置如何）。

寿命：设置每个粒子的寿命。

变化：指定每个粒子的寿命可以从标准值变化的帧数。

图12-49

（4）粒子大小选项组

大小：根据粒子的类型指定系统中所有粒子的目标大小。

变化：设置每个粒子的大小可以从标准值变化的百分比。

增长耗时：设置粒子从很小增长到"大小"值经历的帧数。

衰减耗时：设置粒子在消亡之前缩小到其"大小"值的1/10所经历的帧数。

242

### 3.粒子类型卷展栏

展开"粒子类型"卷展栏，如图12-50所示。

**常用参数介绍**

（1）粒子类型选项组

标准粒子：使用几种标准粒子类型中的一种，如三角形、立方体、四面体等。

变形球粒子：使用变形球粒子。这些变形球粒子是以水滴或粒子流形式混合在一起的。

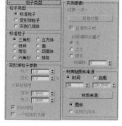

图12-50

实例几何体：生成粒子，这些粒子可以是对象、对象链接层次或组的实例。

（2）标准粒子选项组

三角形/立方体/特殊/面/恒定/四面体/六角形/球体：如果在"粒子类型"选项组中选择了"标准粒子"，则可以在此指定一种粒子类型。

---

提示

关于"超级喷射"的使用方法，在"综合练习"中会结合"空间扭曲"的内容来介绍。

---

## 12.2 空间扭曲

"空间扭曲"从字面意思来看比较难懂，可以将其比喻为一种控制场景对象运动的无形力量，如重力、风力和推力等。使用空间扭曲可以模拟真实世界中存在的"力"效果，当然，空间扭曲需要与粒子系统一起配合使用才能制作出动画效果。

空间扭曲包括5种类型，分别是"力""导向器""几何/可变形""基于修改器"和"粒子和动力学"，如图12-51所示。

图12-51

### 12.2.1 力

"力"可以为粒子系统提供外力影响，共有9种类型，分别是"推力""马达""漩涡""阻力""粒子爆炸""路径跟随""重力""风"和"置换"，如图12-52所示，这些力在视图中的显示图标如图12-53所示。

图12-52

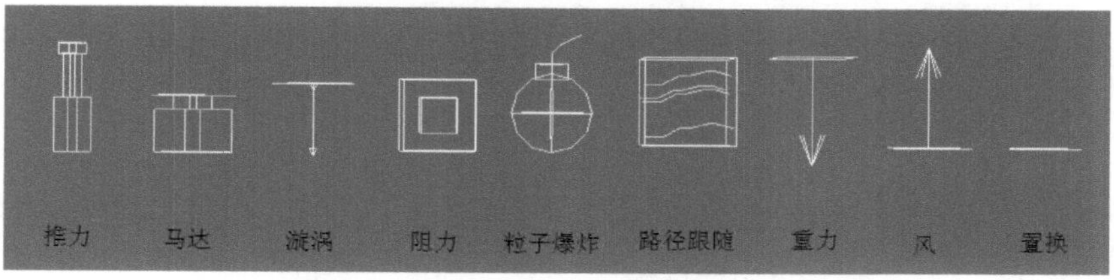

图12-53

**常用工具介绍**

推力 ▢推力▢：可以为粒子系统提供正向或负向的均匀单向力。

漩涡　　漩涡　　：可以将力应用于粒子，使粒子在急转的漩涡中进行旋转，然后让它们向下移动成一个长而窄的喷流或漩涡井，常用来创建黑洞、涡流和龙卷风。

　　阻力　　阻力　　：这是一种在指定范围内按照指定量来降低粒子速率的粒子运动阻尼器。应用阻尼的方式可以是"线性""球形"或"圆柱形"。

　　粒子爆炸　粒子爆炸　：可以创建一种使粒子系统发生爆炸的冲击波。

　　路径跟随　路径跟随　：可以强制粒子沿指定的路径进行运动。路径通常为单一的样条线，也可以是具有多条样条线的图形，但粒子只会沿其中一条样条线运动。

　　重力　　重力　　：用来模拟粒子受到的自然重力。重力具有方向性，沿重力箭头方向的粒子为加速运动，沿重力箭头逆向的粒子为减速运动。

　　风　　风　　：用来模拟风吹动粒子所产生的飘动效果。

## 12.2.2　导向器

　　"导向器"可以为粒子系统提供导向功能，共有6种类型，分别是"泛方向导向板""泛方向导向球""全泛方向导向""全导向器""导向球"和"导向板"，如图12-54所示。

**常用工具介绍**

图12-54

　　泛方向导向板　泛方向导向板　：这是空间扭曲的一种平面泛方向导向器。它能提供比原始导向器空间扭曲更强大的功能，包括折射和繁殖能力。

　　泛方向导向球　泛方向导向球　：这是空间扭曲的一种球形泛方向导向器。它提供的选项比原始的导向球更多。

　　全泛方向导向　全泛方向导向　：这个导向器比原始的"全导向器"更强大，可以使用任意几何对象作为粒子导向器。

　　全导向器　全导向器　：这是一种可以使用任意对象作为粒子导向器的全导向器。

　　导向球　导向球　：这个空间扭曲起着球形粒子导向器的作用。

　　导向板　导向板　：这是一种平面装的导向器，是一种特殊类型的空间扭曲，它能让粒子影响动力学状态下的对象。

## 12.3　综合练习

　　在实际工作中，粒子系统和空间扭曲是结合起来使用的，通过它们可以制作出许多动态效果，如烟花、水波等。

### 🖳综合练习　制作烟花动画

» 场景位置　无
» 实例位置　实例文件>CH12>综合练习：制作烟花动画.max
» 视频名称　综合练习：制作烟花动画.mp4
» 技术掌握　粒子流源、时间/操作符的基本操作、导向板、绑定到扭曲空间工具

烟花爆炸动画效果如图12-55所示。

图12-55

**01** 使用"粒子流源"工具 粒子流源 在透视图中创建一个粒子流源，然后在"发射"卷展栏下设置"徽标大小"为160mm，"长度"为240mm，"宽度"为245mm，如图12-56所示。

**02** 按A键激活"角度捕捉切换"工具 ，然后使用"选择并旋转"工具 在前视图中将粒子流源顺时针旋转180°，使发射器的发射方向朝向上，如图12-57所示。

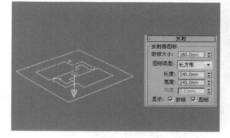

图12-56

图12-57

**03** 使用"球体"工具 球体 在一个粒子流源的上方创建一个球体，然后在"参数"卷展栏下设置"半径"为4mm，如图12-58所示。

**04** 选择粒子流源，然后在"设置"卷展栏下单击"粒子视图"按钮 粒子视图，打开"粒子视图"对话框，接着单击"出生001"操作符，最后在"出生001"卷展栏下设置"发射停止"为0，"数量"为20000，如图12-59所示。

图12-58

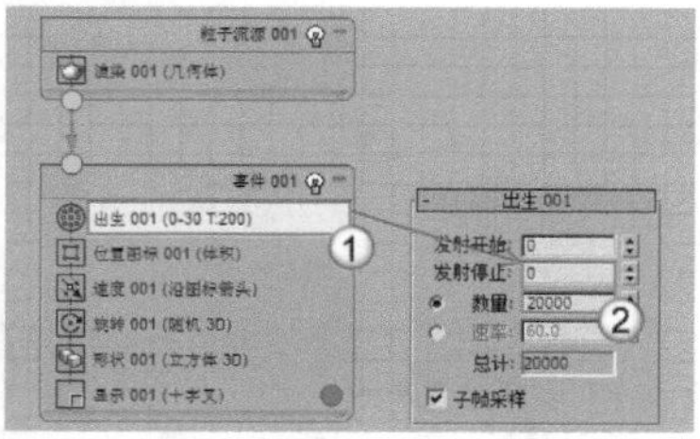

图12-59

**05** 单击"形状001"操作符，然后在"形状001"卷展栏下设置3D类型为"80面球体"，接着设置"大小"为1.5mm，如图12-60所示。

**06** 单击"显示001"操作符，然后在"显示001"卷展栏下设置"类型"为"点"，接着设置显示颜色为（红:51，绿:147, 蓝:255），如图12-61所示。

图12-60

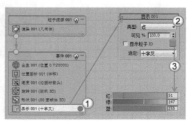

图12-61

**07** 按住鼠标左键将操作符列表中的"位置对象001"操作符拖曳到"显示001"操作符的下方，然后单击"位置对象001"操作符，接着在"位置对象001"卷展栏下单击"添加"按钮 添加 ，最后在视图之中拾取球体，将其添加到"发射器对象"列表中，如图12-62所示。

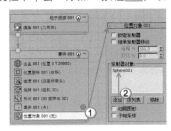

图12-62

— 提示 —

　　此时拖曳时间线滑块，可以观察到粒子并没有像烟花一样产生爆炸效果，如图12-63所示。因此下面还需要对粒子进行碰撞设置。

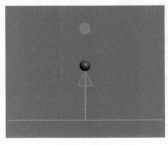

图12-63

**08** 使用"平面"工具 平面 在顶视图中创建一个大小与粒子流源大小几乎相同的平面，然后将其拖曳到粒子流源的上方，如图12-64所示。

**09** 在"创建"面板中单击"空间扭曲"按钮 ，并设置空间扭曲的类型为"导向器"，然后使用"导向板"工具 导向板 在顶视图中创建一个导向板（位置、大小与平面相同），如图12-65所示。

— 提示 —

　　这里创建导向板的目的主要是为了让粒子在上升的过程中与其发生碰撞，从而让粒子产生爆炸效果。

图12-64

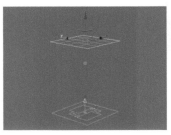

图12-65

**10** 在"主工具栏"中单击"绑定到空间扭曲"按钮 ，然后用该工具将导向板拖曳到平面上，如图12-66所示。

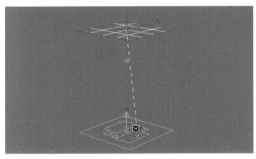

图12-66

— 提示 —

　　"绑定到空间扭曲"工具 可以将导向器绑定到对象上。先选择需要的导向器，然后在"主工具栏"中单击"绑定到空间扭曲"按钮 ，接着将其拖曳到要绑定的对象上即可，如图12-67所示。

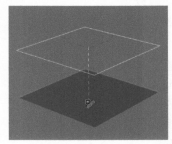

图12-67

**11** 打开"粒子视图"对话框，然后在操作符列表中将"碰撞001"操作符拖曳到"位置对象001"操作符的下方，单击"碰撞001"操作符，接着在"碰撞001"卷展栏下单击"添加"按钮 添加 ，并在视图中拾取导向板，最后设置"速度"为"随机"，如图12-68所示。

**12** 拖曳时间线滑块，可以发现此时的粒子已经发生了爆炸效果，如图12-69所示。

图12-68

图12-69

**13** 采用相同的方法再制作一个粒子流源，然后选择动画效果最明显的一些帧，接着单独渲染出这些单帧动画，最终效果如图12-70所示。

图12-70

## 综合练习 制作烟雾动画

- » 场景位置 场景文件>CH12>02.max
- » 实例位置 实例文件>CH12>综合练习：制作烟雾动画.max
- » 视频名称 综合练习：制作烟雾动画.mp4
- » 技术掌握 超级喷射、风、绑定到扭曲空间工具

烟雾动画效果如图12-71所示。

**01** 打开学习资源中的"场景文件>CH12>02.max"文件，如图12-72所示。

图12-71

图12-72

**02** 使用"超级喷射"工具 超级喷射 在火堆中创建一个超级喷射粒子，如图12-73所示。

**03** 展开"基本参数"卷展栏，然后在"粒子分布"选项组下设置"轴偏离"为10°，"扩散"为27°，"平面偏离"为139°，"扩散"为180°，接着在"视口显示"选项组下勾选"圆点"选项，并设置"粒子数百分比"为100%，具体参数设置如图12-74所示。

**04** 展开"粒子生成"卷展栏，设置"粒子数量"为15，然后在"粒子运动"选项组下设置"速度"为254mm，"变化"为12%，接着在"粒子计时"选项组下设置"发射开始"为0，"发射停止"为100，"显示时限"为100，"寿命"为30，最后在"粒子大小"选项组下设置"大小"为600mm，具体参数设置如图12-75所示。

图12-73

图12-74

图12-75

**05** 展开"粒子类型"卷展栏，然后设置"粒子类型"为"标准粒子"，接着设置"标准粒子"为"面"，如图12-76所示。

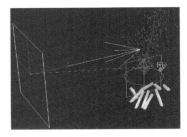

图12-76

**06** 设置空间扭曲类型为"力"，然后使用"风"工具 风 在视图中创建一个风力，接着在"参数"卷展栏下设置"强度"为0.1，如图12-77所示。

**07** 使用"绑定到空间扭曲"工具 将风力绑定到超级喷射粒子，如图12-78所示。

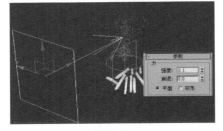

图12-77

图12-78

**08** 下面制作粒子的材质。按M键打开"材质编辑器"对话框，选择一个空白材质球，然后设置材质类型为"标准"材质，并将其命名为"烟雾"，接着展开"贴图"卷展栏，具体参数设置如图12-79所示，制作好的材质球效果如图12-80所示。

设置步骤

① 在"漫反射颜色"贴图通道中加载一张"粒子年龄"程序贴图，然后在"粒子年龄参数"卷展栏下设置"颜色#1"为（红:210，绿:94，蓝:0），"颜色#2"为（红:149，绿:138，蓝:109），"颜色#3"为（红:158，绿:158，蓝:158）。

② 将"漫反射颜色"通道中的贴图复制到"自发光"贴图通道上。

③ 在"不透明度"贴图通道之中加载一张"衰减"程序贴图，然后在"衰减参数"卷展栏下设置"衰减类型"为Fresnel，接着设置"不透明度"的值为70。

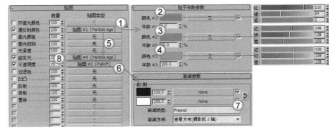

图12-79

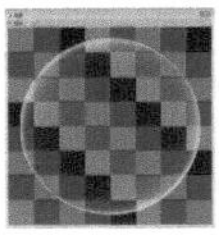

图12-80

**09** 选择动画效果最明显的一些帧，然后单独渲染出这些单帧动画，最终效果如图12-81所示。

图12-81

## 12.4 课后习题

下面提供了两个课后习题供读者练习，本课的内容比较抽象，相关练习知识跨度大、涉及范围广，读者在练习的时候要有耐心。

## 课后习题 制作星形发光圈动画

» 场景位置 无
» 实例位置 实例文件>CH12>课后习题：制作星形发光圈动画.max
» 视频名称 课后习题：制作星形发光圈动画.mp4
» 技术掌握 超级喷射、路径跟随

发光圈动画效果如图12-82所示。

图12-82

**制作分析**

本练习的重点是使粒子在特定路径上运动。

第1步：设置几何体类型为"粒子系统"，然后使用"超级喷射"工具 超级喷射 在场景中创建一个超级喷射发射器，如图12-83所示，接着设置其参数。

第2步：使用"线"工具 线 在前视图中绘制一个心形，然后使用"路径跟随"工具 路径跟随 在视图中创建一个路径跟随，如图12-84所示。

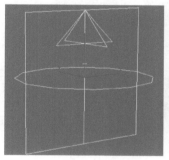

图12-83

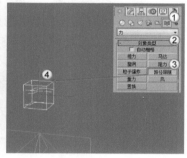

图12-84

第3步：选择路径跟随，然后在"基本参数"卷展栏下单击"拾取图形对象"按钮 拾取图形对象，接着在视图中拾取星形图形，如图12-85所示，最后使用"绑定到空间扭曲"工具 将超级喷射发射器绑定到路径跟随上，如图12-86所示。

图12-85

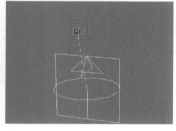

图12-86

## 课后习题 制作喷泉动画

» 场景位置 无
» 实例位置 实例文件>CH12>课后习题：制作喷泉动画.max
» 视频名称 课后习题：制作喷泉动画.mp4
» 技术掌握 超级喷射、重力、导向板

喷泉动画效果如图12-87所示。

**制作分析**

本练习的制作方式与烟花动画类似。

第1步：使用"超级喷射"工具 超级喷射 在顶视图中创建一个超级喷射粒子，在透视图中的显示效果如图12-88所示，然后设置相关参数。

图12-87

图12-88

第2步：使用"重力"工具 重力 在顶视图创建一个重力，接着在"参数"卷展栏下设置相关参数，然后使用"绑定到空间扭曲"工具🗟将重力绑定到超级喷射粒子上，如图12-89所示。

第3步：设置空间扭曲类型为"导向器"，然后使用"导向板"工具 导向板 在顶视图中创建一个导向板，接着使用"绑定到空间扭曲"工具🗟将导向板绑定到超级喷射粒子上，如图12-90所示。

图12-89

图12-90

## 12.5　本课笔记

13

# 动力学

本课将介绍3ds Max 2016的动力学技术，重点介绍动力学MassFX技术，在实际工作中，应重点掌握刚体动画的制作方法。同时，本课介绍了Cloth（布料）修改器的核心部分，主要讲解如何制作布料形变动画。

## 学习要点

» 掌握MassFX工具、模拟工具、刚体创建工具的用法
» 掌握动力学刚体动画的制作方法
» 掌握运动学刚体动画的制作方法
» 掌握Cloth（布料）修改器的使用方法

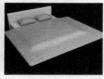

# 13.1 动力学MassFX概述

3ds Max 2016中的动力学系统非常强大，可以快速地制作出物体与物体之间真实的物理作用效果，是制作动画必不可少的一部分。动力学可以用于定义物理属性和外力，当对象遵循物理定律进行相互作用时，可以让场景自动生成最终的动画关键帧。

动力学支持刚体和软体动力学、布料模拟和流体模拟，并且它拥有物理属性，如质量、摩擦力和弹力等，可用来模拟真实的碰撞、绳索、布料、马达和汽车等运动效果，图13-1~图13-3所示是一些很优秀的动力学作品。

图13-1　　　　　　　　　图13-2　　　　　　　　　图13-3

在"主工具栏"的空白处单击鼠标右键，然后在弹出的菜单中选择"MassFX工具栏"命令，可以调出"MassFX工具栏"，如图13-4所示，调出的"MassFX工具栏"如图13-5所示。

— 提示 —

为了方便操作，可以将"MassFX工具栏"拖曳到操作界面的左侧，使其停靠于此，如图13-6所示。另外，在"MassFX工具栏"上单击鼠标右键，在弹出的菜单中选择"停靠"菜单中的子命令可以选择停靠在其他的地方，如图13-7所示。

图13-4

图13-5

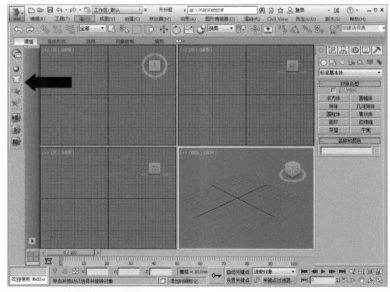

图13-6

图13-7

# 13.2 创建动力学MassFX

本节将针对"MassFX工具栏"中的"MassFX工具"、刚体创建工具以及模拟工具进行讲解。刚体是物理模拟中的对象，其形状和大小不会更改，它可能会反弹、滚动和四处滑动，但无论施加了多大的力，它都不会弯曲或折断。

## 13.2.1 MassFX工具

在"MassFX工具栏"中单击"世界参数"按钮，打开"MassFX工具"对话框，该对话框从左到右分为"世界参数""模拟工具""多对象编辑器"和"显示选项"4个面板，如图13-8所示。下面分别对这4个面板进行讲解。

图13-8

### 1.世界参数面板

"世界参数"面板包含3个卷展栏，分别是"场景设置""高级设置"和"引擎"卷展栏，如图13-9所示。

展开"场景设置"卷展栏，如图13-10所示。

**常用参数介绍**

使用地面碰撞：启用该选项后，MassFX将使用地面高度级别的（不可见）无限、平面、静态刚体，即与主栅格平行或共面。

地面高度：当启用"使用地面碰撞"时，该选项用于设置地面刚体的高度。

图13-9

图13-10

重力方向：启用该选项后，可以通过下面的$x$、$y$、$z$设置MassFX中的内置重力方向。

无加速：设置重力。使用$z$轴时，正值使重力将对象向上拉；负值将对象向下拉（标准效果）。

### 2.模拟工具面板

"模拟工具"面板包含"模拟""模拟设置"和"实用程序"3个卷展栏，如图13-11所示。

展开"模拟"卷展栏，如图13-12所示。

**常用参数介绍**

（1）播放选项组

图13-11

图13-12

重置模拟：单击该按钮可以停止模拟，并将时间线滑块移动到第1帧，同时将任意动力学刚体设置为其初始变换。

开始模拟：从当前帧运行模拟，时间线滑块的每个模拟步长前进一帧，从而让运动学刚体作为模拟的一部分进行移动。

开始没有动画的模拟：当模拟运行时，时间线滑块不会前进，这样可以使动力学刚体移动到固定点。

逐帧模拟 ：运行一个帧的模拟，并使时间线滑块前进相同的量。

（2）模拟烘焙选项组

烘焙所有 烘焙所有 ：将所有动力学刚体的变换存储为动画关键帧时重置模拟。

烘焙选定项 烘焙选定项 ：与"烘焙所有"类似，只不过烘焙仅应用于选定的动力学刚体。

取消烘焙所有 取消烘焙所有 ：删除烘焙时设置为运动学的所有刚体的关键帧，从而将这些刚体恢复为动力学刚体。

取消烘焙选定项 取消烘焙选定项 ：与"取消烘焙所有"类似，只是取消烘焙仅应用于选定的适用刚体。

## 3.多对象编辑器面板

"多对象编辑器"面板包含7个卷展栏，分别是"刚体属性""物理材质""物理材质属性""物理网格""物理网格参数""力"和"高级"卷展栏，如图13-13所示。

图13-13

（1）刚体属性卷展栏

展开"刚体属性"卷展栏，如图13-14所示。

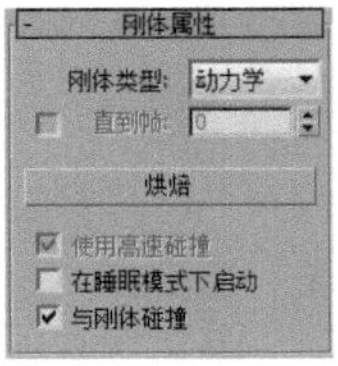

**常用参数介绍**

刚体类型：设置刚体的模拟类型，包含"动力学""运动学"和"静态"3种类型。

直到帧：设置"刚体类型"为"运动学"时该选项才可用。启用该选项时，MassFX会在指定帧处将选定的运动学刚体转换为动态刚体。

图13-14

烘焙 烘焙 ：将未烘焙的选定刚体的模拟运动转换为标准动画关键帧。

使用高速碰撞：如果启用该选项，同时又在"世界参数"面板中启用了"使用高速碰撞"选项，那么"高速碰撞"设置将应用于选定刚体。

在睡眠模式下启动：启用该选项，选定刚体将使用全局睡眠设置，同时以睡眠模式开始模拟。

与刚体碰撞：如果启用该选项，选定的刚体将与场景中的其他刚体发生碰撞。

（2）物理材质属性卷展栏

展开"物理材质属性"卷展栏，如图13-15所示。

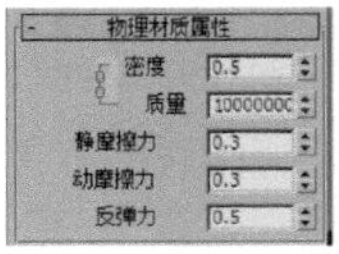

**常用参数介绍**

密度：设置刚体的密度。

质量：设置刚体的重量。

静摩擦力：设置两个刚体开始互相滑动的难度系数。

动摩擦力：设置两个刚体保持互相滑动的难度系数。

反弹力：设置对象撞击到其他刚体时反弹的轻松程度和高度。

图13-15

# 13.2.2 模拟工具

MassFX工具中的模拟工具分为4种，分别是"将模拟实体重置为其原始状态"工具 、"开始模拟"工具 、"开始没有动画的模拟"工具 和"将模拟前进一帧"工具 ，如图13-16所示。

**常用工具介绍**

将模拟实体重置为其原始状态：单击该按钮可停止模拟，并将时间线滑块移动到第1帧，同时将任意动力学刚体设置为其初始变换。

图13-16

开始模拟：从当前帧运行模拟，时间线滑块为每个模拟步长前进一帧，从而让运动学刚体作为模拟的一部分进行移动。

开始没有动画的模拟：当模拟运行时，时间线滑块不会前进，这样可以使动力学刚体移动到固定点。

将模拟前进一帧：运行一个帧的模拟，并使时间线滑块前进相同的量。

## 13.2.3　刚体创建工具

MassFX工具中的刚体创建工具分为3种，分别是"将选定项设置为动力学刚体"工具、"将选定项设置为运动学刚体"工具和"将选定项设置为静态刚体"工具，如图13-17所示。

图13-17

─── 提示 ───

下面重点讲解"将选定项设置为动力学刚体"工具和"将选定项设置为运动学刚体"工具。由于"将选定项设置为静态刚体"工具经常用于辅助前两个工具且参数通常保持默认即可，因此不对其进行讲解。

### 1.将选定项设置为动力学刚体

使用"将选定项设置为动力学刚体"工具可以将未实例化的MassFX Rigid Body（MassFX刚体）修改器应用到每个选定对象，并将刚体类型设置为"动力学"，然后为每个对象创建一个"凸面"物理网格，如图13-18所示。如果选定对象已经具有MassFX Rigid Body（MassFX刚体）修改器，则现有修改器将更改为动力学，而不重新应用。MassFX Rigid Body（MassFX刚体）修改器的参数分为6个卷展栏，分别是"刚体属性""物理材质""物理图形""物理网格参数""力"和"高级"卷展栏，如图13-19所示。

─── 提示 ───

其参数与"多边形编辑器面板"的参数类似，不做赘述。

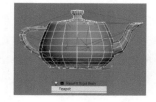

图13-18

图13-19

### 2.将选定项设置为运动学刚体

使用"将选定项设置为运动学刚体"工具可以将未实例化的MassFX Rigid Body（MassFX刚体）修改器应用到每个选定对象，并将刚体类型设置为"运动学"，然后为每个对象创建一个"凸面"物理网格，如图13-20所示。如果选定对象已经具有MassFX Rigid Body（MassFX刚体）修改器，则现有修改器将更改为运动学，而不重新应用。

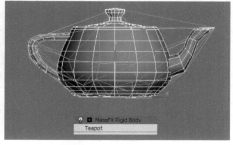

图13-20

## 操作练习 制作弹力球动画

» 场景位置 场景文件>CH13>01.max
» 实例位置 实例文件>CH13>操作练习：制作弹力球动画.max
» 视频名称 操作练习：制作弹力球动画.mp4
» 技术掌握 将选定项设置为动力学刚体工具、将选定项设置为静态刚体工具

足球动画效果如图13-21所示。

**01** 打开学习资源中的"场景文件>CH13>01.max"文件，这是两个高度不同的足球，如图13-22所示。

图13-21

图13-22

**02** 在"主工具栏"的空白处单击鼠标右键，然后在弹出的菜单中选择"MassFX工具栏"命令调出"MassFX工具栏"，如图13-23所示。

**03** 选择场景中的两个
足球，然后在"MassFX
工具栏"中单击"将选
定项设置为动力学刚
体"按钮，如图13-24
所示。

图13-23

图13-24

**04** 切换到前视图，选择位置较低的足球，然后在"物理材质"卷展栏下设置"反弹力"为1，如图13-25所示，接着选择位置较高的足球，设置"反弹力"为0.5，如图13-26所示。

**05** 选择场景中的地面模型，然后在"MassFX工具栏"中单击"将选定项设置为静态刚体"按钮，如图13-27所示。

图13-25

图13-26

图13-27

**06** 在"MassFX工具栏"中单击"开始模拟"按钮模拟动画，待模拟完成后再次单击"开始模拟"按钮结束模拟，然后分别单独选择足球对象，接着再在"刚体属性"卷展栏下单击"烘焙"按钮 烘焙 ，以此生成关键帧动画，如图13-28所示。

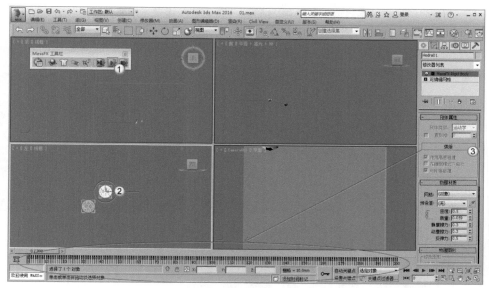

图13-28

**07** 拖曳时间线滑块,观察足球动画,效果如图13-29所示。

**08** 选择动画效果最明显的一些帧,然后单独渲染出这些单帧动画,最终效果如图13-30所示。通过观察可以发现,位置较低的足球的反弹高度要高于位置较高的足球,这是因为前者的"反弹力"要大于后者。

图13-29

图13-30

## 操作练习 制作硬币散落动画

- » 场景位置  场景文件>CH13>02.max
- » 实例位置  实例文件>CH13>操作练习:制作硬币散落动画.max
- » 视频名称  操作练习:制作硬币散落动画.mp4
- » 技术掌握  将选定项设置为动力学刚体工具、将选定项设置为静态刚体工具

硬币散落动画效果如图13-31所示。

**01** 打开学习资源中的"场景文件>CH13>02.max"文件,如图13-32所示。

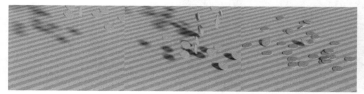

图13-31

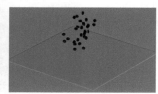

图13-32

**02** 选择场景中的所有硬币模型，然后在"MassFX工具栏"中单击"将选定项设置为动力学刚体"按钮 ，如图13-33所示。

**03** 选择地面模型，然后在"MassFX工具栏"中单击"将选定项设置为静态刚体"按钮 ，如图13-34所示。

图13-33

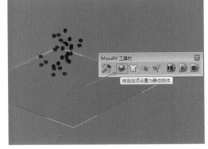

图13-34

**04** 在"MassFX工具栏"中单击"开始模拟"按钮 模拟动画，待模拟完成后再次单击"开始模拟"按钮 结束模拟，然后选择所有硬币，接着打开"MassFX工具"对话框，再切换到"模拟工具"面板，最后在"模拟"卷展栏下单击"烘焙所有"按钮 烘焙所有 ，以生成关键帧动画，如图13-35所示。

图13-35

**05** 选择动画效果最明显的一些帧，然后单独渲染出这些单帧动画，最终效果如图13-36所示。

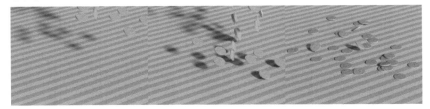

图13-36

## 13.3 Cloth（布料）修改器

　　Cloth（布料）修改器专门用于为角色和动物创建逼真的织物和衣服，属于一种高级修改器，图13-37和图13-38所示是用该修改器制作的一些优秀布料作品。以前的版本，可以使用Reactor中的"布料"集合来模拟布料效果，但是功能不是特别强大。

图13-37

图13-38

Cloth（布料）修改器可以应用于布料模拟组成部分的所有对象。该修改器用于定义布料对象和冲突对象、指定属性和执行模拟。Cloth（布料）修改器可以直接在"修改器列表"中进行加载，如图13-39所示。

Cloth（布料）修改器的默认参数包含3个卷展栏，分别是"对象""选定对象"和"模拟参数"卷展栏，如图13-40所示。

"对象"卷展栏是Cloth（布料）修改器的核心部分，包含了模拟布料和调整布料属性的大部分控件，如图13-41所示。单击"对象属性"按钮  打开"对象属性"对话框，如图13-42所示，使用"对象属性"对话框可以定义要包含在模拟中的对象，确定这些对象是布料还是冲突对象，以及与其关联的参数。

| 图13-39 | 图13-40 | 图13-41 | 图13-42 |

### 常用参数介绍

（1）模拟对象选项组

添加对象 添加对象 ：单击该按钮可以打开"添加对象到布料模拟"对话框，如图13-43所示。从该对话框中可以选择要添加到布料模拟的场景对象，添加对象之后，该对象的名称会出现在下面的列表中。

移除 移除 ：移除选定的模拟对象。

（2）选择对象的角色选项组

不活动：使对象在模拟中处于不活动状态。

冲突对象：让选定对象充当冲突对象。注意，"冲突对象"选项位于对话框的下方。

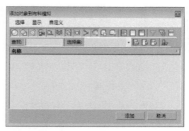

图13-43

使用面板属性：启用该选项后，可以让布料对象使用在面板子对象层级指定的布料属性。

属性1/属性2：这两个单选选项用来为布料对象指定两组不同的布料属性。

（3）布料属性选项组

预设：该复选项组用于保存当前布料属性或是加载外部的布料属性文件。

U/V弯曲：用于设置弯曲的阻力。数值越高，织物能弯曲的程度就越小。

U/V弯曲曲线：设置织物折叠时的弯曲阻力。

U/V拉伸：设置拉伸的阻力。

U/V压缩：设置压缩的阻力。

剪切力：设置剪切的阻力。值越高，布料就越硬。

密度：设置每单位面积的布料重量（以gm/cm表示）。值越高，布料就越重。

阻尼：值越大，织物反应就越迟钝。采用较低的值，织物的弹性将更高。

可塑性：设置布料保持其当前变形（即弯曲角度）的倾向。

厚度：定义织物的虚拟厚度，便于检测布料对布料的冲突。

排斥：用于设置排斥其他布料对象的力值。

空气阻力：设置受到的空气阻力。

动摩擦力：设置布料和实体对象之间的动摩擦力。

静摩擦力：设置布料和实体对象之间的静摩擦力。

自摩擦力：设置布料自身之间的摩擦力。

接合力：该选项在目前还不能使用。

U/V比例：控制布料沿U、V方向延展或收缩的多少。

深度：设置布料对象的冲突深度。

补偿：设置在布料对象和冲突对象之间保持的距离。

粘着：设置布料对象黏附到冲突对象的范围。

层：指示可能会相互接触的布片的正确"顺序"，范围为–100~100。

继承速度：启用该选项后，布料会继承网格在模拟开始时的速度。

使用边弹簧：用于计算拉伸的备用方法。启用该选项后，拉伸力将以沿三角形边的弹簧为基础。

各向异性（解除锁定U，V）：启用该选项后，可以为"弯曲""b曲线"和"拉伸"参数设置不同的U值和V值。

使用布料深度/偏移：启用该选项后，将使用在"布料属性"选项组中设置的深度和补偿值。

使用碰撞对象摩擦：启用该选项时，可以使用碰撞对象的摩擦力来确定摩擦力。

保持形状：根据"弯曲%"和"拉伸%"的设置来保留网格的形状。

压力（在封闭的布料体积内部）：由于布料的封闭体积的行为就像在其中填充了气体一样，因此它具有"压力"和"阻尼"等属性。

（4）冲突属性选项组

深度：设置冲突对象的冲突深度。

补偿：设置在布料对象和冲突对象之间保持的距离。

动摩擦力：设置布料和该特殊实体对象之间的动摩擦力。

静摩擦力：设置布料和实体对象之间的静摩擦力。

启用冲突：启用或关闭对象的冲突，同时仍然允许对其进行模拟。

切割布料：启用该选项后，如果在模拟过程中与布料相交，"冲突对象"可以切割布料。

---

🖐 操作练习　制作床盖下落动画

» 场景位置　场景文件>CH13>03.max

» 实例位置　实例文件>CH13>操作练习：制作床盖下落动画.max

» 视频名称　操作练习：制作床盖下落动画.mp4

» 技术掌握　Cloth（布料）修改器、壳修改器

床盖下落动画效果如图13-44所示。

01 打开学习资源中的"场景文件>CH13>03.max"文件，如图13-45所示。

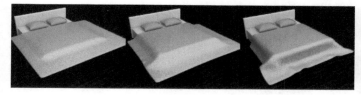

图13-44

图13-45

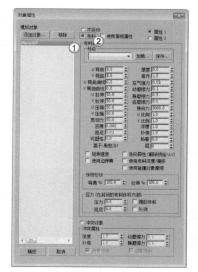

图13-46

02 选择顶部的平面，为其加载一个Cloth（布料）修改器，然后在"对象"卷展栏下单击"对象属性"按钮 对象属性，接着在弹出的"对象属性"对话框中选择模拟对象Plane007，最后勾选"布料"选项，如图13-46所示。

03 单击"添加对象"按钮 添加对象...，然后在弹出的"添加对象到布料模拟"对话框中选择ChamferBox001（床垫）、Plane006（地板）、Box02和Box24（这两个长方体是床侧板），如图13-47所示。

图13-47

04 选择ChamferBox001、Plane006、Box02和Box24，然后勾选"冲突对象"选项，如图13-48所示。

图13-48

05 在"对象"卷展栏下单击"模拟"按钮 模拟 自动生成动画，如图13-49所示，模拟完成后的效果如图13-50所示。

06 为床盖模型加载一个"壳"修改器，然后在"参数"卷展栏下设置"内部量"为10mm，"外部量"为1mm，具体参数设置及模型效果如图13-51所示。

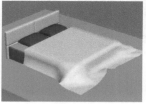

图13-49

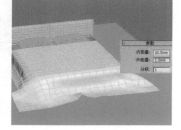

图13-50

图13-51

**07** 继续为床盖模型加载一个"网格平滑"修改器（采用默认设置），效果如图13-52所示。

**08** 选择动画效果最明显的一些帧，然后单独渲染出这些单帧动画，最终效果如图13-53所示。

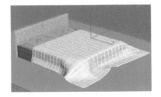

图13-52

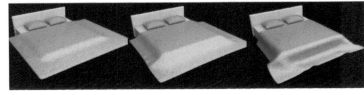

图13-53

## 13.4　综合练习：制作汽车碰撞动画

» 场景位置　场景文件>CH13>04.max
» 实例位置　实例文件>CH13>综合练习：制作汽车碰撞动画.max
» 视频名称　综合练习：制作汽车碰撞动画.mp4
» 技术掌握　将选定项设置为运动学刚体工具、将选定项设置为动力学刚体工具、烘焙

汽车碰撞动画效果如图13-54所示。

**01** 打开学习资源中的"场景文件>CH13>04.max"文件，如图13-55所示。

图13-54

图13-55

**02** 选择汽车模型，然后在"MassFX工具栏"中单击"将选定项设置为运动学刚体"按钮，如图13-56所示。

**03** 分别选择纸箱模型，然后在"MassFX工具栏"中单击"将选定项设置为动力学刚体"按钮，如图13-57所示，接着在"刚体属性"卷展栏下勾选"在睡眠模式中启动"选项，如图13-58所示。

**04** 选择地面模型，然后在"MassFX工具栏"中单击"将选定项设置为静态刚体"按钮，如图13-59所示。

图13-56

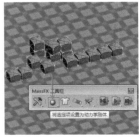

图13-57

图13-58

图13-59

**05** 选择汽车模型，然后单击"自动关键点"按钮，接着将时间线滑块拖曳到第15帧位置，最后在前视图中使用"选择并移动"工具将汽车向前稍微拖曳一段距离，如图13-60所示。

06 将时间线滑块拖曳到第100帧位置，然后使用"选择并移动"工具 ⊞ 将汽车拖曳到纸箱的后面，如图13-61所示。

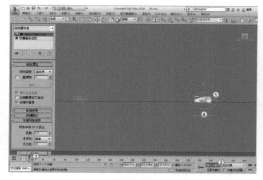 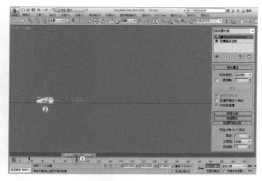

图13-60　　　　　　　　　　　　　图13-61

07 在"MassFX工具栏"中单击"开始模拟"按钮 ▷，效果如图13-62所示。

08 再次单击"开始模拟"按钮 ▷ 结束模拟，然后单独选择各个纸箱，接着在"刚体属性"卷展栏下单击"烘焙"按钮 [　　烘焙　　]，以生成关键帧动画，最后渲染出效果最明显的单帧动画，最终效果如图13-63所示。

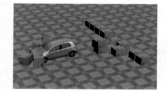

图13-62

图13-63

# 13.5　课后习题：制作炮弹击中动画

» 场景位置　场景文件>CH13>05.max
» 实例位置　实例文件>CH13>课后习题：制作炮弹击中动画.max
» 视频名称　课后习题：制作炮弹击中动画.mp4
» 技术掌握　将选定项设置为动力学刚体工具、将选定项设置为运动学刚体工具

球体撞墙动画效果如图13-64所示。

**制作分析**

本练习的制作方法与综合练习中的碰撞动画类似。

第1步：选择墙体模型，然后在"MassFX工具栏"中单击"将选定项设置为动力学刚体"按钮 ⊙，如图13-65所示，接着在"刚体属性"卷展栏下勾选"在睡眠模式下启动"选项，如图13-66所示。

图13-64　　　　　　　　　　　　　图13-65

第2步：选择球体，然后在"MassFX工具栏"中单击"将选定项设置为运动学刚体"按钮 ，如图13-67所示。

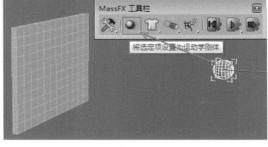

图13-66

图13-67

第3步：选择球体，然后单击"自动关键点"按钮 自动关键点，接着将时间线滑块拖曳到第10帧位置，最后使用"选择并移动"工具  将球体拖曳到墙体的另一侧，如图13-68所示，最后对球体进行烘焙，生成关键帧动画即可。

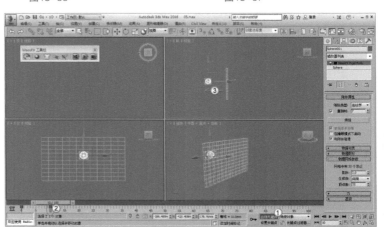

图13-68

## 13.6 本课笔记

第14课

# 商业综合实训

本课将介绍3ds Max的综合运用，共包含3个实例：现代客厅日光表现、创意酒吧柔光表现和CG场景表现实例。通过这3个综合实例，希望读者掌握3ds Max在不同领域的运用，了解3ds Max的商业功能。

## 学习要点

» 掌握效果图的制作流程
» 掌握现代客厅日光的表现方法
» 掌握创意酒吧柔光的制作方法
» 掌握CG场景的表现方法

# 14.1 商业综合实训：现代客厅日光表现

» 场景位置　场景文件>CH14>01.max
» 实例位置　实例文件>CH14>商业综合实训：现代客厅日光表现.max
» 视频名称　商业综合实训：现代客厅日光表现.mp4
» 技术掌握　室内效果图的标准制作流程，半封闭空间日光的布光方法，地板材质、皮材质、墙纸材质的制作方法

　　本例是一个很常见的现代风格家装客厅空间（半封闭空间），渲染效果如下图所示。在灯光方面，重点需要表现柔和的日光效果，以及利用筒灯和装饰灯丰富场景的灯光层次；在材质方面，需要重点表现地板材质、皮材质、墙纸材质、玻璃材质和不锈钢材质，这些材质都是制作家装空间很常见的材质类型。另外，本例的操作流程是制作效果图的标准流程，在一般情况下，建议读者都按照这个流程来操作。

## 14.1.1 材质制作

　　本例的场景对象材质主要包括地板材质、皮材质、墙纸材质、玻璃材质和不锈钢材质，如图14-1所示。

图14-1

## 1.制作地板材质

**01** 打开学习资源中的"场景文件>CH14>01.max"文件，如图14-2所示。

**02** 下面先制作浅色地板。选择一个空白材质球，然后设置材质类型为VRayMtl材质，并将其命名为"地板1"，具体参数设置如图14-3所示，制作好的材质球效果如图14-4所示。

**设置步骤**

① 在"漫反射"贴图通道中加载学习资源中的"实例文件>CH14>商业综合实训：现代客厅日光表现>贴图>地板1.jpg"文件，然后在"坐标"卷展栏下设置"瓷砖"的U和V为3。

② 设置"反射"颜色为(红:52，绿:52，蓝:52)，然后设置"反射光泽度"为0.78，"细分"为24。

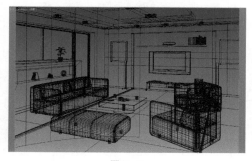

图14-2

图14-3

图14-4

**03** 下面制作深色地板。因为深色地板和浅色地板只是贴图上有区别，所以可以按住鼠标左键将"地板1"材质球拖曳到一个空白材质球上进行复制，并将其命名为"地板2"，然后将"漫反射"通道中的贴图修改为"实例文件>CH14>商业综合实训：现代客厅日光表现>贴图>地板2.jpg"文件，如图14-5所示，制作好的材质球效果如图14-6所示。

—— 提示 ——

在将一个材质球复制出来作为新材质时，一定要对其进行重命名操作。因为一旦出现材质重名的情况，3ds Max将无法对其识别，在指定对象材质时，会发生指定错误的现象。

图14-5

图14-6

**04** 为了方便设置同种类型的材质，本场景在建模时已经将地板模型的ID进行了合理的分配，即浅色地板的材质ID为1，深色地板的材质ID为2。选择一个空白材质球，然后设置材质类型为"多维/子对象"材质，并将其命名为"地板"，接着设置材质的ID数量为2，再将"地板1"材质球拖曳到ID 1子材质通道上，同时将"地板2"材质球拖曳到ID 2子材质通道上，如图14-7所示，制作好的材质球效果如图14-8所示。

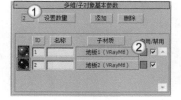

图14-7

图14-8

提示

因为地板具有一定的反射，并且占了整个场景的很大一部分，所以在渲染最终图像的时候，由于地板反射的原因，会造成整个场景出现偏黄的情况，这就是经常遇到的"色溢"现象。这是因为光线经过地板的反射，反射光线就变成了地板的黄色调。为了避免这个问题，可以为"地板1"材质和"地板2"材质分别加载一个"VRay材质包裹器"材质（在地板的材质参数设置面板中单击VRayMtl按钮 VRayMtl ，然后在弹出的对话框中选择"VR-材质包裹器"材质，接着在弹出的对话框中选择"将旧材质保存为子材质"选项），并适当降低"生成全局照明"的数值，如图14-9所示。

图14-9

下面举例来说明色溢现象。仔细观察下面的图14-10，场景中有窗户、墙和地板，其中地板为橘黄色，且带有反射属性，墙面受到地板的反射，本来偏白的效果却出现了偏黄的色调，这就是"色溢"。现在为地板加载一个"VR-材质包裹器"材质，然后将"生成全局照明"的值降低到0.6，墙面偏黄的现象得到了很好的控制，如图14-11所示。注意，通过这种方法控制色溢，会造成场景变暗的现象，因为降低了全局照明，所以在操作时一定要合理控制"生成全局照明"的数值。

图14-10 图14-11

2.制作皮材质

**01** 下面制作白皮材质。选择一个空白材质球，然后设置材质类型为VRayMtl材质，并将其命名为"白皮"，具体参数设置如图14-12所示，制作好的材质球效果如图14-13所示。

**设置步骤**

① 设置"漫反射"颜色为（红:243，绿:244，蓝:245）。

② 设置"反射"颜色为（红:15，绿:15，蓝:15），然后设置"高光光泽度"为0.54，"反射光泽度"为0.7，"细分"为24。

图14-12 图14-13

**02** 下面制作黑皮材质。选择一个空白材质球，然后设置材质类型为VRayMtl材质，并将其命名为"黑皮"，具体参数设置如图14-14所示，制作好的材质球效果如图14-15所示。

**设置步骤**

① 设置"漫反射"颜色为（红:12，绿:12，蓝:12）。

② 设置"反射"颜色为（红:20，绿:20，蓝:20），然后设置"高光光泽度"为0.54，"反射光泽度"为0.7，"细分"为24。

提示

与地板材质的制作方法相同，沙发皮材质也只需要新建一个"多维/子对象"材质，然后分别将"白皮"和"黑皮"拖曳到ID通道上，如图14-16所示。

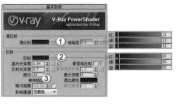

图14-14 图14-15 图14-16

## 3.制作墙纸材质

**01** 下面制作浅色墙纸材质。选择一个空白材质球，然后设置材质类型为VRayMtl材质，并将其命名为"浅色墙纸"，具体参数设置如图14-17所示，制作好的材质球效果如图14-18所示。

**设置步骤**

① 设置"漫反射"颜色为（红: 249，绿:237，蓝:215）。

② 展开"贴图"卷展栏，然后在"凹凸"贴图通道中加载学习资源中的"实例文件>CH14>商业综合实训: 现代客厅日光表现>贴图>墙纸凹凸.jpg"文件，接着设置凹凸的强度为65。

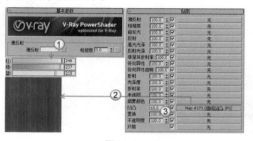

图14-17　　　　　　　　　　　　　　图14-18

**02** 下面制作深色墙纸材质。因为深色墙纸和浅色墙纸只在颜色上有区别，所以按住鼠标左键将"浅色墙纸"材质球拖曳到一个空白材质球上，然后将其命名为"深色墙纸"，接着将"漫反射"颜色修改为（红:103，绿:54，蓝:30），如图14-19所示，制作好的材质球效果如图14-20所示。

图14-19　　　　　　　　　图14-20

> **提示**
>
> 墙纸材质与前面两种材质相同，也要为其加载"多维/子对象"材质，如图14-21所示。

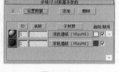

图14-21

## 4.制作玻璃材质

选择一个空白材质球，然后设置材质类型为VRayMtl材质，并将其命名为"玻璃"，具体参数设置如图14-22所示，制作好的材质球效果如图14-23所示。

**设置步骤**

① 设置"漫反射"颜色为(红:0,绿:0,蓝:0)。

② 在"反射"贴图通道中加载一张"衰减"程序贴图，然后设置"衰减类型"为Fresnel，接着设置"反射光泽度"为0.98。

③ 设置"折射"颜色为（红:250，绿:250，蓝:250），然后设置"折射率"为1.517，"细分"为50，接着勾选"影响阴影"选项，最后设置"烟雾倍增"为0.1。

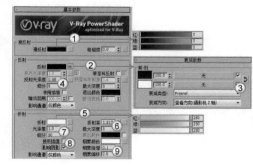

图14-22　　　　　　　　　　　　　図14-23

选择一个空白材质球，然后设置材质类型为VRayMtl材质，并将其命名为"不锈钢"，具体参数设置如图14-24所示，制作好的材质球效果如图14-25所示。

**设置步骤**

① 设置"漫反射"颜色为（红:96，绿:96，蓝:96）。

② 设置"反射"颜色为（红:210，绿:210，蓝:210），然后设置"反射光泽度"为0.85，"细分"为16。

图14-24　　　　　　　图14-25

## 14.1.2　设置测试渲染参数

**01** 按F10键打开"渲染设置"对话框，然后设置渲染器为VRay渲染器，接着单击"公用"选项卡，最后在"公用参数"卷展栏下设置渲染尺寸为800×536，并锁定图像的纵横比，如图14-26所示。

**02** 单击V-Ray选项卡，展开"图像采样器（抗锯齿）"卷展栏，然后设置"类型"为"自适应"，接着设置"过滤器"为"区域"，如图14-27所示。

图14-26

**03** 单击GI选项卡，然后在"全局照明"卷展栏下勾选"启用全局照明（GI）"选项，接着设置"首次引擎"为"发光图"，"二次引擎"为"灯光缓存"，如图14-28所示。

**04** 展开"发光图"卷展栏，然后设置"当前预设"为"低"，接着设置"细分"为30，如图14-29所示。

图14-27

**05** 展开"灯光缓存"卷展栏，再设置"细分"为300，如图14-30所示。

图14-28　　　　　图14-29　　　　　图14-30

## 14.1.3　场景布光

本场景共需要布置4处灯光，分别是太阳光、环境补光、筒灯和室内装饰灯。

**01** 设置灯光类型为VRay，然后在场景中创建一盏VRay太阳，其位置如图14-31所示。注意，本场景在创建VRay太阳时需要添加"VRay天空"环境贴图。

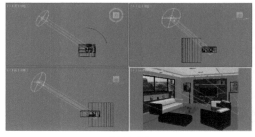

图14-31

**02** 选择上一步创建的VRay太阳，然后在"VRay太阳参数"卷展栏下设置"强度倍增"为0.05，"大小倍增"为3，"过滤颜色"为（红:191，绿:220，蓝:253），具体参数设置如图14-32所示。

**03** 按8键打开"环境和效果"对话框，然后M键打开"材质编辑器"对话框，接着将"VR-天空"环境贴图以"实例"方式拖曳复制到一个空白材质球上，如图14-33所示。

**04** 选择新生成的VRay天空材质球，然后在"VRay天空参数"卷展栏下勾选"指定太阳节点"选项，接着单击"太阳光"后的"无"按钮 [　　　　　　无　　　　　　]，并在视图中拾取VRay太阳，最后设置"太阳强度倍增"为0.1，如图14-34所示。

**05** 按F9键测试渲染摄影机视图，可以观察已经产生了阳光，效果如图14-35所示。

图14-32

图14-33

图14-34

图14-35

## 2.创建环境补光

**01** 设置灯光类型为VRay，然后在客厅的窗户处创建一盏VRay灯光，让灯光方向朝向室内，灯光具体位置如图14-36所示。

**02** 选择上一步创建的VRay灯光，然后展开"参数"卷展栏，具体参数设置如图14-37所示。

**设置步骤**

① 在"常规"选项组下设置"类型"为"平面"。

② 在"强度"选项组下设置"倍增"为4，然后设置"颜色"为（红:215，绿:230，蓝:252）。

③ 在"大小"选项组下设置"1/2长"为100mm，"1/2宽"为45mm。

④ 在"选项"选项组下勾选"不可见"，然后关闭"影响反射"选项。

**03** 按F9键测试渲染摄影机视图，可以发现室内的照明效果得到了进一步的增强，效果如图14-38所示。

图14-36

图14-37

图14-38

## 3.创建筒灯

**01** 设置灯光类型为"标准"，然后在天花板的筒灯孔处创建一盏目标灯光，并以"实例"的形式复制9盏筒灯到其他筒灯孔处，灯光的具体位置如图14-39所示。

**02** 选择上一步创建的目标灯光，然后切换到"修改"面板，具体参数设置如图14-40所示。

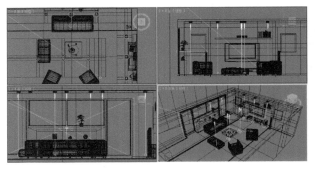

图14-39

### 设置步骤

① 展开"常规参数"卷展栏，然后在"阴影"选项组下勾选"启用"选项，接着设置阴影类型为"VR-阴影"，最后设置"灯光分布（类型）"为"光度学Web"。

② 展开"分布（光度学Web）"卷展栏，然后在其通道中加载学习资源中的"实例文件>CH14>商业综合实训：现代客厅日光表现>贴图>中间亮.IES"文件。

③ 展开"强度/颜色/衰减"卷展栏，然后设置"过滤颜色"为（红:251，绿:219，蓝:168），接着设置"强度"为100。

④ 展开"VR-阴影参数"卷展栏，然后勾选"区域阴影"和"球体"选项，接着设置"U大小""V大小"和"W大小"均为2mm。

**03** 按F9键测试摄影机视图，可以观察到筒灯不仅起到了很大的照明作用，而且对空间的灯光层次起到了"立竿见影"的效果，如图14-41所示。

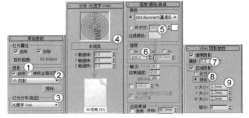

图14-40

图14-41

## 4.创建室内装饰光

本场景的室内装饰灯有两处，分别是电视墙的两侧和窗前柜两个地方。

**01** 设置灯光类型为VRay，然后在电视墙处创建两盏VRay灯光，其具体位置如图14-42所示。

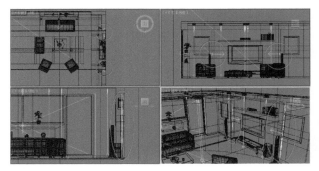

图14-42

**02** 选择上一步创建的VRay灯光，然后展开"参数"卷展栏，具体参数设置如图14-43所示。

**设置步骤**

① 在"常规"选项组下设置"类型"为"平面"。

② 在"强度"选项组下设置"倍增"为4，然后设置"颜色"为（红:255，绿:243，蓝:216）。

③ 在"大小"选项组下设置"1/2长"为1.267mm，"1/2宽"为45.06mm。

④ 在"选项"选项组下勾选"不可见"选项。

**03** 在落地窗的柜子中创建一盏VRay灯光，其具体位置如图14-44所示。

图14-43

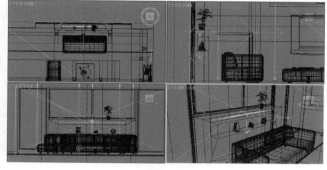

图14-44

**04** 选择上一步创建的VRay灯光，然后进入"修改"面板，具体参数设置如图14-45所示。

**设置步骤**

① 在"常规"选项组下设置"类型"为"平面"。

② 在"强度"选项组下设置"倍增"为1.5，然后设置"颜色"为（红:255，绿:243，蓝:216）。

③ 在"大小"选项组下设置"1/2长"为43.268mm，"1/2宽"为1.606mm。

④ 在"选项"选项组下勾选"不可见"。

**05** 按F9键测试摄影机视图，效果如图14-46所示。

— 提示 —

此时的灯光效果或许不是最佳的，但是在已经能够照亮场景的情况下，不建议过分依赖用灯光强度来处理光照效果，在后面会使用"颜色贴图"来对场景进行曝光处理。

图14-45

图14-46

## 14.1.4 设置灯光细分

经过上面的步骤已经为场景打好了灯光，但是这些灯光并未进行细分设置，也就是说如果用上面的灯光细分进行渲染的话，画面效果会很粗糙。因此，还需要对重要灯光的细分进行调整。选择VRay太阳，在"VRay太阳参数"卷展栏下将"阴影细分"增大到16；选择环境补光（VRay灯光），在"采样"选项组下将"细分"增大到24；选择筒灯（目标灯光），在"VRay阴影参数"卷展栏下将"细分"增大到24；选择电视墙的装饰灯（VRay灯光），在"采样"选项组下将"细分"增大到24。

## 14.1.5 控制场景曝光

因为前面的灯光明暗度并不理想，所以在渲染最终效果前，还需要对场景进行曝光处理。

**01** 按F10键打开"渲染设置"对话框，单击V-Ray选项卡，展开"颜色贴图"卷展栏，设置"类型"为"莱因哈德"，然后设置"伽马"为0.9，"倍增"为1.8，"加深值"为0.7，接着勾选"子像素贴图""影响背景"和"钳制输出"选项，同时设置"钳制输出"的值为0.98，如图14-47所示。

**02** 按F9键测试渲染曝光效果，可以观察到此时的照明效果比较适中，适合日光表现，如图14-48所示。

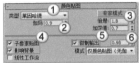

图14-47

图14-48

## 14.1.6 设置最终渲染参数

**01** 单击"公用"选项卡，然后在"公用参数"卷展栏下设置渲染尺寸为2500×1676，如图14-49所示。

**02** 单击V-Ray选项卡，然后在"全局开关"卷展栏下设置"二次光线偏移"为0.001，如图14-50所示。

**03** 展开"图像采样器（抗锯齿）"卷展栏，然后设置"过滤器"为Mitchell-Netravali，然后展开"自适应图像采样器"卷展栏，接着设置"最大细分"为12，如图14-51所示。

**04** 展开"全局确定性蒙特卡洛"卷展栏，然后设置"自适应数量"为0.72，"噪波阈值"为0.006，"最小采样"为20，如图14-52所示。

**05** 单击GI选项卡，展开"发光图"卷展栏，然后设置"当前预设"为"高"，接着设置"细分"为60，"插值采样"为30，如图14-53所示。

**06** 展开"灯光缓存"卷展栏，然后设置"细分"为1600，接着勾选"显示计算相位"选项，最后勾选"预滤器"选项，并设置其数值为20，如图14-54所示。

图14-49

图14-50

图14-51

图14-52

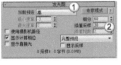

图14-53

图14-54

**07** 按F9键渲染当前场景，效果如图14-55所示。渲染完毕，用Photoshop对图像进行后期处理，最终效果如图14-56所示。

图14-55

图14-56

— 提示 —

关于本案例的后期处理过程，请参阅本案例的教学视频，视频中对后期处理的思路与操作过程进行了非常详细的讲解。

## 14.2 商业综合实训：创意酒吧柔光表现

» 场景位置　场景文件>CH14>02.max
» 实例位置　实例文件>CH14>商业综合实训：创意酒吧柔光表现.max
» 视频名称　商业综合实训：创意酒吧柔光表现.mp4
» 技术掌握　工装空间柔光效果的布光方法，地面漆材质、光源材质和灯罩材质的制作方法

本例是一个工装创意酒吧场景，渲染效果如下图所示。本例的制作难点在于表现酒吧落地窗口的柔光以及酒吧内部的光效。布光应从柔光下手，直接采用天空照明，而室内采用的布光方法比较独特，采用的是实体灯带（光源材质）结合灯光一起来照明，这种布光方式能很好地表现酒吧的光效。在材质方面，本例涉及两种比较独特的工装空间材质，分别是光源材质和地面漆材质。

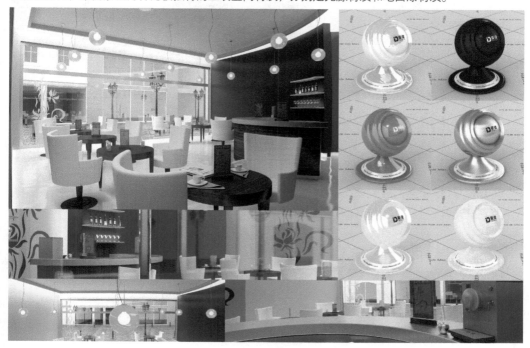

# 14.2.1 材质制作

本例的场景对象材质主要包括地面漆材质、木纹材质、灯罩材质、吧台材质、光源材质和椅子布材质，如图14-57所示。

图14-57

## 1.制作地面漆材质

**01** 打开学习资源中的"场景文件>CH14>02.max"文件，如图14-58所示。

**02** 选择一个空白材质球，然后设置材质类型为VRayMtl材质，并将其命名为"地面漆"，具体参数设置如图14-59所示，制作好的材质球效果如图14-60所示。

### 设置步骤

① 设置"漫反射"颜色为（红:250，绿:250，蓝:250）。

图14-58

② 设置"反射"颜色为（红:60，绿:60，蓝:60），然后设置"高光光泽度"为0.75，"反射光泽度"为0.92，"细分"为15。

③ 展开"贴图"卷展栏，在"凹凸"贴图通道中加载一张"噪波"程序贴图，然后在"坐标"卷展栏下设置"瓷砖"的Y为2，接着在"噪波参数"卷展栏下设置"大小"为12，最后设置凹凸的强度为5。

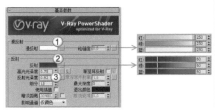

图14-59　　　　　　　　　　　　　　　　　　　　　　　　图14-60

## 2.制作木纹材质

选择一个空白材质球，然后设置材质类型为VRayMtl材质，并将其命名为"木纹"，具体参数设置如图14-61所示，制作好的材质球效果如图14-62所示。

**设置步骤**

① 设置"漫反射"颜色为（红:40，绿:17，蓝:12），然后在其通道中加载学习资源中的"实例文件>CH14>商业综合实训：创意酒吧柔光表现>贴图>木纹.jpg"文件。

② 设置"反射"颜色为（红:20，绿:20，蓝:20），然后设置"高光光泽度"为0.65，"反射光泽度"为0.85，"细分"为15。

③ 展开"贴图"卷展栏，然后设置"漫反射"的混合值为25，让颜色与贴图进行混合。

图14-61　　　　　　　　　　图14-62

## 3.制作灯罩材质

选择一个空白材质球，然后设置材质类型为VRayMtl材质，并将其命名为"灯罩"，具体参数设置如图14-63所示，制作好的材质球效果如图14-64所示。

**设置步骤**

① 设置"漫反射"颜色为（红:241，绿:133，蓝:17）。

② 在"反射"贴图通道中加载一张"衰减"程序贴图，然后设置"前"通道的颜色为（红:25，绿:25，蓝:25），"侧"通道的颜色为（红:245，绿:245，蓝:245），接着设置"衰减类型"为Fresnel，最后设置"高光光泽度"为0.6，"反射光泽度"为0.96，"细分"为15。

③ 设置"折射"颜色为（红:100，绿:100，蓝:100），然后勾选"影响阴影"选项，接着设置"影响通道"为"颜色+Alpha"，最后设置"烟雾颜色"为（红:253，绿:238，蓝:221），"烟雾倍增"为0.3。

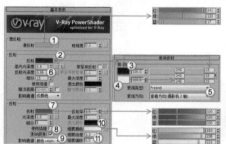

图14-63　　　　　　　　　　图14-64

## 4.制作吧台材质

本场景的吧台材质是一种亚光金属材质。选择一个空白材质球，然后设置材质类型为VRayMtl材质，并将其命名为"吧台"，具体参数设置如图14-65所示，制作好的材质球效果如图14-66所示。

**设置步骤**

① 设置"漫反射"颜色为（红:110，绿:110，蓝:110）。

② 设置"反射"颜色为（红:150，绿:150，蓝:150），然后设置"高光光泽度"为0.5，"反射光泽度"为0.75，"细分"为16。

③ 展开"双向反射分布函数"卷展栏，然后设置"各向异性（-1..1）"为0.6。

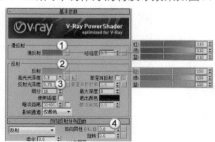

图14-65　　　　　　　　　　图14-66

选择一个空白材质球，然后设置材质类型为"混合"材质，并将其命名为"光源"，具体参数设置如图14-67所示，制作好的材质球效果如图14-68所示。

**设置步骤**

① 在"材质1"通道中加载一个VRay灯光材质，然后设置发光强度为0.5。

② 在"材质2"通道中加载一个VRayMtl材质，然后设置"漫反射"颜色为(红:128，绿:128，蓝:128)，接着设置"反射"颜色为(红:100，绿:100，蓝:100)，"反射光泽度"为0.9。

③ 返回到"混合基本参数"卷展栏，然后设置"混合量"为40，让"材质1"和"材质2"进行混合，使材质成为可以发光的高亮灯管。

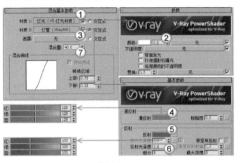

图14-67

图14-68

---

**提示**

本场景的灯带其实属于灯管类物体，带有高亮属性，为了简化布光操作，最好采用材质来进行制作。

---

## 6.制作椅子布材质

选择一个空白材质球，然后设置材质类型为VRayMtl材质，并将其命名为"椅子布"，具体参数设置如图14-69所示，制作好的材质球效果如图14-70所示。

**设置步骤**

① 展开"贴图"卷展栏，然后在"漫反射"贴图通道中加载学习资源中的"实例文件>CH14>商业综合实训：创意酒吧柔光表现>贴图>椅子布.jpg"文件。

② 在"凹凸"贴图通道中加载学习资源中的"实例文件>CH14>实例文件>CH14>商业综合实训：创意酒吧柔光表现>贴图>椅子布凹凸.jpg"文件，然后设置凹凸的强度为5。

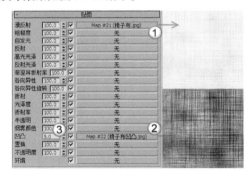

图14-69

图14-70

## 14.2.2 设置测试参数

本例使用的构图比例是800×501，如图14-71所示。关于其他测试渲染参数的设置方法，请参阅"14.1 商业综合实训：现代客厅日光表现"。

图14-71

## 14.2.3 场景布光

本例共需要布置3处灯光，分别是环境光、吊灯和灯带上的补光。因为吊灯和灯带是用光源材质制作的，所以在布光的时候可以不考虑吊灯。在布光之前可以按F9键测试渲染光源材质的照明效果，如图14-72所示。可以发现场景是亮的，因为光源材质也会对场景起到照明作用。

图14-72

### 1.创建环境光

本场景的环境光会使用"VRay太阳"来生成"VRay天空"，但是不会让"VRay太阳"参与照明，因为本例需要表现酒吧的柔光效果。

**01** 设置灯光类型为VRay，然后在场景中创建一盏VRay太阳，同时需要添加"VRay天空"环境贴图，其位置如图14-73所示。

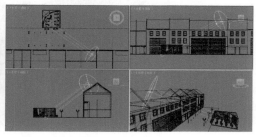

图14-73

**02** 选择上一步创建的VRay太阳，然后在"VRay太阳参数"卷展栏下设置"强度倍增"为0.01，"大小倍增"为3，如图14-74所示。

**03** 按8键打开"环境和效果"对话框，按住鼠标左键将"VRay天空"环境贴图以"实例"形式拖曳复制到一个空白材质球上，然后在"VRay天空参数"卷展栏下勾选"指定太阳节点"选项，接着单击"太阳光"选项后面的"无"按钮 ▢无 ，并在任意视图中拾取VRay太阳，最后设置"太阳浊度"为5，"太阳强度倍增"为0.03，如图14-75所示。

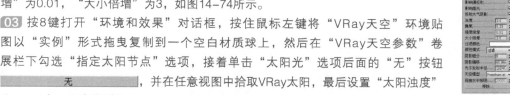

图14-74

**04** 选择VRay太阳，然后在"VRay太阳参数"卷展栏下关闭"启用"选项，让VRay太阳不参与照明作用，如图14-76所示。

**05** 按F9键测试渲染摄影机视图，效果如图14-77所示。

图14-75

图14-76

图14-77

### 2.创建灯带

**01** 设置灯光类型为VRay，然后在落地窗的灯带下创建一盏VRay灯光，其位置如图14-78所示。

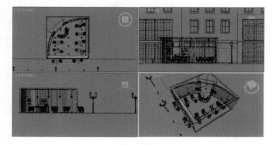

图14-78

**02** 选择上一步创建的VRay灯光，然后展开"参数"卷展栏，具体参数设置如图14-79所示。

**设置步骤**

① 在"常规"选项组下设置"类型"为"平面"。

② 在"强度"选项组下设置"倍增"为2，然后设置"颜色"为白色。

③ 在"大小"选项组下设置"1/2长"为2096mm，"1/2宽"为51839mm。

④ 在"选项"选项组下勾选"不可见"选项，然后关闭"影响高光"和"影响反射"选项。

**03** 继续在左侧靠墙的灯带下创建一盏VRay灯光，灯光位置如图14-80所示。

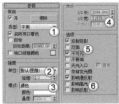

图14-79

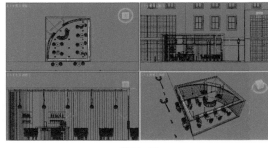

图14-80

**04** 选择上一步创建的VRay灯光，然后展开"参数"卷展栏，具体参数设置如图14-81所示。

**设置步骤**

① 在"常规"选项组下设置"类型"为"平面"。

② 在"强度"选项组下设置"倍增"为2，然后设置"颜色"为白色。

③ 在"大小"选项组下设置"1/2长"为2096mm，"1/2宽"为50733mm。

④ 在"选项"选项组下勾选"不可见"选项，然后关闭"影响高光"和"影响反射"选项。

**05** 继续在洗手间的两侧创建两盏VRay灯光，灯光的具体位置如图14-82所示。

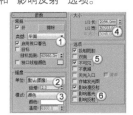

图14-81

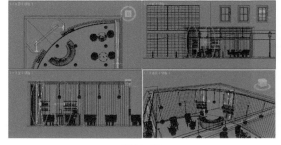

图14-82

**06** 选择上一步创建的VRay灯光，然后展开"参数"卷展栏，具体参数设置如图14-83所示。

**设置步骤**

① 在"常规"选项组下设置"类型"为"平面"。

② 在"强度"选项组下设置"倍增"为1，然后设置"颜色"为白色。

③ 在"大小"选项组下设置"1/2长"为3600mm，"1/2宽"为22799mm。

④ 在"选项"选项组下勾选"不可见"。

**07** 按F9键测试渲染灯光效果，如图14-84所示。可以发现此时场景的亮度适宜，但是灯带和室外发生了曝光过度的现象，因此还需要对场景进行曝光处理。

图14-83

图14-84

## 14.2.4 设置灯光细分

因为本场景的灯光不多，且有很多高光、反光和透明对象，所以不要将灯光细分设置得过高，建议设置为12即可。

## 14.2.5 控制场景曝光

在灯光测试的时候，已经发现有部分地方曝光过度，所以应该考虑降低亮部区域的曝光强度，同时提高暗部区域的曝光。

**01** 按F10键打开"渲染设置"对话框，单击V-Ray选项卡，然后在"颜色贴图"卷展栏下设置"类型"为"莱因哈德"，"伽马"为0.9，"倍增"为1.8，"加深值"为0.25，接着勾选"子像素贴图""影响背景"和"钳制输出"选项，最后设置"钳制输出"的值为0.98，如图14-85所示。

**02** 按F9键测试渲染曝光效果，如图14-86所示。可以看到此时场景亮度适中，光照效果也很柔和。

图14-85

图14-86

## 14.2.6 设置最终渲染参数

**01** 按F10键打开"渲染设置"对话框，然后单击"公用"选项卡，接着在"公用参数"卷展栏下设置渲染尺寸为2500×1566，如图14-87所示。

**02** 单击V-Ray选项卡，然后在"全局开关"卷展栏下设置"二次光线偏移"为0.001，如图14-88所示。

**03** 展开"图像采样器（抗锯齿）"卷展栏，然后设置"过滤器"为Mitchell-Netravali，如图14-89所示。

**04** 展开"全局确定性蒙特卡洛"卷展栏，然后设置"自适应数量"为0.72，"噪波阈值"为0.006，"最小采样"为20，如图14-90所示。

**05** 单击GI选项卡，展开"发光图"卷展栏，然后设置"当前预设"为"高"，接着设置"细分"为60，"插值采样"为30，如图14-91所示。

**06** 展开"灯光缓存"卷展栏，然后设置"细分"为1600，接着勾选"显示计算相位"选项，最后勾选"预滤器"选项，如图14-92所示。

图14-91

图14-87

图14-88

图14-89

图14-90

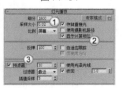

图14-92

**07** 按F9键渲染当前场景，效果如图14-93所示。渲染完毕以后，用Photoshop对图像进行后期处理（关于后期处理过程，请参阅本例的教学视频），最终效果如图14-94所示。

图14-93

图14-94

## 14.3 商业综合实训：CG场景表现

» 场景位置　场景文件>CH14>03.max
» 实例位置　实例文件>CH14>商业综合实训：CG场景表现.max
» 视频名称　商业综合实训：CG场景表现.mp4
» 技术掌握　CG材质、灯光以及渲染参数的设置方法

　　本例是一个大型的CG场景，展现的是大自然中春季的植物颜色和生长状态。首先要突出植物春季发芽、生机盎然这些特点，然后就是春季的光照比较柔和。

— 提示 —

　　本场景是一个CG场景，如果按前面两个实训那样进行真实渲染，虽然能有力地表现对象的质感，但是在意境上的表现却会显得不足。因此，对于这类场景，建议在渲染时加入一点散景效果，如图14-95所示，这样就兼顾了质感和意境。另外，散景效果也可以使整体画面效果更加梦幻，如图14-96所示。

图14-95

图14-96

# 14.3.1 材质制作

　　春季场景的材质类型包括树干材质、树叶材质、蔓藤材质、花朵材质、木屋材质和鸟蛋材质。

### 1.制作树干材质

　　树干材质的模拟效果如图14-97所示。

图14-97

**01** 打开学习资源中的"场景文件>CH14>03.max"文件，如图14-98所示。

**02** 选择一个空白材质球，然后设置材质类型为"标准"材质，并将其命名为"树干"，接着展开"贴图"卷展栏，具体参数设置如图14-99所示，制作好的材质球效果如图14-100所示。

**设置步骤**

　　① 在"漫反射颜色"贴图通道中加载学习资源中的"实例文件>CH14>商业综合实训：CG场景表现>贴图>树皮UV春.jpg"文件。

② 将"漫反射颜色"通道中的贴图以"实例"方式复制到"凹凸"贴图通道上，然后设置凹凸的强度为20。

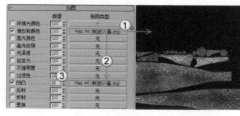

图14-98　　　　　　　　　图14-99　　　　　　　　　图14-100

**03** 将制作好的材质指定给树干模型，然后按F9键单独测试渲染树干模型，效果如图14-101所示。

图14-101

— 提示 —

单独渲染对象与单独编辑模型的道理是相同的。先选择要渲染的对象，然后按快捷键Alt+Q进入孤立选择模式（也可以在右键菜单中选择"孤立当前选择"命令），如图14-102所示，接着按F9键即可对其进行单独测试渲染。对于下面的模型也是同样的道理，将材质指定给对应的模型以后，可以单独测试渲染，观察贴图是否正确。

图14-102

## 2.制作树叶材质

树叶材质的模拟效果如图14-103所示。

选择一个空白材质球，然后设置材质类型为"标准"材质，并将其命名为"树叶"，接着展开"贴图"卷展栏，具体参数设置如图14-104所示，制作好的材质球效果如图14-105所示。

图14-103

**设置步骤**

① 在"漫反射颜色"贴图通道中加载学习资源中的"实例文件>CH14>商业综合实训：CG场景表现>贴图>树叶.jpg"文件。

② 在"不透明度"贴图通道中加载学习资源中的"实例文件>CH14>商业综合实训：CG场景表现>贴图>树叶黑白.jpg"文件。

③ 在"凹凸"贴图通道中加载学习资源中的"实例文件>CH14>商业综合实训：CG场景表现>贴图>树叶.jpg"文件。

图14-104　　　　　　　　　图14-105

— 提示 —

在本例中，树叶贴图的角度有一定的旋转。要模拟贴图的旋转效果，可以在"坐标"卷展栏下设置U、V、W的数值，本例只需要将W方向的角度设置为90°就行，如图14-106所示。但是要注意，"漫反射颜色""不透明度"和"凹凸"贴图通道中的W角度都要进行相同的修改。

图14-106

## 3.制作蔓藤材质

蔓藤材质的模拟效果如图14-107所示。

选择一个材质球，然后设置材质类型为"标准"材质，并将其命名为"蔓藤"，接着设置"漫反射"颜色为（红:8，绿:42，蓝:0），最后设置"高光级别"为20，"光泽度"为20，"柔化"为0.5，具体参数设置如图14-108所示，制作好的材质球效果如图14-109所示。

图14-107

图14-108

图14-109

## 4.制作花朵材质

花朵材质的模拟效果如图14-110所示。

选择一个空白材质球，然后设置材质类型为"标准"材质，并将其命名为"花朵"，接着展开"贴图"卷展栏，具体参数设置如图14-111所示，制作好的材质球效果如图14-112所示。

**设置步骤**

① 在"漫反射颜色"贴图通道中加载学习资源中的"实例文件>CH14>商业综合实训：CG场景表现>贴图>花.jpg"文件。

② 将"漫反射颜色"通道中的贴图复制到"凹凸"贴图通道上。

图14-110

图14-111

图14-112

## 5.制作木屋材质

木屋的材质包含3个部分，分别是顶侧面（屋顶和侧面）材质、正面材质和底座材质，其模拟效果如图14-113~图14-115所示。

图14-113

图14-114

图14-115

**01** 下面制作木屋顶侧面的材质。选择一个空白材质球，然后设置材质类型为"标准"材质，并将其命名为"顶侧面"，接着展开"贴图"卷展栏，具体参数设置如图14-116所示，制作好的材质球效果如图14-117所示。

**设置步骤**

① 在"漫反射颜色"贴图通道中加载学习资源中的"实例文件>CH14>商业综合实训：CG场景表现>贴图>顶侧面春.jpg"文件。

② 将"漫反射颜色"通道中的贴图复制到"凹凸"贴图通道上，然后设置凹凸的强度为100。

图14-116

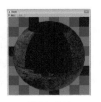

图14-117

**02** 下面制作木屋正面的材质。选择一个空白材质球，然后设置材质类型为"标准"材质，并将其命名为"正面"，接着展开"贴图"卷展栏，具体参数设置如图14-118所示，制作好的材质球效果如图14-119所示。

**设置步骤**

① 在"漫反射颜色"贴图通道中加载学习资源中的"实例文件>CH14>商业综合实训：CG场景表现>贴图>正面春.jpg"文件。

② 将"漫反射颜色"通道中的贴图复制到"凹凸"贴图通道上。

图14-118　　　　　　　　　　　图14-119

**03** 下面制作木屋底座的材质。选择一个空白材质球，然后设置材质类型为"标准"材质，并将其命名为"底座"，接着展开"贴图"卷展栏，具体参数设置如图14-120所示，制作好的材质球效果如图14-121所示。

**设置步骤**

① 在"漫反射颜色"贴图通道中加载学习资源中的"实例文件>CH14>商业综合实训：CG场景表现>贴图>底春.jpg"文件。

② 将"漫反射颜色"通道中的贴图复制到"凹凸"贴图通道上，然后设置凹凸的强度为35。

③ 将"凹凸"通道中的贴图复制到"置换"贴图通道上，然后设置置换的强度为4。

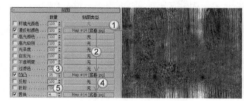

图14-120　　　　　　　　　　　图14-121

## 6.制作鸟蛋材质

鸟蛋材质的模拟效果如图14-122所示。

选择一个空白材质球，然后设置材质类型为"标准"材质，并将其命名为"鸟蛋"，接着展开"贴图"卷展栏，具体参数设置如图14-123所示，制作好的材质球效果如图14-124所示。

**设置步骤**

① 在"漫反射颜色"贴图通道中加载学习资源中的"实例文件>CH14>商业综合实训：CG场景表现>贴图>鸟蛋UV.jpg"文件。

② 在"凹凸"贴图通道中加载一张"噪波"程序贴图，然后在"噪波参数"卷展栏下设置"大小"为1。

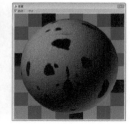

图14-122　　　　　　　图14-123　　　　　　　图14-124

## 14.3.2 创建阳光

**01** 设置灯光类型为VRay，然后在场景中创建一盏VRay太阳，接着在弹出的对话框中单击"是"按钮 **是(Y)** ，为环境添加"VRay天空"环境贴图，VRay太阳的位置如图14-125所示。

**02** 选择上一步创建的VRay太阳，然后在"VRay太阳参数"卷展栏下设置"浊度"为2.5，"臭氧"为0.3，"强度倍增"为0.03，然后设置"过滤颜色"为（红:220，绿:242，蓝:253），接着设置"阴影细分"为16，"阴影偏移"为0.2mm，"光子发射半径"为111mm，具体参数设置如图14-126所示。

**03** 按大键盘上的8键打开"环境和效果"对话框，将"环境贴图"通道中的"VRay天空"环境贴图以"实例"方式拖曳复制到一个空白材质球上，模拟天光效果，然后在"VRay天空参数"卷展栏下勾选"指定太阳节点"选项，接着单击"无"按钮 **无** ，并在场景中拾取VRay太阳，最后设置"太阳浊度"为3，"太阳臭氧"为0.35，"太阳强度倍增"为0.009，具体参数设置如图14-127所示。

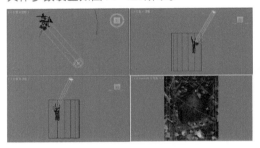  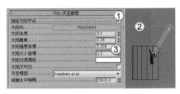

图14-125　　　　　　　　　　图14-126　　　　　　　　　图14-127

## 14.3.3 渲染设置

**01** 按F10键打开"渲染设置"对话框，然后设置渲染器为VRay渲染器，接着单击V-Ray选项卡，最后在"全局开关"卷展栏下设置"默认灯光"为"关"，如图14-128所示。

**02** 展开"图像采样器（抗锯齿）"卷展栏，然后设置"类型"为"自适应细分"，接着设置"过滤器"为Catmull-Rom，如图14-129所示。

**03** 展开"全局确定性蒙特卡洛"卷展栏，然后设置"自适应数量"为0.7，"噪波阈值"为0.005，如图14-130所示。

**04** 单击GI选项卡，然后在"全局照明"卷展栏下勾选"启用全局照明（GI）"选项，接着设置"首次引擎"为"发光图"，"二次引擎"为"灯光缓存"，如图14-131所示。

 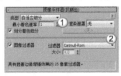  

图14-128　　　　　　　　图14-129　　　　　　　　图14-130　　　　　　　图14-131

**05** 展开"发光图"卷展栏，然后设置"当前预设"为"高"，接着设置"细分"为50，"插值采样"为20，最后勾选"显示计算相位"和"显示直接光"选项，如图14-132所示。

**06** 展开"灯光缓存"卷展栏，然后设置"细分"为1500，"采样大小"为0.002，接着勾选"存储直接光"和"显示计算相位"选项，如图14-133所示。

**07** 按F9键测试渲染当前场景，效果如图14-134所示。

**08** 单击V-Ray选项卡，然后在"摄影机"卷展栏下勾选"景深"选项，接着设置"光圈"为2mm，再勾选"从摄影机获得焦点距离"选项，最后设置"焦点距离"为200mm，如图14-135所示。

**09** 按F9键渲染当前场景，效果如图14-136所示。

图14-132

图14-133

图14-134

图14-135

图14-136

提示

从图14-134中可以看到整体效果基本达到了要求，但为了让景物更好地融合到场景中，所以还需要添加景深效果。

# 14.3.4 制作散景

虽然在3ds Max中可以制作散景效果，但是其制作方法相当复杂，而且要耗费很长的渲染时间。如果用Photoshop来制作散景，只需要几分钟时间就可以完成。

**01** 启动Photoshop CS6，打开渲染好的景深图像，然后创建一个"曲线"调整图层，接着将曲线向上调节，让图像变亮，如图14-137和图14-138所示。

**02** 按快捷键Ctrl+Shift+Alt+E将可见图层盖印到一个新的图层中，执行"滤镜>模糊>光圈模糊"菜单命令，然后在"模糊工具"面板中将"光圈模糊"的"模糊"值调整到17像素左右，如图14-139所示，效果如图14-140所示。

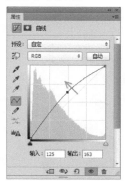

图14-137

图14-138

图14-139

图14-140

**03** 继续在"模糊工具"面板中将"倾斜模糊"的"模糊"值调整到30像素左右，如图14-141所示，然后将控制上部倾斜模糊的倾斜线拖曳到木屋的顶部，同时将控制下部倾斜模糊的倾斜线拖曳到画面的底部（两条倾斜线紧挨着），如图14-142所示，接着将倾斜线顺时针旋转一定的角度，如图14-143所示。

图14-141　　　　　　　　　图14-142　　　　　　　　　　　　　　　图14-143

**04** 在"模糊效果"面板中将"光源散景"的数值调整到51%左右，然后将"散景颜色"的数值调整到50%左右，如图14-144所示，此时画面中会出现非常漂亮的散景特效，如图14-145所示。调整完成后单击"确定"按钮 确定 完成操作。

图14-144　　　　　　　　图14-145

## 14.4　本课笔记